数、方程式とユークリッド幾何
ガロア理論から折り紙の数学まで

西田吾郎

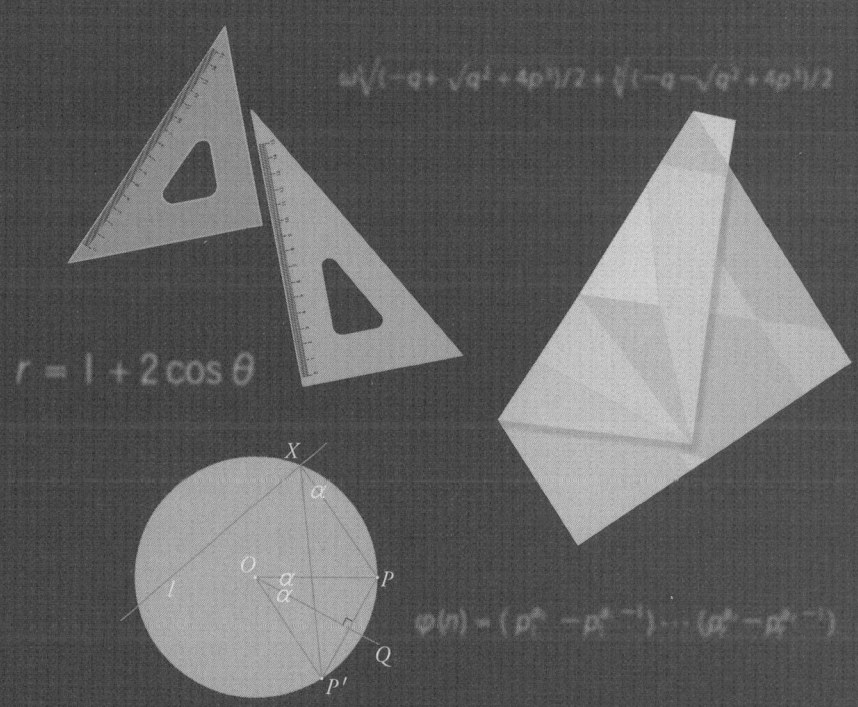

京都大学学術出版会

まえがき

　数とは何か，と問われたらあなたはどう答えますか？　簡単なようですが，少し考えると答えにくい問題であることがわかると思います．「数」と名の付くものを挙げていくのは一つの方法です．自然数，整数，有理数，実数，あるいは複素数などはすべて数という名がついています．その他にも4元数というのがあります．では，もう他にはないのかと聞かれると，そう簡単ではありません．ベクトルは数を用いて表わすことができますが，ベクトル自身は数とはいいません．逆にいうと，あるものに「数」と名付けてよいための資格とは何でしょうか？　負の数や分数を学んだときのことを思い出すと，その意味はときには理解しにくいことがあっても，加法や乗法によってさまざまな計算ができる便利なものでした．さらに有理数は，加減乗除の四則演算が自由にできるのが最大の特徴で，逆にいうとそのように考え出されたといってもよいのです．しかし実数や複素数はそれだけでは特徴付けられません．実数や複素数は，数学の長い歴史のなかで少しずつ姿を現わしてきて，19世紀になってようやく厳密な形に整えられたのです．有理数や実数の集合は，有理数体あるいは実数体とも呼ばれます．ここで体というのは，四則演算が自由にできるようなものたちの集合のことで，厳密な定義をすることができます．しかし四則演算のできるものがすべて数とは限りません．体のなかにはある種の関数たちの集合のように，数の集合とは考えにくいものもあります．いずれにせよ，数とは何かという問いに答えるには，それぞれの数が，数学の発展の流れのなかでどのように生まれて来たかを見ることが必要でしょう．

　数と並んで数学の対象となるのが図形です．抽象的な数と，直感的な図形とは数学を理解する上で相補うものです．1/3とは1を3等分することですが，このような分数の意味を理解するには，線分の長さという考えが有効でした．図形の学問としてギリシャ時代に完成したユークリッド幾何は，その論理的厳密さの点で驚くべきものがあります．逆にいうとその完成度の高さゆえ，近世になるまで新たな進展は見られませんでした．この理由の1つには数の理論が十分に発展していなかったことがあります．例えば，体積が2の立方体が定規

とコンパスで作図できるか，という問題がありました．これは 2 の 3 乗根がユークリッド幾何で求められるか，という問題と同じですが，19 世紀になってようやく，上に述べた「体」の考えに基づいてこの問題は否定的に解決されました．もともと数と線分の長さのように，ユークリッド幾何の図形と数の間には密接な関係があったのですが，ユークリッドの原論の公理ではこの点が不明確で，実数という概念も表には現われてきません．しかし，ドイツの数学者ヒルベルトによるユークリッド幾何の公理の徹底的研究によって，ユークリッド幾何を完全な形で定式化することは，実数とは何か，あるいはどのような必然性から生まれてきたのかを理解することに他ならないことが判明したのです．

本書は，上に述べたような数と図形あるいはそれにかかわる方程式について解説してあります．本書は 4 つの部分に分かれます．第 1 章は複素数にいたるまでの数の発展のおおまかな歴史と，ガウスによる代数学の基本定理の証明を与えています．この証明には，連続関数の性質を少し用いますが，直感的にはよくわかるものだと思います．第 2 章は，群や環という代数系の解説です．ただし，あまり一般論には入らず多項式の持つ性質に焦点を合わせています．高校で学ぶ多項式や方程式の少し進んだ理論なので，具体的に考えることが可能です．ここで必要なのは，線形代数の基礎知識ぐらいです．第 3 章はガロアによる 5 次以上の代数方程式の非可解性（解の公式が存在しないこと）の証明とそのための準備です．第 4 章と第 5 章はユークリッド幾何に関することです．4 章でヒルベルトによるユークリッド幾何の公理系と実数の関連についての解説を与えます．最後の 5 章では，ユークリッド幾何の作図問題と折り紙による作図問題を取り上げます．これらを 2 次および 3 次方程式の解と結び付けることにより，例えばどのような正多角形が作図可能かがわかります．

本書はギリシャ時代に始まり，19 世紀のガウスやガロア，さらに 20 世紀初めのヒルベルトにいたる数学の「古典」を学ぶことを目的としています．大学でこれから数学を学ぼうとする人や，すでに専門課程で数学を学びつつある学生諸君にとっても，大きな意味で数学とは何かを知るのに役に立つと思います．

目次

- 第1章　数と方程式　1
  - 1.1　1次方程式と有理数　1
  - 1.2　2次方程式と無理数　10
  - 1.3　複素数　19
  - 1.4　3次と4次方程式　26
  - 1.5　代数学の基本定理　30

- 第2章　代数系　37
  - 2.1　体　37
  - 2.2　ベクトル空間　43
  - 2.3　群　49
  - 2.4　環と多項式　70
  - 2.5　多項式環に関する少し深い結果　81

- 第3章　ガロア理論　95
  - 3.1　拡大体　95
  - 3.2　ガロア理論　105
  - 3.3　対称式と対称群　114
  - 3.4　円分体と1のn乗根　129
  - 3.5　ガロアが考えたこと　138

- 第4章　ユークリッド幾何と体　145
  - 4.1　ユークリッド幾何と実数　145
  - 4.2　ヒルベルトの公理系　148
  - 4.3　公理から実数へ　177

4.4	公理の独立性	192

第 5 章　作図と方程式　　207

5.1	作図	207
5.2	折り紙	218
5.3	その他の方法による角の3等分	228

索引　　232

第1章 数と方程式

1.1 1次方程式と有理数

■自然数と整数

数とは何か，ということを考えていくとまず**自然数**（ここでは0を含めないとする）とは何かがわからなければならないことに気がつくであろう．どのような数の性質も，つきつめれば結局は自然数の性質に帰するのである．しかし自然数自体をより基本的なものに帰することはできそうもない．自然数は，皿の上のりんごの個数や物事の順番を表わすことができる．また，単位になる長さを定めておけば，ものの長さを表わすこともできる．10進法を用いればどんな自然数も簡単に書き表わすことができる．それでも，かくかくしかじかのものを自然数と呼ぶ，というように自然数を正確に定義することは困難なのである．そこで，ここでは自然数の定義はあきらめ，その代わりに自然数がみたす最も基本的な性質を列挙しよう．

まず物事の始まりとして1という自然数がある．次にどんな自然数に対しても，その次の数がただ1つある．ここで，自然数 n に対し次の数を n' と表わす（さしあたりは単なる記号である）と，以下の性質をみたす．

(1) 1はどんな自然数の次の数にもならない．

(2) $n' = m'$ なら $n = m$ である．

(3) 自然数の集合 S が，2つの条件「$1 \in S$」および「$n \in S$ なら $n' \in S$」をみたせば，S は自然数全体と一致する．

これがいわゆる自然数に関するペアノ[*1]の公理である．自然数のさまざまな性質は，上の基本的な公理から導くことができる．例えば自然数の加法 $n+m$

[*1] Giuseppe Peano(1858–1932) イタリアの数学者．ペアノ曲線の発見でも知られる．

の定義はどうするか．まず，1 を足すこと，つまり $n+1$ を n の次の数 n' として定義する．次に，$n+m$ が定義されていれば，$n+(m+1) = (n+m)+1$ と定める．これですべての自然数 n, m に対し，$n+m$ が定義される．実際 n を固定し，$n+m$ が定義されるような自然数 m たちの集合を S とする．このとき前述の (3) から S は自然数全体となるからである．これからわかるように (3) を用いて何かを論証することは，いわゆる**数学的帰納法**に他ならない．その意味で (3) は数学的帰納法の公理と呼ばれる．また乗法 $n \times m$ の定義は，まず $n \times 1 = n$ とし，$n \times m$ が定義されていれば

$$n \times (m+1) = n \times m + n$$

とすればよいことは，加法と同様に示される．

　上のような定義で加法と乗法の基本的性質，例えば交換可能であることなどは，次のように確かめることができる．まず $1+n = n+1$ が成り立つような自然数 n たちの集合を T とする．$1 \in T$ は明らかである．$1+n = n+1$ が成り立てば $1+(n+1) = (1+n)+1 = (n+1)+1$ だから (3) の条件はみたされるから，数学的帰納法によりすべての自然数 n に対し $1+n = n+1$ が成り立つ．次に n を固定し，$n+m = m+n$ が成り立つような自然数 m たちの集合を U とする．上に述べたことから $1 \in U$ である．$m \in U$ なら $m+1 \in U$ であることも容易にわかる．従ってやはり数学的帰納法によりすべての n, m に対し $n+m = m+n$ が成り立つ．加法や乗法の推移律，つまり

$$(n+m)+k = n+(m+k), \quad (n \times m) \times k = n \times (m \times k)$$

あるいは分配律

$$(n+m) \times k = n \times k + m \times k$$

なども同様に示すことができる．また，次の性質

$$n+m = n+k \Rightarrow m = k, \quad nm = nk \Rightarrow m = k$$

も証明することができる．

　ペアノの公理をみたすような「なにもの」かがあれば，容易にわかるようにそれらは「自然数たち」と本質的に同じ構造を持ち，加法や乗法が定義され，よく知られた演算規則の成り立つことが「証明」できるのである．

自然数の素朴な概念はどのような古代文明にもあったと思われる．しかしながら0や負の数の概念やその表記法は，かなり遅くなってインドで始まり，アラビアで発展したといわれる．インドでは，仏教の空の概念のようなものがもともとあり，何もない状態を「零を持つ」と考えることに抵抗はなかったのであろう．またアラビアでは負数を含む数の計算方法や方程式などのいわゆるアルジェブラ（代数学）が生み出され，それが後のルネッサンスヨーロッパに伝えられた．一方，古代ギリシャやローマのような優れた哲学や幾何学を残した社会で，0や負数が用いられなかったのは不思議である．例えば，ローマではユリウス歴のような精密な暦が使われていたが，6世紀になって，年表記をキリスト紀元，つまりADを用いる方法に変えた．このとき0の観念がないため，キリストの生まれた年（しかもこの年は歴史の誤認があったため間違っていたのだが）をAD 1年と定めたのである．現代では満年齢を用いるのが普通だから，赤ちゃんは生まれたときは0歳であるが，キリストは生まれたときに既に1歳，つまり数え年を用いていたのである．おそらくこれが，世紀の始まりが $**00$ 年ではなく $**01$ 年となった理由であろう．なお，AD 1年の前の年は BC 1年であり，AD 0年という年はないのである．

上に述べたペアノの公理にも0は含まれていない．しかし後に集合論を用いて自然数の構成が試みられたとき，「空集合」の概念を用いることにより0を自然数に含めるほうがより自然であると考えられるようになった．しかしながら空集合，つまり「要素が存在しない集合」という概念はかなり人工的なものである．同じような怪しさは0にもある．a がどのような数でも $a^0 = 1$ である．しかし a^0 はもともと実質的な定義があるわけでもないし，$a^0 = 1$ が証明されるわけでもない．これは指数法則 $a^{n+m} = a^n \times a^m$ がすべての整数に対して成り立つように「約束」された記法なのである．このような記法は使ってみれば大変便利であり，現代の我々は0の概念に慣れ親しんでいるが，明晰さを愛したギリシャ，ローマの人々には受け入れにくかったのかもしれない．

もともと自然数が，皿の上のりんごのような1つの種類のものの個数を表わしているとすると，「負の個数」という概念は想像しにくい．負数は，同じ種類の物の数ではあるが，そこに相反する2つの状態がかかわるときに現われる．例えば，家計簿における収入と支出を考えよう．収入の項目どうし，ある

いは支出の項目どうしは足し合わせることができるが，収入と支出を足し合わせることは意味がない．意味があるのは，収支残高（バランス）である．収入が 100 万円で支出が 105 万円の家庭と，収入が 1000 万円で支出が 1005 万円の家庭はまったく異なる生活内容であろうが，収支残高の面だけ見れば同じである．この同じ何かを，「新しい数」で表わすことを考え，その表記方法や計算規則がわかれば数の世界が一段と広がることは明らかである．

■ 同値関係

自然数（ここでは 0 を含めないこととする）の対 (n, m) に対し，方程式
$$x + m = n$$
を考えよう．例えば収入が n で支出が m の家計の場合，この方程式の解が収支残高を表わしている．$n > m$ のとき，この方程式には自然数の解があり，それを $n - m$ という記号で表わすことは小学校の低学年で学ぶことである．一方 $n \leq m$ のときは，この方程式は自然数の解を持たないが，それでも家計の何らかの状態を表わしている．つまり，その場合も仮想的な解があるものと考えるのである．それでは，このような仮想的な解についても，加法や乗法を考えることができるのであろうか．

最初に，異なる 2 つの方程式が，同じ解を持つことはあるのか，またそれはどういう場合かを見てみよう．ただし，減法の記号 $n - m$ はまだ定義されていないことに注意しなければならない．2 つの方程式 $x + m = n$ と $x + m' = n'$ を考える．この方程式の解が等しいとすると，$x + m = n$ と $n' = x + m'$ を辺どうし加えると，$x + m + n' = x + n + m'$ だから $n + m' = m + n'$ である．逆に $n + m' = m + n'$ であれば容易にわかるように解は等しい．

> **定義 1.1.1** 自然数の対 $(n, m), (n', m')$ は，$n + m' = m + n'$ のとき（加法に関し）同値であるといい，$(n, m) \sim (n', m')$ と表わす．

一般に，ある集合の 2 つの元 a, b の間の関係 $a \sim b$ が次の 3 つの条件
(1) 反射律；任意の元 a に対し $a \sim a$ が成り立つ．
(2) 対称律；$a \sim b$ であれば $b \sim a$ が成り立つ．
(3) 推移律；$a \sim b$ かつ $b \sim c$ であれば $a \sim c$ が成り立つ．

をみたすとき，このような関係を**同値関係**と呼ぶ．また，このような関係にある 2 つの元は同値であるという（状況によっては合同であるともいう）．2 つの元が「等しい」という関係 $a = b$ はもちろんこの 3 つの条件をみたしている．つまり，同値関係とはこの 3 条件をみたすような「何らかの意味で等しい」関係を表わしているのである．

重要なことは，1 つの同値関係が与えられると，この集合の元たちを，互いに同値なものでまとめ上げて**互いに共通部分を持たない**ようなグループたちに類別できることである．そのようなグループのことを**同値類**（状況によっては合同類，あるいは剰余類など）と呼ぶ．同値類を区別するために，代表者を選んでおくことや，それぞれに名前を付けることもできる．逆に，なんらかの方法でこのような類別が与えられていれば，2 つの元が同じ類に属するとき「同値」であると定義すると 1 つの同値関係を定めることもわかる．つまり，類別をすることと，同値関係を定めることは本質的に同じなのである．証明は容易であるから，各自試みてほしい．

例を挙げよう．n を与えられた自然数とする．このとき自然数の集合を，n で割ったときの余りが等しいものたちで類別することができる．同値関係の言葉でいえば，自然数 a, b は n で割ったときの余りが等しいとき同値であると定義すればよい．例えば $n = 3$ のとき，3 で割り切れるもの，余りが 1 のもの，および余りが 2 のものの 3 つの類に分かれる．このような類別の考え方の威力は，大学入試の整数問題などでも知ることができる．

同値関係でないような関係としては，「友達である」，あるいは「いとこである，つまり祖父母の一人が共通である」などがある．例えば，あるクラスの学生たちの集合で，$a \sim b$ とは「a は b を友達であると思っていること」としよう．このとき，(1) は成り立つと約束しても，一般には (2) も (3) も成り立つとは限らない．従ってクラスの学生を友達どうしのグループに，互いに共通部分を持たないよう分けることは一般にはできない．

■**整数**

さて，負の数の定義はどうすればよいだろうか？差し当たり 0 という数を認めるならば，$x + n = 0$ となる「数」を自然数 n の負の数と定めるのが自

然である．例えば時間の流れのように，過去の時間を表わすのが負数であると考えることもできる．これは直感的にはわかりやすいが，そのような「数」がどこにあるのか，またどのような性質を持つのか等は明確ではない．これは $x^2 = -1$ となる「数」の存在と本質的には同じ問題である．

そこで，抽象的ではあるが，このような疑問が生じないような整数の定義を与えよう．定義 1.1.1 で与えた自然数の対たちの間の関係 $(n, m) \sim (n', m')$ が同値関係であることは容易にわかる．例えば $(n, m) \sim (n', m')$ かつ $(n', m') \sim (n'', m'')$ のとき，定義より $n + m' = m + n'$ および $n' + m'' = m' + n''$ である．従って

$$n + m' + n' + m'' = m + n' + m' + n''$$

だから $n + m'' = m + n''$ が成り立ち $(n, m) \sim (n'', m'')$ である．

このとき自然数の対の集合は，同値類たちに類別することができる．家計の意味でいえば，収支残高が同じであるものをまとめているのである．そこで，一つひとつの同値類，つまりそれぞれのまとまりのことを**整数**と名付けるのである．このような定義はなかなかわかり難いのであるが，1つの集合をある同値関係で分類をしていくつかの類に分ける．それぞれの類を構成する元たちを「忘れて」，類そのものに注目すれば，（必要ならばそれぞれの類に新しい名前を付けて）類たちを要素とする新しい集合を作ることができる．同値関係を用いて新しい集合を定義するこのような方法は，本書でも以後何度も現われるように，数学における常套手段なのである．この考えを十分理解することが，大学で数学を学ぶ上で必須の要件である．

自然数の対 (n, m) が属する類は1つの整数を定める．この整数を記号 $n - m$ で表わす．逆に任意の整数，つまり類は，それに属する対 (n, m) を任意に選び $n - m$ と表わすことができる．同値の定義から直ちにわかるように

$$n - m = n' - m' \iff (n, m) \sim (n', m') \iff n + m' = m + n'$$

である．

整数には自然数と同様に加法と乗法が定義できる．整数 a, b を自然数 n, m, k, l を用い，それぞれ

$$a = m - n, \quad b = k - l$$

と表わしたとき
$$a+b = (m-n)+(k-l) = (m+k)-(n+l)$$
$$ab = (m-n)(k-l) = (mk+nl)-(ml+nk)$$
とおくと，これらは a, b の表わし方，つまり n, m, k, l の選び方によらず整数として一意に定まる（これを矛盾なく定義できるという）ことは容易に確かめられる．

この加法と乗法について，自然数の計算規則，例えば

$(a+b)+c = a+(b+c)$,　$(ab)c = a(bc)$　（加法と乗法の推移律）

$a+b = b+a$,　$ab = ba$　（加法と乗法の交換律）

$a(b+c) = ab+ac$　（分配律）

などがそのまま成り立つことも確かめられる．さらにすべての整数に対し減法が
$$a-b = (m-n)-(k-l) = (m+l)-(n+k)$$
によって矛盾なく定義できる．自然数 n に対し，整数 $n-n$ を記号 0 で表わす．また整数 $a = m-n$ に対しその負数を $-a = n-m$ と定める．これらの定義も n あるいは m のとり方によらない．このとき任意の整数 a に対し
$$a+0 = a,\quad a+(-a) = 0$$
などが成り立つ．

注 1.1.1 整数の加法と乗法をこのように定義すると，上のような性質が成り立つことは，時間はかかるが容易に確かめられる．一方，気が付きにくいが次のことに注意しよう．上のような演算規則は当然成り立つべきものであるとすると，整数に対する加法や乗法の前述の定義は他に変えることは出来ないのである．例を挙げよう．$0 = n-n$ だから，定義からは
$$(m-k)0 = (m-k)(n-n) = (mn+kn)-(mn+kn) = 0$$
である．一方，演算規則（分配律）を仮定すると
$$(m-k)0 + (m-k)0 = (m-k)(0+0) = (m-k)0$$

であるから $(m-k)0 = 0$ でなければならない．また $a = b = -1$ つまり $m = k = 0, n = l = 1$ とすると，定義からは $(-1)(-1) = 1$ となるが，これは恣意的に決めたのではなく，$(-1)1 = -1$ と分配律から

$$(-1)(-1) - 1 = (-1)(-1) + (-1)1 = (-1)\{(-1) + 1\} = (-1)0 = 0$$

だから $(-1)(-1) = 1$ ，つまりマイナス×マイナスはプラスでなければならないのである．

加法と乗法があって上のような性質をみたす集合は，一般に可換環（42 頁参照）と呼ばれる．つまりすべての整数たちの集合を $\boldsymbol{Z}$ と表わすと，次が成り立つ．

定理 1.1.2 整数の集合 $\boldsymbol{Z}$ は可換環である．

自然数 n に対し，整数 $(n+k) - k$ は k のとり方によらず定まる．このようにして自然数を整数と考えることができる．またすべての整数は自然数 n, 0, 負の自然数 $-n$ のいずれかの形で一意的に表わされる．

以上のことを方程式の言葉でいうと，次の定理が得られる．

定理 1.1.3 a, b を整数とするとき方程式
$$x + a = b$$
はただ 1 つの整数解を持つ．

証明 上式より $(x + a) + (-a) = b + (-a) = b - a$ であるが，
$$(x + a) + (-a) = x + (a + (-a)) = x + 0 = x$$
である．従って解は $x = b - a$ である．これは式の変形だけで得られるので解は一意的である． □

■**有理数**

次に有理数を定義しよう．n を自然数（0 は含まない），m を整数とするとき，**分数** m/n の定義とはなんだろう？ それは n 倍すれば m になる「なに

か」である．このなにかを x で表わせば，それは方程式 $nx = m$ の解に他ならない．いずれにせよ，この「なにか」の具体的定義を考えてみよう．

以下整数を定義したのと同じ議論をたどろう．方程式 $nx = m$ に仮想的な解があると仮定する．2つの方程式 $nx = m$ と $n'x = m'$ の解が等しいとすると，$nx = m$ と $m' = n'x'$ を辺どうし掛ければ，$nm'x = mn'x$ だから $nm' = mn'$ であり，逆に $nm' = mn'$ であれば解は等しい．

自然数と整数の対 (n, m), (n', m') は，$nm' = mn'$ のとき（乗法に関し）同値[*2]であるといい，$(n, m) \sim (n', m')$ と表わす．これが同値関係であることは容易に確かめられる．従って対 (n, m) たちの集合は同値類たちに分類される．その一つひとつの同値類を**有理数**と名付け，すべての有理数の集合を $\boldsymbol{Q}$ と表わす．対 (n, m) で有理数を定義するのがなじみにくければ，対 (n, m) を分数 m/n と考えればよい．このとき分数 m/n は1つの同値類，つまり有理数を定め，逆に任意の有理数は，それに属する対 (n, m) を任意に選び分数 m/n で表わすことができる．2つの分数 m/n と m'/n' は $nm' = n'm$ のとき同じ有理数を表わす．このように見かけが異なるが等しい分数たちをまとめて「有理数」と呼ぶのである．整数 n は $n/1$ とみて有理数とみなすことができる．

整数の加法，乗法を定義したのと同様に，有理数の加法，乗法が定義される．まず，$a = m/n$, $b = k/l$ を有理数とするとき，加法，減法を

$$a + b = \frac{ml + nk}{nl}, \quad a - b = \frac{ml - nk}{nl}$$

によって，有理数を表わす分数のとり方によらず定義できる．また，乗法は

$$ab = \frac{mk}{nl}$$

と定義すると，加法，乗法についての整数の演算規則がそのままの形で成り立つ．

整数と異なる有理数の性質は，0 でない任意の有理数による除法（割り算）が可能である，つまり商がやはり有理数として得られることである．有理数 b

---

[*2] 加法のときと同じ言葉や記号を用いるが混同しないこと．

が a で割れて,商が x であるというのは,定義より $b = ax$ が成り立つことである.これをみるには $a = m/n, b = k/l$ のとき,

$$x = \frac{b}{a} = \frac{k}{l} \times \frac{n}{m} = \frac{kn}{ml}$$

とすればよいことは直ちにわかる.

注 1.1.1 で述べたのと同様に,有理数の加法,乗法あるいは除法の定義は「規範的」である,つまり,通常の演算規則が成り立つような定義はこれに限ることがわかるのである.分数の割り算が分子と分母をひっくり返して掛ける理由は,直感的に説明するのは困難であり,厳密にいえばそれが唯一整合的な定義だからなのである.

以上のことから,有理数では,加減乗除が定義され,よく知られた演算規則をみたすことがわかる.つまり有理数の集合 Q は体 (38 頁参照) になっているのである.つまり次の定理が成り立つ.

定理 1.1.4 有理数の集合 Q は体である.

定理 1.1.5 $a \neq 0, b$ を有理数とする.このとき 1 次方程式 $ax + b = 0$ はただ 1 つの有理数解を持つ.

証明は明らかであろう.

1.2　2 次方程式と無理数

■ギリシャの数学と無理数

古代エジプトやメソポタミアでは,ピラミッドを始めとする巨大建造物をみてもその測量技術の高さには驚くべきものがある.測量において基本になるのは,物の長さを正確に測ることである.幾何学 (Geometry) は長さや角度を測る技術から発展してきたといわれるが,それはその語源が土地 (geo) を測る (metry) ことであったことからもわかるであろう.古代においては,物の長さを測るには基準となるものを対象に何度かあてがっていき,多少の誤差は無視して基準の長さの 3 倍,あるいは 5 倍というふうに長さを表わしたのであ

ろう．このような基準の長さとしては，棹のようなものや，肘から指先までの長さのような身体の一部が用いられ，その名残りは「フィート」や「尺」のような単位として残っている．基準の長さ，つまり単位を定めておけば，長さが「数」で表わせるというのは，気がつきにくいが大きな発明であったのである．初めのうちは，このような「数」とは自然数のことであった．自然数は物の個数を数え上げるということから抽象化されたのであろうが，個数だけではなく長さも表わすことができたのである．

もちろん単位の長さの自然数倍とは限らない長さも，何らかの「数」で表わすことが実用上でも重要であった．おそらく分数は長さをより正確に表わすため考え出されたと思われる．古代エジプトやメソポタミアにおいて既に分数すなわち有理数が用いられていたことは，古代文書の解読から知られている．単位の長さを u としたとき，2つのもの A, B の長さが例えばそれぞれ $3u, 5u$ とすれば，A と B の長さの比は $3u : 5u = 3 : 5$ のように自然数の比で表わされる．この比は単位の選び方によらない．これを，A は B の長さの 3/5 倍である，というようになったのが分数の一つの起源でもあった．

また，ある長さの分数倍を求めることも簡単な幾何学を用いて得られたのである．例えば長さ a の 2/3 倍を求めるには，右の図のように，点 O を始点とする2本の半直線を考える．一方の半直線 l 上に O からの長さが a である点 P をとる．もう1つの半直線 l' 上の長さ3の点 Q と点 P

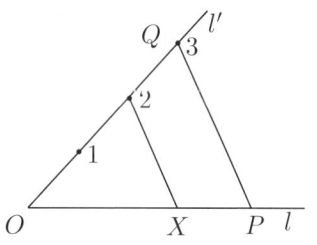

を結ぶ直線を考え，l' 上の長さ2の点を通り，この直線と平行な直線が l と交わる点を X とすると，OX の長さが求めるものである．

ここで，1つの用語を使おう．線分の長さのような2つの量 a, b は，単位の長さ u をうまくとれば，適当な自然数 n, m によって $a = nu, b = mu$ と表わされるとき，**通約可能**であるという．比の言葉でいえば $a : b = n : m$ であり，$a = (n/m)b$ だから，一方が他方の分数倍になっていることと同じである．2つの量 a, b が通約可能であるとしたとき，その単位の長さをどのようにとればよいかを知ることは，測量などの実用上重要であった．例えばある単

第1章 数と方程式

位 u で測れば $a:b=3:1/2$ のように自然数の比にならないときは，単位を $u/2$ の長さに取り替えれば $a:b=6:1$ となる．このような方法は，後にユークリッドの原論に正確な形で記述されたことからユークリッド互除法と呼ばれるようになったのだが，実際はギリシャ以前から知られていた．

■ユークリッド互除法

正の数 $a_1>a_2$ を考えよう．a_1 から a_2 を繰り返し引いていくと，それ以上引けなくなるところが現われる．つまり，ある自然数 n_1 のところで
$$n_1 a_2 \leq a_1 < (n_1+1)a_2$$
となる．$a_1 \neq n_1 a_2$ のときは新しく $a_3 = a_1 - n_1 a_2$ とおくと $a_2 > a_3 > 0$ となる．a_2, a_3 に対しても同じように自然数 n_2 が定まり，$a_2 \neq n_2 a_3$ であれば $a_4 = a_2 - n_2 a_3$ によって a_4 を定める．つまり
$$a_1 = n_1 a_2 + a_3$$
$$a_2 = n_2 a_3 + a_4$$
$$\cdots \quad \cdots$$
$$a_{i-2} = n_{i-2} a_{i-1} + a_i$$
によって a_i を定めていこう．この操作は a_i が 0 になれば終了する．

このとき，この操作が有限のステップで終わることと，a_1, a_2 が通約可能であることは同値になるのである．実際もし a_1, a_2 が通約可能なら，ある単位の長さ u によって $a_1 = nu$, $a_2 = mu$ と表わされる．従って定義から a_i はすべて u の自然数倍であり，u の自然数倍ずつ単調に減少していくから a_i はいずれは 0 になる．逆に，$a_k \neq 0$, $a_{k+1} = 0$ になるとすると，$a_k = u$ とおけば
$$a_{k-1} = n_{k-1} a_k = n_{k-1} u$$
だから a_{k-1} も u の自然数倍であり，以下同様に，a_1, a_2 も u の自然数倍である．従って a_1, a_2 は通約可能である．この方法により，a_1, a_2 が通約可能であることがわかっている場合にも，その比が自然数の比になるには，長さの単位 u を具体的にどうやって求めればよいかがわかる．さらに，a_1, a_2 が初めから自然数のとき，上のような a_k は a_1, a_2 の最大公約数であり，最大公約数を求めるアルゴリズムとしても知られている．

2つの量 a_1, a_2 の比を求めるこのアルゴリズムはいわゆる連分数を用いて表わすことができる．a_i, n_i が上のように定まるとき，

$$\frac{a_i}{a_{i+1}} = n_i + \frac{a_{i+2}}{a_{i+1}}$$

だから，これを繰り返し用いると

$$\frac{a_1}{a_2} = n_1 + \frac{a_3}{a_2} = n_1 + \frac{1}{n_2 + \frac{a_4}{a_3}} = \cdots$$

つまり**連分数**の列

$$n_1 + \frac{1}{n_2 + \frac{1}{n_3 + \frac{1}{n_4 + \cdots}}}$$

が得られる．このとき a_1, a_2 が通約可能であることは，これが**有限**の連分数になることと同値である．

それでは，すべての 2 数は常に通約可能なのであろうか？これはどのようなものを「数」と考えているのかを聞くのと同じことである．分数だけを数とするならば，これは自明のことである．ギリシャ以前では，すべての 2 数は常に通約可能であると漠然と信じられていたし，現実の問題にはそれで困ることもなかった．円の周囲や正方形の対角線の長さのような，実際は 1 と通約可能でない量も単に近似計算でよしとしていたのである．

ギリシャ時代になって，通約不能な数について初めて認識したのは，紀元前 5 世紀のピタゴラス学派[*3] であるといわれている．問題となったのは，正 5 角形の辺と対角線の長さである．この 2 つの数が通約不能であることは次のような幾何学的直感によるものである．

[*3] Pythagoras(BC582–BC496) は古代ギリシャの哲学者，数学者．「万物の根源は数である」という言葉は有名である．彼の教団がピタゴラス学派で，次頁の図の正 5 角形の対角線からなる形は五芒星といわれ，学派のシンボルマークであった．

図のような正5角形と対角線を考えよう．こ
こで点 P は対角線 BD と CE の交点である．
このとき正5角形の辺と対角線，例えば AB と
CE の平行性より3角形 $\triangle ABE$ と $\triangle PCD$
は相似であることがわかる．また $ABPE$ は菱
形であることも明らかである．従って正5角
形の対角線と辺の長さをそれぞれ a_1, a_2 とす
ると

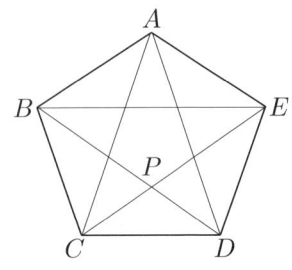

$$a_1 : a_2 = a_2 : (a_1 - a_2)$$

が成り立つ．$a_3 = a_1 - a_2$ とおくと $a_1 = a_2 + a_3, a_3 < a_2$ である．このと
き，辺 PC と CD もやはり正5角形の1辺と対角線の関係になっているか
ら，上と同様に

$$a_2 : a_3 = a_3 : (a_2 - a_3)$$

が成り立つ．従って $a_4 = a_2 - a_3$ とおくと，$a_2 = a_3 + a_4, a_4 < a_3$ が成り立
つ．以下同様に a_n を定めると，これは a_1, a_2 から始めて，ユークリッド互
除法に現われる数列に他ならない．このとき n_i はすべて1である．この列は
決して0にはならないから，a_1, a_2 は通約不能である．これを連分数で表わ
すと

$$1 + \cfrac{1}{1 + \cfrac{1}{1 + \cfrac{1}{1 + \cdots}}}$$

となる．これはいわゆる**黄金比**と呼ばれるもので，方程式の言葉を使ってよい
なら比 a_2/a_1 は2次方程式 $x^2 - x - 1 = 0$ の解 $(-1 + \sqrt{5})/2$ に他ならない．

　同じような2数でより簡単なものは直角2等辺3角形の斜辺と底辺である．
ピタゴラスの定理から，斜辺と底辺の比は $\sqrt{2}$ である．ギリシャ人たちは，$\sqrt{2}$
が有理数でないことを，単に幾何学的直感ではなく，今日我々が知っている厳
密な論証で示すこともできたのである．ギリシャ時代は幾何学の時代であると
いわれる．3角形や円などの図形に現われる「量」は実在のものであり，すべ

てなんらかの「数」で表わされなければならない．従って 1 辺の長さ 1 の正方形や正 5 角形の対角線の長さが有理数で表わされないことは，大きな問題であってピタゴラス学派ではこのことは永らく秘密とされていたという．

■ $\sqrt{2}$ と方程式の解

ここで，$\sqrt{2}$ が無理数であることのよく知られた証明を思い出してみよう．これは背理法の理解のため高校の教科書にも取り入れられている．正確な主張は次の通りである．

定理 1.2.1 $a^2 = 2$ となる有理数 a は存在しない．

証明 背理法で示そう．$a^2 = 2$ となる有理数が存在すると仮定する．その有理数を既約分数 n/m で表わすことができる．このとき，$n^2/m^2 = 2$，つまり $2m^2 = n^2$ である．奇数の 2 乗は奇数であるから，n は偶数でなければならない．従って m^2 も偶数，つまり m も偶数である．これは n/m が既約である，つまり n, m が共通因子を持たないと仮定したことに矛盾する． □

この証明は，$a^2 = 2$ となる「数」の存在そのものについてなにかを主張しているわけではない．あくまで，有理数の範囲内には存在しないことをいっているのである．しかし，正方形の対角線の長さを表わすものとしてこのような「数」は存在する．つまり，ギリシャにおいては，方程式 $x^2 - 2 = 0$ の解は幾何学的に存在したのである．ギリシャの幾何学は，どのような線分の長さも表わすことができるような「数」についてなにか明確な考えを持っていたわけではなかったが，それが有理数だけでは尽くされないことは知っていた．端的にいえば，有理数だけでは幾何学はできないということである．

一方，上とまったく同じ論法で，「$a^3 = 2$ となる有理数は存在しない」ことも証明できる．つまり方程式 $x^3 - 2 = 0$ は有理数解を持たない．$a^3 = 2$ となる「数」を $\sqrt[3]{2}$ と表わそう．$\sqrt{2}$ の場合と同様に，$\sqrt[3]{2}$ の存在はユークリッド幾何で示されるであろうか？ これは体積が 2 の立方体の 1 辺の長さである．このような立方体を定規とコンパスで作図せよ，というのが**デロスの問題**（214 頁参照）であった．これが可能であれば $\sqrt[3]{2}$ という数の存在が幾何学的

に示されることになる．しかし 19 世紀になってようやく，このような作図が古典的なユークリッド幾何の公理からは不可能であることが「証明」されたのである（5.1 節参照）．

しかしながら $\sqrt[3]{2}$ は，次の項で述べる虚数単位 $i = \sqrt{-1}$ ほど謎めいているわけではない．実際，方程式 $x^3 - 2 = 0$ の真の解はともあれ，近似解を見つけることは，技術的な問題は別にして常に可能である．ここで近似解とは，ϵ を与えられた正の有理数とするとき，不等式

$$|f(x)| = |x^3 - 2| < \epsilon$$

をみたす有理数 x のことである．ϵ をいくら小さくとっても，このような近似解が得られるなら，それは真の解に近づくと期待される．そのような近似解の列は，例えば次のようにして得られる．$f(1) < 0, f(2) > 0$ だから，解は 1 と 2 の間に求められるであろう．$f(x) = 0$ は有理数解を持たないから，区間 $[1, 2]$ を 10 等分した小区間のどこかに，左端で負，右端で正となるものがある．さらにその小区間を 10 等分して同じことを繰り返す．このようにして得られる小区間の左端を表わす小数の列

$$a_1 = 1, \quad a_2 = 1.2, \quad a_3 = 1.25, \quad \ldots$$

は確かに近似解の列である．このとき

$$f(a_i) = a_i^3 - 2, \quad i = 1, 2, \ldots$$

は 0 に収束する．一方，有理数の列 $\{a_i\}$ はコーシー[*4] の収束判定条件をみたす数列，つまり基本列（189 頁参照）になっている．もし，これが何らかの種類の「数」a に収束し，そのような種類の数を多項式 $f(x)$ に「代入」できるなら，a は方程式 $x^3 - 2 = 0$ の解になるであろう．つまり解の存在は，有理数の基本列 $\{a_i\}$ の収束する先とは何か，という問題になるのである．

ギリシャ人たちが明確に**実数**の観念を持っていたかどうかは疑わしいが，実数として（連続性を暗に仮定した）直線上の点と対応する「数」であると捉えていたと思われる．しかしながら実数の観念は 19 世紀になってようやく，数列の収束や関数の連続性にかかわる解析学の発展とともに確立されてきて，最

[*4] Augustin-Louis Cauchy(1789–1857) フランスの数学者．複素関数の研究で有名．また微分積分学の厳密な研究は彼に始まるといわれる．

終的には上述の基本列，あるいは「デデキント*5 の切断」による構成のように有理数から明確な形で定義されるようになったのである．これによって，実数の連続性に関する性質，例えば中間値の定理などが厳密に証明された．その一つの応用がよく知られた次の定理である．実数の定義と，実数が体であることについては 4.3 節（190 頁）で解説する．

定理 1.2.2 実数を係数とする奇数次の方程式は実数解を持つ．

証明 次の 3 つの事実から示される．基本列や収束の定義や性質については 189 頁を参照すること．

(1) 中間値の定理；$y = f(x)$ はすべての実数上で定義された連続関数とする．実数 $a < b$ において $f(a) < 0, f(b) > 0$ が成り立つとき，$f(c) = 0$ となる実数 $a < c < b$ が存在する．

(2) 多項式で表わされる関数 $y = f(x) = x^n + a_{n-1}x^{n-1} + \cdots + a_0$ は連続である．

(3) $f(x)$ は上のような多項式とする．n が奇数のとき，$f(-q) < 0, f(q) > 0$ となる正の実数 q が存在する．

まず (1) を示す．連続の定義を思い出そう．$y = f(x)$ が実数 p で連続とは，p に収束する任意の実数列 $x_1, x_2, \ldots$ に対し，列 $f(x_i)$ が $f(p)$ に収束することである．記号で表わせば $\lim_{x_i \to p} f(x_i) = f(p)$ である．さて議論は同様だから，$a = 0, b = 1$ としてもよいだろう．区間 $[0, 1]$ を 10 等分した小区間のどこかに，$f(x)$ が左端で 0 または負，右端で正となるものがあることは容易にわかる．さらにその小区間を 10 等分して同じことを繰り返す．このようにして得られる小区間の左端，右端を表わす小数の列をそれぞれ

$$\text{左}: x_1, x_2, \ldots, \quad \text{右}: y_1, y_2, \ldots$$

とする．このとき $\{x_i\}, \{y_i\}$ はそれぞれ基本列であり，$\{y_i - x_i\}$ は 0 に収束する．従って $\{x_i\}, \{y_i\}$ は同じ実数 p に収束する．従って

$$f(p) = \lim_{x_i \to p} f(x_i) = \lim_{y_i \to p} f(y_i)$$

[*5] Richard Dedekind(1831–1916) ドイツの数学者．イデアル論の創始者である．カントールとともに集合論の先駆者でもあった．

である．一方 $f(x_i) \leq 0$ だから $f(p) \leq 0$ であり，$f(y_i) > 0$ だから $f(p) \geq 0$ である．従って $f(p) = 0$ である．(2) は容易であろう．

次に $x \neq 0$ のとき
$$y = x^n(1 + a_{n-1}x^{-1} + \cdots + a_0 x^{-n})$$
を考える．十分大きな正の実数 q をとると $|x| > q$ のとき
$$|a_{n-1}x^{-1} + \cdots + a_0 x^{-n}| < 1$$
である．従って (3) が成り立つ． $\square$

さて，方程式を解くとはどういうことかを，改めて考えてみよう．$f(x)$ は未知数 x を含む多項式とするとき，(代数) 方程式とは $f(x) = 0$ の形の式である．普通，式 $f(x)$ を定める数 (多項式の係数) たちは既によく知られた数の世界に属している．また，このような数は，有理数たちのように加減乗除の 4 つの演算 (有理演算と呼ばれる) を自由に行なえるのが普通である．このような数の世界は**体**と呼ばれる．1 次方程式 $ax + b = 0$, $(a \neq 0)$ は明らかに同じ数の世界 (係数体) の範囲内で解くことができる．しかし 2 次以上の方程式になると，例えば $x^2 - 2 = 0$ が有理数の世界では解がないように，係数体を超えた数の世界を考える必要が現われる．方程式 $x^2 - 2 = 0$ の場合は幾何学の助けを借りて，「数直線上に」解の存在を示すことができたのであるが，一般には次節で述べる方程式 $x^2 + 1 = 0$ のように解の存在を想像することも困難なことがある．

既知の数の世界に方程式 $f(x) = 0$ の解がない場合に，「どこかに」解が存在すると思いたければどうすればよいだろう？ 1 つの方法としては求められる性質を持つ数の世界を「新たに」構成することといってよいであろう．それが既知の世界と「矛盾なく」整合しており有益であるならば，我々はそれを「存在する」と考えてもよいのである．そのような数の世界がみたすべき具体的な条件は，そこの数 α を式の x に代入して式計算ができ，式の値が 0 かどうかを確かめられることである．つまりそのような数たちは，(係数体の元も含めて) 有理演算が自由にできなければならない．このような数の世界は，係数体の**拡大体** (88 頁参照) と呼ばれる．つまり解の存在とは，解を含む拡大体の存

在ということに他ならないが，定理 2.5.10 で示すように，すべての代数方程式に対し，その解を含む拡大体が構成できるのである．

　これまで述べた，負数，有理数，あるいは実数などはすべてそのような例であり，有理数や実数が「存在する」というのは，現代からみれば自明のことであるが，歴史上のある段階では「存在」しなかったのである．

1.3 複素数

■方程式 $x^2 + 1 = 0$

　次に方程式 $x^2+1=0$ を考えよう．この方程式の解とは，2 乗して -1 となる「数」である．このような方程式に対する考え方はいくつかある．第 1 は解はないとすることである．従ってそれ以上の議論はストップである．第 2 は，解はないかもしれないがあたかもあるかのように「想像し」，それを $\sqrt{-1}$ という記号で表わし計算上の便利な道具として用いるというものである．そして第 3 は，分数が線分の長さとして「存在」したように，どこかにそのような解が存在すると考え，そのような世界を具体的に見つけてくることである．この 3 つの考え方は歴史的にもこの順序で起こっている．16 世紀にカルダノやフェラーリによって 3 次や 4 次方程式の解の公式（後で解説する）が得られるまでは，おそらく虚数解が現われる方程式を考える必要がそもそもなかったのだろう．17 世紀のニュートン[*6]ですら，虚数解を持つ方程式は単に不能な方程式であると考えていた．ニュートンの物理学には複素数は不要であったのである．しかし，3 次方程式の解の公式では，実数解を与えるはずの公式のなかに虚数が現われることがある．例えば 3 次方程式

$$x^3 - 15x - 4 = 0$$

は明らかな解 $x=4$ を持つ．しかし 4 が解であることに気がつかなくとも，カルダノの公式（28 頁）を用いると次の解

$$x = \sqrt[3]{2 + 11\sqrt{-1}} + \sqrt[3]{2 - 11\sqrt{-1}}$$

[*6] Sir Isaac Newton(1643–1727) イギリスの数学者．微分積分法を発見し，古典力学，いわゆるニュートン力学を確立した．

が得られる．このような公式が有効だったのは，$\sqrt{-1}$ の本質的な意味はともかくとして，$\sqrt{-1} \times \sqrt{-1} = -1$ という「計算規則」さえ認めれば，形式的には簡単な計算により $(2 \pm \sqrt{-1})^3 = 2 \pm 11\sqrt{-1}$ つまり

$$\sqrt[3]{2 \pm 11\sqrt{-1}} = 2 \pm \sqrt{-1}$$

であることが示され，解 $(2+\sqrt{-1})+(2-\sqrt{-1}) = 4$ が得られたからである．このように，このころから方程式を扱うために虚数が必要であることが認識されてきたが，基本的な考え方は第2のレベルであった．2乗して -1 になるような数は「どこに」あるのか，という疑問は根強く，また納得いく答えを見出すのも困難であった．これは $\sqrt{2}$ のような実の無理数の場合とまったく異なる点である．ユークリッド幾何に慣れ親しんでいれば，$\sqrt{2}$ は正方形の対角線の長さのように，直線上の点と対応する数として実在するものと考えることができるからである．

　虚数に対する考え方を第3のレベルに引き上げたのは19世紀前半のドイツの数学者フリードリッヒ・ガウス[*7]である．ガウスの考えたことを紹介しよう．まず i という記号を用意する．a, b を実数とするとき $a + bi$ の形の「数」をガウスは**複素数** (complex number) と呼んだ．これは単に「複合した」数という意味である．複素数全体の集合は $\boldsymbol{C}$ で表わされる．2つの複素数 $a + bi$ と $a' + b'i$ は $a = a', b = b'$ のとき等しいという．2つの複素数の和と積は次のように定義される．

$$(a + bi) + (a' + b'i) = a + a' + (b + b')i$$
$$(a + bi) \times (a' + b'i) = aa' - bb' + (ab' + ba')i$$

特に $b = 0$ のときは実数の和，積に他ならないので，$b = 0$ である複素数は実数のことと思ってよい．また $i \times i = i^2 = -1$ である．i は**虚数単位**と呼ばれ $i = \sqrt{-1}$ とも表わされる．複素数 $a + bi$ は単に z あるいは w のような記号で表わされることも多い．

　さて，a, b を実数とするとき，2次方程式

$$x^2 + ax + b = 0$$

[*7] Friedrich Gauss(1777–1855) ドイツの数学者，天文学者．近代数学のほとんどの分野に大きな影響を与えた．19世紀を代表する数学者の一人である．

の解は公式
$$\frac{1}{2}(-a \pm \sqrt{a^2 - 4b})$$
で与えられる．判別式 $D = a^2 - 4b \geq 0$ であれば，解は実数であり，$D < 0$ のときも $\sqrt{D} = \sqrt{-D}i$ だから，方程式 $x^2 + 1 = 0$ のみならずすべての実数係数の2次方程式も，解はガウスの定義した複素数のなかにある．

複素数 $z = a + bi$ に対し，$a - bi$ をその**共役複素数**といい，$\bar{z}$ と表わす．実数 a, b はそれぞれ複素数 z の**実部**，**虚部**といい，$\mathrm{Re}\, z, \mathrm{Im}\, z$ と表わす．また複素数 $z = a + bi$ の**絶対値**（長さ，あるいはノルムともいう）を $|z| = \sqrt{z\bar{z}} = \sqrt{a^2 + b^2}$ と定義する．このとき
$$\overline{z + z'} = \bar{z} + \bar{z'}, \quad \overline{zz'} = \bar{z}\bar{z'}$$
および
$$|zz'| = |z||z'|$$
が成り立つことは容易にわかる．また，
$$z = 0 \iff |z| = 0$$
であることも明らかである．共役複素数や絶対値を用いると，0 でない複素数は複素数で表わされる逆数を持つことがわかる．実際 $z \neq 0$ のとき $|z| \neq 0$ であり $z \times (\bar{z}/|z|^2) = 1$ だから
$$z^{-1} = \frac{\bar{z}}{|z|^2}$$
である．逆元以外の体の公理（38頁）は簡単に確かめられるので，次の定理が得られる．

定理 1.3.1 複素数の集合 C は体である．

複素数の体 C は実数の体を含んでおり，その拡大体になっている．これは方程式 $x^2 + 1 = 0$ の解を含む拡大体の例である．このような拡大体の構成は他にも考えられる．例えば実数の対 (a, b) たちを考えよう．和と積を

$$(a, b) + (a', b') = (a + a', b + b')$$
$$(a, b) \times (a', b') = (aa' - bb', ab' + ba')$$

と定義する．これは (a, b) を複素数 $a + bi$ に対応させることで同一視できるから，わざわざこのような対を考える必要はないかもしれない．しかし見方を変えれば，実数の対という概念は，自然数の対で負数や分数を定義したように明確に定義でき，虚数単位 i のようにその存在や意味に悩む必要はなくなるのである．

さらに，実数の対であると考える利点として，複素数 $z = a + bi$ を (x, y) 平面の成分が (a, b) である点に対応させることもできる．複素数をこのように (x, y) 平面の点，あるいはベクトルで表わしたものを，**複素数平面**，あるいは**ガウス平面**と呼ぶ．2 つの複素数の和は平面ベクトルの和に他ならない．また，複素数 z の絶対値 $|z|$ はベクトルの長さのことである．ガウス平面が普通の (x, y) 平面と異なることは，2 つのベクトルあるいは点の積が定義されることである．ガウス平面の点 $P(a, b)$ と $P'(a', b')$ の積とは，その座標が $(aa' - bb', ab' + ba')$ で与えられる点とすればよいのである．

$z = a + bi$ は絶対値 1 の複素数とする．このとき z はガウス平面の原点を中心とし，半径 1 の単位円上にある．x 軸方向の単位ベクトルと z のなす角度（**偏角**という）を θ とすれば，$z = \cos\theta + i\sin\theta$ と表わすことができる．また，一般の複素数 z についてもその絶対値を r とすれば

$$z = r(\cos\theta + i\sin\theta)$$

と表わせる．これを複素数の**極表示**という．さて，ユークリッド幾何でよく知られた三角関数の加法公式を用いれば

$$(\cos\theta + i\sin\theta)(\cos\theta' + i\sin\theta')$$
$$= \cos\theta\cos\theta' - \sin\theta\sin\theta' + i(\cos\theta\sin\theta' + \sin\theta\cos\theta')$$
$$= \cos(\theta + \theta') + i\sin(\theta + \theta')$$

が成り立つ．従って 2 つの複素数

$$z = r(\cos\theta + i\sin\theta), \quad z' = r'(\cos\theta' + i\sin\theta')$$

の積は

$$zz' = rr'(\cos(\theta + \theta') + i\sin(\theta + \theta'))$$

で与えられる．つまり，複素数を乗ずることは，絶対値倍の拡大縮小と，偏角分の回転に対応しているのである．特に絶対値 1 の複素数 z のベキ乗に適用すればド・モアブル[*8] の公式
$$\cos n\theta + i\sin n\theta = (\cos\theta + i\sin\theta)^n$$
が得られる．また，i の偏角は $90°$ だから，i（を乗ずること）は，$90°$ の（反時計回り）の回転である．

　虚数単位 i を含む複合した数を考え，またその計算規則を与えるだけでは，それは依然として仮想的数の域を超えないであろう．実数が直線上の点として「存在」したのと同様に，複素数を上のようにガウス平面という幾何学的対象に対応づけたのが，ガウスの天才的発想であった．いわば，虚数を眼に見えるものにしたのである．

■ **4元数**

　さて実数の対を考えることにより，複素数体という実数体の拡大体が得られた．これに対して，例えば実数の 3 つ組 (a,b,c) たちにうまく和や積を定義してさらに拡張された体が得られるであろうか？　実は後（系 3.1.8）で証明するように，実数体の（有限次）の拡大体は複素数体に限るのである．つまり，複素数より「複雑な」体はないのである．

　ただし，体の演算規則のうち，積の可換性 $ab = ba$ が成り立たなくても（これを **斜体** と呼ぶ）[*9] よければ，複素数より複雑な斜体は存在するのである．それがハミルトン[*10] の **4元数** である．虚数単位 i 以外に，天下りではあるが j, k と表わされる別の「虚数単位」を用いて
$$a + bi + cj + dk, \quad (a, b, c, d \text{ は実数})$$
と表わされる「数」をハミルトンの 4 元数と呼ぶ．2 つの 4 元数
$$a + bi + cj + dk, \quad a' + b'i + c'j + d'k$$

[*8] Abraham de Moivre(1667–1754) フランスで生まれイギリスで活躍した数学者．
[*9] 代数学の教科書によっては，ここでいう斜体を体，積の可換性をみたすものを可換体と呼ぶことがある．
[*10] William Rowan Hamilton(1805–1865) アイルランドの数学者．解析力学の創始者として有名である．

は $a=a'$, $b=b'$, $c=c'$, $d=d'$ のとき等しいと定める．虚数単位たちの積は
$$i^2 = j^2 = k^2 = -1,$$
$$ij = -ji = k,\ jk = -kj = i,\ ki = -ik = j$$
と定め，一般の 4 元数たちの積も分配法則に従って定めることができる．$(ij)k = kk = -1 = i(jk)$ 等が成り立つから，積の推移律も確かめることができる．また複素数 $a+bi$ は自然に 4 元数と考えることができる．このとき一般の 4 元数は
$$a + bi + cj + dk = a + bi + (c+di)j$$
と表わされるから，4 元数は複素数をさらに複合させた数であると考えることができる．

0 でない元 $a+bi+cj+dk$ の逆元は
$$\frac{a - bi - cj - dk}{a^2 + b^2 + c^2 + d^2}$$
で与えられる（計算してみよ）ことに注意すると，4 元数たちは加減乗除の有理演算ができ，体の性質をすべて持っているが，乗法の順序は交換可能ではない．その意味で普通の数というより，正方行列のような演算子に近いのである．しかし有理演算ができることから 4 元数を係数とする多項式や方程式を考えることができる．例えば方程式 $x^2 + 1 = 0$ を 4 元数の世界で考えてみよう．上の定義から $x = \pm i,\ \pm j,\ \pm k$ はそれぞれ解である．また，それ以外にも例えば $(i+j)/\sqrt{2}$ も解であり，解は無数にある．これは因数定理 (88 頁) のような定理が成り立たないからである．この例からもわかるように，方程式を考えるとき数の概念を無限定に広げると，変な現象が起こることがあり注意が必要である．4 元数を超えてさらに複合した「数」を考えることも可能であるが，それらは実数や複素数，あるいは 4 元数がみたす演算規則をさらに犠牲にしなければならない．例えば，ハミルトン・ケイリーの定理で知られるケイリー[*11]は 8 元数と呼ばれる「数」を見出したが，これは乗法に関する推移律もみたさないものである．

[*11] Arthur Cayley(1821–1895) イギリスの数学者．ハミルトンの弟子で線形代数学に多くの業績を残した．

■方程式 $z^2 - i = 0$ と複素係数2次方程式

　方程式 $z^2 - i = 0$ の解，つまり2乗して虚数単位 i になる「数」とは何か？それはそもそも複素数なのか，あるいは複素数の範囲では存在せず，新たに「超複素数」のようなものを考える必要があるのか？ この素朴な疑問に対する答えは簡単である．実際，複素数 $\pm(1+i)/2$ が解である．

　さらに $\alpha = c + di$ を一般の複素数とするとき，方程式 $z^2 - \alpha = 0$ つまり α の平方根 $\sqrt{\alpha}$ についても，$z = x + yi$ とおき

$$(x + yi)^2 = c + di$$

を，実部，虚部の連立方程式と考え，直接解くことができる．しかし，ここでは前項で述べたガウス平面での極表示を用いて考えてみよう．

$$\alpha = r(\cos\theta + i\sin\theta)$$

を α の極表示とする．r は非負の実数だから正の平方根 $\sqrt{r}$ がある．従って複素数

$$\pm\sqrt{r}(\cos(\theta/2) + i\sin(\theta/2))$$

が α の平方根である．

　同様の方法で，複素数 α の n 乗根の存在も

$$\sqrt[n]{r}(\cos(\theta/n) + i\sin(\theta/n))$$

を考えれば明らかである．ただし，n 乗根を表わす記号 $\sqrt[n]{\alpha}$ については注意が必要である．a が正の実数のとき $\sqrt{a}$ は2つある平方根のうち，正のものを表わした．しかし a が複素数のときは，2つある平方根のうちどちらかを特別視する理由はない．そこで一般に n 乗根の記号として，α の偏角 θ を $0 \leq \theta < 2\pi$ にとっておき，

$$\sqrt[n]{\alpha} = \sqrt[n]{r}(\cos(\theta/n) + i\sin(\theta/n))$$

と約束する．従って残りの n 乗根は

$$\sqrt[n]{r}(\cos(\theta/n + 2k\pi/n) + i\sin(\theta/n + 2k\pi/n)), \quad (k = 1, 2, \ldots, n-1)$$

で与えられる．ただし $\sqrt[n]{\alpha}\sqrt[n]{\beta}$ と $\sqrt[n]{\alpha\beta}$ は必ずしも一致しないことに注意しなければならない．実際，α, β の偏角がそれぞれ $\theta, 2\pi - \theta$ とすれば，$\alpha\beta$ は

実数だから $\sqrt[n]{\alpha\beta}$ も実数であるが，$\sqrt[n]{\alpha}\sqrt[n]{\beta}$ は一般に実数ではない．つまり適当な 1 の n 乗根 $\zeta = \cos(2k\pi/n) + i\sin(2k\pi/n)$ があって
$$\sqrt[n]{\alpha}\sqrt[n]{\beta} = \zeta \sqrt[n]{\alpha\beta}$$
となるのである．

さて，複素数の平方根があれば，一般の複素数係数の 2 次方程式
$$x^2 + ax + b = 0$$
も実数係数の解の公式と同じように
$$\frac{1}{2}(-a \pm \sqrt{a^2 - 4b})$$
で与えられる．つまり，複素数係数の 2 次方程式は複素数解を持つことがいえたわけである．

1.4 3次と4次方程式

■カルダノと3次方程式の解の公式

さて，カルダノ[*12]による 3 次方程式の解の公式を紹介しよう．まず，複素数 a に対し，方程式 $x^3 - a = 0$ を考える．この方程式の解は a の 3 乗根である．前項で述べたように複素数の範囲内ではこのような 3 乗根は 3 つある．特別の場合として，$a = 1$ のとき，
$$x^3 - 1 = (x-1)(x^2 + x + 1)$$
だから，1 の 3 乗根は 1 と，2 次方程式 $x^2 + x + 1 = 0$ の 2 解である．この 2 解の一方を ω と表わすともう一つの解は ω^2 である．このとき a の 3 乗根の 1 つを $\sqrt[3]{a}$ とすると，方程式 $x^3 - a = 0$ の 3 つの解は
$$\sqrt[3]{a}, \quad \omega\sqrt[3]{a}, \quad \omega^2 \sqrt[3]{a}$$
である．

次に，最も一般な形の n 次方程式
$$a_0 x^n + a_1 x^{n-1} + \cdots + a_{n-1} x + a_n = 0 \quad (a_0 \neq 0)$$

[*12] Girolamo Cardano(1501–1576) イタリアの数学者．本業は医者であった．

を考えよう．ここで a_i は複素数である．明らかに，この方程式を解くことと，a_0 で全体を割った方程式を解くことは同じである．従って始めから a_0 は 1 としておいてかまわない．次に新しい変数 $x' = x + d$ を用意しよう，ただし d は定数である．$x = x' - d$ を上の方程式に代入すれば，x' の方程式

$$(x'-d)^n + a_1(x'-d)^{n-1} + \cdots + a_n = x'^n + (a_1 - nd)x'^{n-1} + \cdots = 0$$

が得られる．特に $d = a_1/n$ ととっておけば x' の $n-1$ 次の項はなくなる．こうしておいて，上の方程式の解 x' が求まれば，有理演算

$$x = x' - d = x' - a_1/n$$

によって元の方程式の解が求まる．従って，一般方程式とは (x' を再び x と表わして)

$$x^n + b_2 x^{n-2} + \cdots + b_{n-1} x + b_n = 0$$

の形をしているとしてもかまわない．$n = 2$ のときは簡単で $\sqrt{-b_2}$ を求めればよい．そこで3次方程式を考えよう．$b_2 = 3p$, $b_3 = q$ とおいて次の形の方程式

$$x^3 + 3px + q = 0$$

を考える．ここで x の係数を $3p$ としたのは，以下の公式の形がきれいになるための技術的理由からである．

ここで天下りのようであるが，この方程式の解を2つの数 u と v の和 $u+v$ に表わしたとする．このとき

$$(u+v)^3 + 3p(u+v) + q = u^3 + v^3 + 3(uv+p)(u+v) + q = 0$$

である．従って

$$u^3 + v^3 = -q, \quad uv = -p$$

をみたす u, v が求められればよいのである．$u^3 = \alpha$, $v^3 = \beta$ とおく．このとき $u = \sqrt[3]{\alpha}$, $\omega\sqrt[3]{\alpha}$, $\omega^2\sqrt[3]{\alpha}$ のいずれかであり，条件 $uv = -p$ より u, v の一方は他方から定まることに注意すると，(u,v) の組はある $k \in \{0,1,2\}$ があって

$$(\sqrt[3]{\alpha}, \omega^k \sqrt[3]{\beta}), \quad (\omega\sqrt[3]{\alpha}, \omega^{k+2}\sqrt[3]{\beta}), \quad (\omega^2\sqrt[3]{\alpha}, \omega^{k+1}\sqrt[3]{\beta})$$

のいずれかの形であることがわかる．また

$$\alpha + \beta = -q, \quad \alpha\beta = -p^3$$

だから α, β は複素数係数 2 次方程式 $t^2 + qt - p^3 = 0$ の 2 解である．従って前項の結果から α, β は複素数であり，解の公式から

$$\alpha = (-q + \sqrt{q^2 + 4p^3})/2, \quad \beta = (-q - \sqrt{q^2 + 4p^3})/2$$

である．従って 3 次方程式の解の公式

$$\sqrt[3]{(-q + \sqrt{q^2 + 4p^3})/2} + \omega^k \sqrt[3]{(-q - \sqrt{q^2 + 4p^3})/2}$$
$$\omega \sqrt[3]{(-q + \sqrt{q^2 + 4p^3})/2} + \omega^{k+2} \sqrt[3]{(-q - \sqrt{q^2 + 4p^3})/2}$$
$$\omega^2 \sqrt[3]{(-q + \sqrt{q^2 + 4p^3})/2} + \omega^{k+1} \sqrt[3]{(-q - \sqrt{q^2 + 4p^3})/2}$$

が得られる．この公式は 16 世紀イタリアの数学者タルタリアによって見出されたが，その弟子であったカルダノによって公表されたので今日**カルダノの公式**と呼ばれている．

2 次方程式 $t^2 + qt - p^3 = 0$ の判別式 $D = q^2 + 4p^3$ について，$D = 0$ の場合を考えよう．このとき公式の 3 乗根の中はともに $-q/2$ である．このとき $k = 0, 1, 2$ の如何にかかわらず，3 つの解のうち 2 つが等しいことは容易にわかる．つまり，方程式は重解を持つ．逆に重解を持つ，例えば 1 番目と 2 番目の解が等しいとすると，容易に計算できるように $D = 0$ である．

注 1.4.1 この公式を得る途中の段階では，そもそも方程式に解があるのか，あるいはあるとしても，複素数の形に表わせるのかどうかもわかっていない．従って，例えば u, v のような「数」を考えるのはユークリッド幾何の「補助線」のようなもので，それを用いて式の形式的変形を行なっていったのである．しかし，得られた公式から見ると，複素数のベキ根が複素数であること（25 頁）から，3 次方程式の解が複素数であることが示される．

■ 4 次方程式の解法

次に 4 次方程式の解法を，3 次方程式に帰着させるフェラーリ[13]の方法を述

---

[13] Ludovico Ferrari(1522–1565) イタリアの数学者．カルダノの弟子であった．

べよう．一般の複素数係数の 4 次方程式を考える．3 次方程式のところで述べたように，変数 x の有理変換を行なって，次の形

$$x^4 + bx^2 + cx + d = 0$$

の方程式と考えてよい．ここで $c = 0$ なら，この方程式は x^2 の 2 次方程式だから，解の公式は簡単に得られる．従って以下では $c \neq 0$ とする．そこでこのような方程式を，ある 3 次方程式を解くことに帰着できる手続きがあることを示そう．

まず新しい変数 y を考え，$y = x^2$ とおく．このときこの方程式は連立 2 次方程式

$$y^2 + bx^2 + cx + d = 0, \quad x^2 - y = 0$$

を解くことに帰着される．言い換えれば，上の 2 つの 2 次曲線の交点を求めることになる．ただし，b, c, d は実数とは限らないから，2 次曲線といっても実平面の眼に見える曲線というわけではない．もし b, c, d が実数で，元の方程式が 4 実根を持っているなら，放物線と楕円や双曲線が 4 点で交わっている図をイメージすればよい．

そこで，パラメーター λ を含む次のような 2 次曲線 C_λ

$$\lambda(x^2 - y) + y^2 + bx^2 + cx + d = 0$$

を考えよう．この曲線は，どのような λ に対しても，上の 2 曲線の交点を通る．従って元の連立方程式は

$$\lambda(x^2 - y) + y^2 + bx^2 + cx + d = 0, \quad x^2 - y = 0$$

に置き換えてよい．もし，曲線 C_λ が 2 直線の積になるような λ があるとすると，C_λ は

$$(p_1 x + q_1 y + r_1)(p_2 x + q_2 y + r_2) = 0$$

の形である．従って連立方程式は

$$p_i x + q_i y + r_i = 0, \quad x^2 - y = 0 \quad (i = 1,\ 2)$$

の形になるが，これは x についての 2 つの 2 次方程式であるから解の公式によって解くことができる．

従って問題は，曲線 C_λ が2直線の積になるような λ をどのように求めればよいか，に帰着する．C_λ の式を整理し，x, y それぞれについて平方完成させると

$$(\lambda+b)x^2 + cx + y^2 - \lambda y + d$$
$$= (\lambda+b)(x + \frac{c}{2(\lambda+b)})^2 + (y - \frac{\lambda}{2})^2 + d - \frac{c^2}{4(\lambda+b)} - \frac{\lambda^2}{4}$$

となる．複素数の範囲での因数分解 $s^2 + t^2 = (s+ti)(s-ti)$ に注意すると，上式が x と y の2つの1次の積になるための十分条件は

$$d - \frac{c^2}{4(\lambda+b)} - \frac{\lambda^2}{4} = 0$$

である．しかしこれは λ の3次方程式

$$\lambda^3 + b\lambda^2 - 4d\lambda + c^2 - 4bd = 0$$

であるから，3次方程式の解の公式を用いて1つの解 λ を求めればよいのである．($c \neq 0$ だからこの3次方程式の解 λ は $\lambda + b \neq 0$ をみたし分数方程式の解になっている．)

以上からわかるように，4次方程式

$$x^4 + bx^2 + cx + d = 0$$

を解くことは，2次方程式と3次方程式を解くことに帰着される．従って有理演算，平方根，立方根からなる解の公式（実際には複雑であるが）の存在が示されるのである．

1.5 代数学の基本定理

16世紀のカルダノに始まり，18世紀の後半のオイラー[*14] にいたるまで，代数学とは専ら方程式の理論であった．そもそも虚数 i とは方程式 $x^2 + 1 = 0$ の解であるが，このような方程式にも解があるという考え方はさまざまな方程

[*14] Leonhard Euler(1707–1783) スイスで生まれ，ロシア，ドイツで活躍した数学者．微分積分学のさまざまな技法で知られるが，位相幾何学の嚆矢となった多面体定理でも有名である．

式の解法を求めるなかで浸透してきたのである．2次方程式の解の公式は，いつ誰が見出したのかは知られていないようであるが，虚数 i を用いればすべての2次方程式の解は書き表わすことができる．また，虚数の3乗根が i を用いて表わせることと，カルダノの公式より，3次方程式のすべての解も複素数で表わせる．フェラーリの公式より4次方程式も3次方程式に帰着して解くことができるので，やはり解は複素数で表わされる．さらに，4次までの方程式の解は平方根，立方根を含む一般公式で得られたことも注目に値する．

このような状況のなかで，次の2つの問題が生じてきた．

(1) 5次以上の複素係数代数方程式の解の公式を見つけること，ただし，解の公式とは，いくつかのベキ根（n 乗根）と有理演算を用いて一般的な形で解を表わすことを意味する．

(2) どのような複素係数代数方程式に対しても，超虚数というべき，新しい**仮想的数**を考える必要はないことを示すこと

の2つである．(2) の問題は，どのような複素係数代数方程式も複素数のなかに1つの解を見つけることができることと同じである．実際そのときは，因数定理（88頁）により，元の方程式から1次因子が分離され，次数の小さな方程式の問題に帰着されるからである．もし，問題 (1) が正しければ，複素数のベキ根は複素数で表わされるので，(2) も肯定的である．しかし，複素数のなかに方程式の解が**存在**することと，**特定の手続き**で解を表わすこととはちがうのであって，問題 (2) はガウスによって肯定的に解決され，問題 (1) は後にアーベル[*15]とガロア[*16]によって否定的に解決されたのである．

問題 (1) については3章で解説することにして，ここでは (2) を考えよう．ガウスによって証明された (2) は代数学の**基本定理**と呼ばれる．この証明には，ガウス以外にも多くの数学者がかかわっており，ガウス自身の幾通りかの証明も含め，多くの異なる証明が知られている．それらは大別すると，次の2つである．

[*15] Niels Henrik Abel(1802–1829) ノルウェーの数学者．若くして亡くなったが，数学の多くの分野に業績を残し，アーベル群やアーベル積分など彼の名を冠した数学用語も多い．

[*16] Evariste Galois(1811–1832) フランスの数学者，革命家．10代のうちにガロア理論として知られる先見的な考察を行ない，アーベルの非可解性定理の証明を大幅に簡略化した．

(i) 複素係数多項式 $f(x)$ をガウス平面上の**関数** $y = f(x)$ と考え，ガウス平面上にこの関数の零点（$f(x_0) = 0$ となる点）が存在することを示す方法．これには，さらに関数論の結果を用いる方法と，連続関数の性質を用いるより初等的方法がある．

(ii) 一旦は，仮想的数のなかに解があるものと仮定し，それによって与えられた多項式を因数分解し，それを用いて，複素係数の範囲で元の多項式の因数分解を行なう方法である．

ガウスの時代では，(ii) はなんとなく求める答えを最初から仮定しているようで，正しい証明とは認められなかったが，方程式の分解体の構成（定理2.5.10）の理論が確立したのちは正当な証明と考えられている．ここではまず (i) のタイプの証明を与えよう．これはトポロジーの手法を用いるが，予備知識は特に不要で高校生にも理解可能である．(ii) のタイプの証明については，分解体の存在と対称式の定理を述べた後 (3.3 節) で，フランスの数学者ラプラス[*17]によるものを紹介する．おそらく，数ある証明のなかで，最も簡明，かつエレガントなものといわれている．

代数学の基本定理とは次の定理のことである．

> **定理 1.5.1** $f(x)$ は定数でない複素係数多項式とする．このとき方程式 $f(x) = 0$ は複素数の解を持つ．

まず証明の準備として，円周上で定義された写像の写像度を定義しよう．ガウス平面の単位円を $C = \{z;\ |z| = 1\}$ とする．C からそれ自身への連続写像 $\varphi : C \to C$ で $\varphi(1) = 1$ となるものを考える．ここで φ が連続とは，C 上で点 p に収束する任意の点列 $p_1, p_2, \ldots$ に対し $\varphi(p_i)$ が点 $\varphi(p)$ に収束することである．$z,\ \varphi(z) \in C$ の極表示をそれぞれ

$$z = \cos 2\pi t + i \sin 2\pi t, \quad \varphi(z) = \cos 2\pi t' + i \sin 2\pi t'$$

とする．偏角 $t,\ t'$ は 2π を法として（つまりとびとびに）しか決まらないが，$t = 0$ のとき $t' = 0$ と決めておけば，z が C を 1 周する，つまり $0 \leq t \leq 1$ の

[*17] Pierre-Simon Laplace(1749–1827) フランスの数学者．天体力学，確率論等の創始者．「ラプラスの悪魔」でも有名である．

とき，連続性から t' は t から一意に定まっていくことが容易にわかる．従って $h(t) = t'$ により写像 $h : [0, 1] \to \mathbf{R}$ が定義される．ただし $[0, 1]$ は 0, 1 区間，$\mathbf{R}$ は実数の集合である．h が連続写像であることは明らかであろう．例として $\varphi(z) = z^n$ を考えよう．このとき $h(t) = nt$ で，特に $h(1) = n$ である．これは z が C を 1 周するとき $\varphi(z)$ が C を n 周することを表わしている．一般の $\varphi(z)$ に対しても，$\varphi(1) = 1$ であるから $h(1)$ は整数となる．これを f の写像度と呼ぶ．次の図において左の写像は写像度 0 であり，右の写像は 2 である．

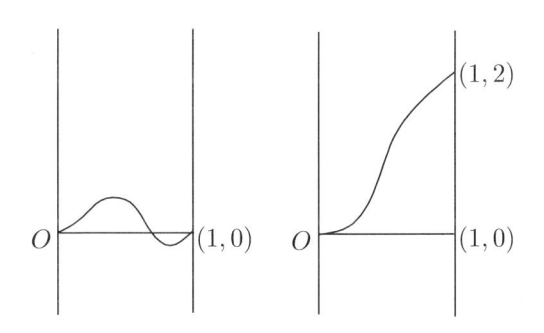

さてこのような写像の族 $\varphi_s : C \to C$ を考える．ここでパラメータ s は区間 $[0, 1]$ を動き，C の点を止めれば s に関し連続であるとする．このような写像の族 φ_s を連続的変形という．このとき対応する偏角の写像の族 $h_s : [0, 1] \to \mathbf{R}$ が得られる．$h_s(1)$ は s の連続写像であるが，$h_s(1)$ は整数値であるから s について一定でなければならない．従って $h_0(1) = h_1(1)$ であり，φ_0 と φ_1 の写像度は等しい．つまり写像の連続的変形に対し写像度は一定である．

次に多項式で定義される写像の写像度を考えよう．
$$f(z) = z^n + a_1 z^{n-1} + \cdots + a_n$$
は定数でない実数係数の多項式とする．$z \neq 0$ のとき
$$f(z)/z^n = 1 + a_1 z^{-1} + \cdots + a_n z^{-n}$$
を考える．$p(z) = a_1 z^{-1} + \cdots + a_n z^{-n}$ とおくと，$|z| > 1$ のとき
$$|p(z)| \leq |z^{-1}|(|a_1| + \cdots + |a_n z^{-n+1}|) < |z^{-1}|(|a_1| + \cdots + |a_n|)$$

だから，どのように小さな正数 ϵ に対しても，十分大きな整数 M をとれば $|z| \geq M$ のとき $|p(z)| < \epsilon$ となる．このとき特に
$$f(z)/z^n = 1 + p(z) \neq 0$$
である．そこで $|z| = 1$ のとき $\varphi(z) = f(Mz)/|f(Mz)|$ とおくと写像 $\varphi : C \to C$ が定義できる．これが連続であることは容易にわかる．また $f(z)$ は実数係数だから，明らかに $\varphi(1) = 1$ が成り立つ．このとき φ の写像度は多項式の次数 n に等しい．実際 $\varphi(z)$ と $f(Mz)$ の偏角が等しいことと，$f(Mz)$ の偏角と $(Mz)^n$ の偏角の差は十分小さいことから，偏角の写像 $h(t)$ と nt は十分近いことがわかる．このとき右の図のように写像 $h(t)$ は nt で表わされる直線を中心とする細い帯の中にある．しかし $h(1)$ は整数値しかとれないから，$h(1) = n$ である．

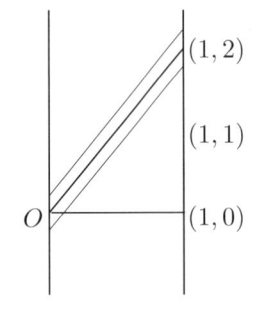

定理の証明　以上の準備のもとで基本定理を示そう．まず，方程式は実数係数であると仮定してよい．実際
$$f(z) = z^n + a_1 z^{n-1} + \cdots + a_n$$
は定数でない複素係数多項式とする．係数たちの複素共役をとった多項式
$$\overline{f}(z) = z^n + \overline{a_1} z^{n-1} + \cdots + \overline{a_n}$$
を考える．このとき $g(z) = f(z)\overline{f}(z)$ は実数係数の多項式である．実際
$$\overline{g}(z) = \overline{f}(z)\overline{\overline{f}(z)} = \overline{f}(z)f(z) = g(z)$$
だからである．従って $g(z) = 0$ が複素数の解を持てば，$f(z) = 0$ あるいは $\overline{f}(z) = 0$ が複素数の解を持つ．後者の場合，解を α とすれば $\overline{f}(\alpha) = 0$ は $f(\overline{\alpha}) = 0$ と同じことだから，$f(z) = 0$ がやはり複素数の解を持つことになるのである．

さて定理を背理法によって示す．つまり $f(\alpha) = 0$ となる複素数 α が存在しないと仮定する．このとき定理 1.2.2 より n は偶数である．さらに

$f(0) = a_n > 0$ である．実際 $a_n \leq 0$ なら，中間値の定理から $f(z) = 0$ は実数解を持つからである．そこで $s \in [0,1]$ に対し上の正数 M を用い

$$\varphi_s(z) = f(Msz)/|f(Msz)|$$

とおく．仮定より $f(Msz) \neq 0$ だからこれは定義され，s についても連続であることは明らかである．$\varphi_1(z) = \varphi(z)$ である．また，$\varphi_0(z)$ は恒等的に 1 であり，特に写像度は 0 である．写像の連続的変形で写像度は変わらないから $\varphi(z)$ の写像度も 0 であるが，これは前々段に述べたこと，つまり $\varphi(z)$ の写像度は（定数でない）多項式 $f(z)$ の次数 n であることに矛盾する． □

第2章 代数系

本書の次の目標は，アーベルやガロアによって示された 5 次以上の代数方程式の非可解性，つまりそのような方程式に一般的な解の公式が存在しないことを証明することである．そのため，まず群や環，あるいは体のような代数系に関する事柄が必要である．代数系とは，加法や乗法のような演算を有する集合を一般に公理の形で特徴づけたものである．このような演算を有する集合としては，有理数のような数以外にも，多項式のような式たちもある．一般の代数系ということになると，環に限っても少しずつ性質の異なるものが数多くある．しかし本書で必要となるのは，整数たち，あるいはある体の元を係数とする多項式たちのなす環の性質である．これらは最も重要かつ基本的な環であり，このような具体的な環の諸性質を十分に知っておくことが，より抽象的な代数系の理解にとっても不可欠である．

本章の 2.1 節から 2.5 節までは多項式たちのなす環を中心とする代数系の解説を行なう．代数学の通常の教科書では，単純な代数系から複雑なもの，つまり群，環，体の順に解説することが多いが，この単純さはみたすべき公理の数によるもので，逆に考えると，対象となる代数系の種類でいえば単純さは逆になる．本章の目標が多項式の性質の理解ということもあり，通常の教科書とは異なる順で解説する．

2.1 体

■定義

本節では体について解説する．体とは，有理数の集合 Q や実数の集合 R，あるいは複素数の集合 C のように，その集合において加減乗除の四則演算が

第 2 章　代数系

自由に行なえる集合のことである．例えば実数の集合には四則演算の他にも，連続性や順序のような重要な性質がある．しかし四則演算に注目して見れば，有理数や以下に述べる例たちと共通した規則で記述できることがわかる．四則演算に関するこの規則のことを**体の公理**と呼び，この公理に従うような四則演算を有する集合を 1 つの**体**であるという．

> **定義 2.1.1**　集合 K の任意の 2 元 a, b に対し，それらの和 $a+b \in K$ および積 $ab \in K$ と呼ばれる元が定義されていて次の A1 から A9 までの公理をみたすとき，集合 K は体であるという．
>
> 　A1　（和の推移性）任意の 3 元 a, b, c に対し，$(a+b)+c = a+(b+c)$ が成り立つ．
>
> 　A2　（和の可換性）任意の 2 元 a, b に対し，$a+b = b+a$ が成り立つ．
>
> 　A3　（和に関する単位元の存在）次の条件をみたす元（ゼロ元と呼び 0 と表わす）が存在する．
>
> $$\text{任意の元 } a \text{ に対し} \quad a+0 = 0+a = a$$
>
> 　A4　（和に関する逆元の存在）各元 a に対し，次の条件をみたす元 $\bar{a}$ が存在する．
>
> $$a + \bar{a} = \bar{a} + a = 0$$
>
> 　A5　（積の推移性）任意の 3 元 a, b, c に対し，次式が成り立つ．
>
> $$(ab)c = a(bc)$$
>
> 　A6　（積の可換性）任意の 2 元 a, b に対し，次式が成り立つ．
>
> $$ab = ba$$
>
> 　A7　（積に関する単位元の存在）次の条件をみたし，0 とは異なる元（1 と表わす）が存在する．
>
> $$\text{任意の元 } a \text{ に対し} \quad a1 = 1a = a$$
>
> 　A8　（積に関する逆元の存在）0 と異なる任意の元 a に対し，次の条件をみたす元 $\tilde{a}$ が存在する．
>
> $$a\tilde{a} = \tilde{a}a = 1$$

A9 (分配律) 任意の 3 元 a, b, c に対し,次式が成り立つ.
$$(a+b)c = ac + bc, \quad a(b+c) = ab + ac$$

定義 2.1.1 には,0 や 1 のような特別の元,あるいは,元 a の和に関する逆元 $\bar{a}$ や積に関する逆元 $\tilde{a}$ は,ただ存在するとしか求められていないが,実はただ 1 通りに定まることが示されるのである.例えば元 a に対し,和について A4 の性質をみたす元が,$\bar{a}_1, \bar{a}_2$ の 2 つあるとする.このとき,公理 $A1, A3$ から

$$(a+\bar{a}_1)+\bar{a}_2 = 0+\bar{a}_2 = \bar{a}_2$$
$$(a+\bar{a}_2)+\bar{a}_1 = 0+\bar{a}_1 = \bar{a}_1$$

が成り立つが,上式の左辺は $A1, A2$ を用いれば同じである.

また定義 2.1.1 には,引き算や割り算のことは明記されていないが,元 a の和に関する逆元 $\bar{a}$ や積に関する逆元 $\tilde{a}$ をそれぞれ $-a$ および $1/a$(あるいは a^{-1})と表わし,引き算や割り算を

$$b-a = b+(-a), \quad \frac{b}{a} = ba^{-1}$$

と定義すればよいのである.

従って,体では加減乗除の 4 つの演算を自由に行なうことができる.最も基本的な体の例は有理数の集合 $\boldsymbol{Q}$ である.その意味で加減乗除の 4 つの演算は有理演算とも呼ばれる.実際,有理数で成り立つような加減乗除の性質はほとんどの場合,一般の体でも成り立つ.例えば,任意の元 a に対し $a0 = 0$ である.これは $a0 + a = a0 + a1 = a(0+1) = a1 = a$ だからである.また,2 元 a, b が $ab = 0$ をみたせば,a または b のいずれかが 0 である.実際例えば $a \neq 0$ であれば $a^{-1}(ab) = (a^{-1}a)b = 1b = b = 0$ である.その他 $(-1) \times (-1) = 1$ であることも容易に示される.

ここで述べたような定義の方法は,対象を具体的に列挙せず,その対象がみたすべき性質,あるいは条件のみで間接的に規定するもので,**公理的定義**と呼ばれる.このとき,みたすべき条件は必要最小限の形で述べられるのが普通である.従って上で注意したように,引き算や割り算を公理のなかに入れること

はしないのである．また当然のことながら，公理どうしが矛盾しないことが求められる．この無矛盾性は公理系をみたす実例（モデル）があれば保証される．このような定義は，現代数学ではごく当たり前のことであって，次項に述べるベクトル空間や群の定義もその典型である．本書の冒頭で述べた自然数に対するペアノの公理も，それによって自然数を定義することができる．ただ，ペアノの公理をみたす対象は本質的に自然数のみであるが，体の公理をみたすもの，つまり体は異なるものが無数にある．

例 2.1.1 ここで，本書で専ら考察する体たちの典型的な例を 1 つ挙げておこう．k を平方数ではない自然数とし，a, b を有理数とするとき $a + b\sqrt{k}$ の形の実数の集合を考える．これを $\boldsymbol{Q}(\sqrt{k})$ と表わそう．このような形の 2 つの数の和，差がいずれもまたこのような形になっていることは明らかである．また積についても

$$(a + b\sqrt{k})(a' + b'\sqrt{k}) = (aa' + kbb') + (ab' + a'b)\sqrt{k}$$

だから同じ形の数である．この加法と乗法は実数としての加法，乗法と同じだから，A8 以外の公理が成り立つことは明らかである．従ってこれが体であることを示すには，元 $a + b\sqrt{k}$ の逆元がまたこの形であることを示せばよいが，

$$\frac{1}{a + b\sqrt{k}} = \frac{a - b\sqrt{k}}{(a + b\sqrt{k})(a - b\sqrt{k})} = \frac{a}{a^2 - kb^2} - \frac{b}{a^2 - kb^2}\sqrt{k}$$

であることは容易に確かめられる．$\sqrt{k}$ が無理数（15 頁）であるから，$a + b\sqrt{k}$ が 0 であることと，$a = 0, b = 0$ が成り立つことは同値である．従ってこのような数たちの相等

$$a + b\sqrt{k} = a' + b'\sqrt{k} \iff a = a', \ b = b'$$

が成り立つ．これは 2 つの有理数の対 (a, b) を考えることが，1 つの数 $a + b\sqrt{k}$ を考えることと同じであることを意味する．ちょうどこれは，実数の対 (x, y) と複素数 $x + iy$ を同一視することと似ている．次節に述べるベクトル空間の言葉でいえば，体 $\boldsymbol{Q}(\sqrt{k})$ が有理数体 $\boldsymbol{Q}$ 上の 2 次元ベクトル空間になっているのである．

このような数と複素数との類似は他にもある．$\alpha = a + b\sqrt{k}$ に対し，その共役 $\overline{\alpha}$ とノルム $N(\alpha)$ を

$$\overline{\alpha} = a - b\sqrt{k}, \quad N(\alpha) = \alpha\overline{\alpha} = a^2 - kb^2$$

と定義する．複素数の場合と違って $N(\alpha)$ は負にもなるから，平方根をとって絶対値を定義することはできないが，複素数と同様の次の性質は明らかに成り立つ．

$$\overline{\alpha + \beta} = \overline{\alpha} + \overline{\beta}, \quad \overline{\alpha\beta} = \overline{\alpha}\,\overline{\beta}, \quad N(\alpha\beta) = N(\alpha)N(\beta)$$

■体の標数

体には和に関する単位元と積に関する単位元が存在するが，これらはどのような体でも 0 および 1 と表わす．n を自然数とするとき，1 を n 回繰り返し加えた元 $1 + \cdots + 1$ を考えることができる．この元を普通の自然数と区別するため，ここだけの記号 $\underline{n}$ で表わそう．このとき体によって次の 2 つの場合に分かれる．

(1) このような元 $\underline{n}$ たちはすべて異なる．

(2) 異なる n, m があって $\underline{n} = \underline{m}$ となる．

まず (2) の場合を考えよう．このとき $\underline{n} \ \underline{m} = \underline{n} \ \underline{m} = 0$ だから $\underline{k} = 0$ となる自然数 $k > 1$ がある．そのような自然数 $k > 1$ で最小のものは素数であることが次のようにしてわかる．実際 k が素数でなく，k より小さい自然数 $k_1, k_2 (> 1)$ があって $k = k_1 k_2$ と分解されるとしよう．そのとき $\underline{k} = \underline{k_1}\underline{k_2} = 0$ であり，$\underline{k_1}, \underline{k_2}$ のいずれかが 0 となるが，これは k の最小性に反する．この素数を，考えている体 K の**標数**という．定理 2.3.17 で，勝手な素数 p に対し標数 p の体として，元の個数がちょうど p である体を紹介する．

(1) の場合は，整数全体が体 K に一対一に埋め込まれ，従って有理数たちも一対一に埋め込まれる．つまり，体 K は有理数体をその一部分として含む．このようなとき，体の標数は 0 であるという．このとき，当たり前であるが大事な性質として，体は無限個の元を持つことがいえる．

■整域と商体

さて，整数全体の集合 $\mathbf{Z}$ は有理数体の一部であって，その加法と乗法は，体の公理のうち積に関する逆元の存在 $A8$ 以外のすべての公理をみたす．一般に，加法と乗法を持ち，乗法の交換可能性 $A6$ と乗法に関する逆元の存在 $A8$

以外のすべての公理をみたすような集合を**環**[*1]という．さらに乗法の交換可能性 A6 をみたす環は**可換環**と呼ばれる．可換環は体とは異なり，0 元でない元が逆元を持つとは限らない．この場合特に逆元を持つ元を，**単元**あるいは**可逆元**と呼ぶ．

また可換環は，さらに性質「2 つの元 a, b が $ab = 0$ となるのは，a または b のいずれかが 0 のときに限る」をみたすとき，**整域**と呼ばれる．体はもちろん整域であるが，体にはならない整域はたくさん存在する．例えば，整数全体のなす可換環 $\mathbf{Z}$ はもちろん整域である．また，後ほどくわしく解説する体 K の元を係数とする多項式たちの集合も，整域の他の重要な例の 1 つである．

ここで，整数から有理数がどのように作られたかを思い出そう（9 頁参照）．2 つの整数 $n, m(\neq 0)$ から分数 n/m を作る．見た目が異なる分数 $n_1/m_1, n_2/m_2$ も，$n_1 m_2 = n_2 m_1$ のときは同じであると考えた上で，このような分数たちで表わされる数を有理数と呼んだのである．つまり

$$2/3, \quad 4/6, \quad 6/9, \ldots$$

たちがひとまとまりとして 1 つの有理数を表わしているのである．整数から分数を作り，このような同一視をすることで有理数を作るこの方法は，すべての整域に適用することができる．R を整域としよう．R の 2 つの元 a と $b \neq 0$ から分数 a/b を作ろう．これはまったく形式的に考えてよいので，分数の記号が嫌であれば例えば (a, b) のような対と思ってもよいのである．2 つの分数 a_1/b_1 と a_2/b_2 は $a_1 b_2 = a_2 b_1$ のとき同値であるという．a_1/b_1 は自分自身と同値（反射律）であり，a_1/b_1 と a_2/b_2 が同値なら a_2/b_2 と a_1/b_1 も同値（対称律）であることは明らかである．さらに，a_1/b_1 と a_2/b_2 が同値，かつ a_2/b_2 と a_3/b_3 が同値であると仮定すると，$a_1 b_2 = a_2 b_1$ および $a_2 b_3 = a_3 b_2$ が成り立つ．このとき

$$a_1 b_2 b_3 = a_2 b_1 b_3 = b_1 a_2 b_3 = b_1 a_3 b_2$$

だから $(a_1 b_3 - a_3 b_1) b_2 = 0$ が成り立つ．$b_2 \neq 0$ であり，R は整域と仮定したから $a_1 b_3 - a_3 b_1 = 0$ であるが，これは a_1/b_1 と a_3/b_3 が同値であることを意味する（推移律）．従って分数たちの間に定義した上の関係は，同値関係と

[*1] 環の定義として，乗法に関する単位元の存在 A7 を仮定しないこともある．

呼ばれる3つの条件（反射律，対称律，推移律）を満足する．このとき，分数たちを同値なものたちでまとめて（言い換えると同値なものは同じであると考えて）新しい集合を考えることができる．分数たちの和は通分して加えることで定義される，つまり

$$\frac{a_1}{b_1} + \frac{a_2}{b_2} = \frac{a_1 b_2 + a_2 b_1}{b_1 b_2}$$

とすればよい．積は分子は分子どうし，分母は分母どうし掛け合わせればよい．このようにして得られる加法と乗法により，同値な分数たちの集合が体になることは容易に確かめられる．これを整域 R の**商体**という．

2.2 ベクトル空間

この節ではベクトル空間について，本書で必要となること，つまり次元の概念に限って述べる．線形写像あるいは行列，行列式などを含む線形代数全般について，もし必要であれば適当な成書を参考にしてほしい．

定義 2.2.1 ベクトル空間の定義

K は与えられた体とする．集合 V の任意の2元（以後ベクトルと呼ぶ）u, v に対し，それらの和と呼ばれるベクトル

$$u + v \in V$$

が定義され，また，V の任意のベクトル v と体 K の任意の元 a に対し，スカラー倍と呼ばれるベクトル

$$av \subset V$$

が定義されていて次の公理をみたすとき，V は体 K 上の（あるいは K をスカラーの体とする）**ベクトル空間**であるという．

V1 （推移性）任意のベクトル u, v, w に対し，次式が成り立つ．
$$(u + v) + w = u + (v + w)$$

V2 （可換性）任意のベクトル u, v に対し，次式が成り立つ．
$$u + v = v + u$$

第 2 章　代数系

> V3 （0 ベクトルの存在）次の条件をみたすベクトル $\bm{o}$ が存在する.
> $$\bm{v}+\bm{o}=\bm{o}+\bm{v}=\bm{v},\quad \forall \bm{v}\in V$$
> V4 （逆ベクトルの存在）任意の数ベクトル $\bm{v}$ に対し，次の条件をみたすベクトル $\bar{\bm{v}}$ が存在する.
> $$\bm{v}+\bar{\bm{v}}=\bar{\bm{v}}+\bm{v}=\bm{o}$$
> V5　任意のベクトル $\bm{v},\bm{w}\in V$ と任意のスカラー $a,b\in\bm{K}$ に対し，次式が成り立つ.
> $$1\bm{v}=\bm{v},\ (ab)\bm{v}=a(b\bm{v}),$$
> $$(a+b)\bm{v}=a\bm{v}+b\bm{v},\ a(\bm{v}+\bm{w})=a\bm{v}+a\bm{w}$$

　本書で必要となるベクトル空間の例は，後ほど考える体 K とその拡大体 L の場合，あるいは体 K 上の多項式たちである．例えば実数体 $\bm{R}$ とその拡大体である複素数体 $\bm{C}$ を考えよう．複素数における四則演算は一旦忘れて，加法と実数倍だけに注目すればそれらがベクトル空間の公理をみたすことを確かめるのは容易である．ベクトルというと，高校で学ぶ平面ベクトル，つまり向きのついた線分や，平行 4 辺形の対角線というベクトルの和のような幾何学的イメージが強く，複素数を実数体上のベクトルと考えることは難しい．抽象的なベクトル空間の考え方に慣れないうちは，複素数をガウス平面のように，(x,y) 平面の点であると思って平面ベクトルのように考えるのも 1 つの方法である．

　ベクトル空間を考えるとき，スカラーの体 K が決まっていてそれ以外の場合を扱わないときは，「K 上の」を省略して，単にベクトル空間と呼ぶ．ただし，複素数体 $\bm{C}$ は実数体上のベクトル空間であるが，「同時に」有理数体上のベクトル空間でもある．本書では，このように拡大体をベクトル空間とみなすことが多いが，拡大体がいくつもあるときなどは，何をスカラーの体と考えているかに注意を払っておく必要がある．特に次に述べる次元などは，スカラーの体によって異なってくるので注意が必要である．

■基底と次元

2.2 ベクトル空間

本書で必要なベクトル空間の性質は次元に関すること，つまり「ベクトル空間には次元という自然数がただ1通りに定まる」ことである．これについて以下証明を与えるが，ベクトル空間の他の基本的な性質を述べるには紙数が足りないので，線形代数学の教科書を参照してほしい．

体 K 上のベクトル空間 V のベクトル $\boldsymbol{v}_1,\ldots,\boldsymbol{v}_n$ とスカラー $a_1,\ldots,a_n \in K$ が

$$a_1\boldsymbol{v}_1 + \cdots + a_n\boldsymbol{v}_n = \boldsymbol{o}$$

をみたすとき，この式をベクトル $\boldsymbol{v}_1,\ldots,\boldsymbol{v}_n$ の間の **1次関係式** という．どんなベクトル $\boldsymbol{v}_1,\ldots,\boldsymbol{v}_n$ に対しても，

$$0\boldsymbol{v}_1 + \cdots + 0\boldsymbol{v}_n = \boldsymbol{o}$$

は常に成立する．これを自明な1次関係式という．逆に自明でない1次関係式とは，a_i の内，少なくとも1つ0でないものが存在するものである．ベクトル $\boldsymbol{v}_1,\ldots,\boldsymbol{v}_n$ は，自明でない1次関係式が存在するとき **1次従属** であるといい，自明でない1次関係式が存在しないときは **1次独立** であるという．いま，ベクトル $\boldsymbol{v}_1,\ldots,\boldsymbol{v}_n$ は1次従属とする．

$$a_1\boldsymbol{v}_1 + \cdots + a_n\boldsymbol{v}_n = \boldsymbol{o}$$

を自明でない1次関係式とし，$a_i \neq 0$ とするとき

$$\boldsymbol{v}_i = -(a_1/a_i)\boldsymbol{v}_1 - \cdots - (a_{i-1}/a_i)\boldsymbol{v}_{i-1} - (a_{i+1}/a_i)\boldsymbol{v}_{i+1} - (a_n/a_i)\boldsymbol{v}_n$$

だから $\boldsymbol{v}_i$ は残りのベクトルたちの1次結合の形に表わされる．つまり，$\boldsymbol{v}_1,\ldots,\boldsymbol{v}_n$ が1次従属であるとは，あるベクトルが残りのベクトルに，このような意味で「従属」しているのである．また，1次独立であるための条件「自明でない1次関係式は存在しない」はその対偶「1次関係式があるとすれば自明なものに限る」の形で考えることが多い．

定義 2.2.2

(1) ベクトル空間 V は有限個のベクトル $\boldsymbol{v}_1,\ldots,\boldsymbol{v}_n$ があって，V の任意のベクトル $\boldsymbol{a}$ が $\boldsymbol{v}_1,\ldots,\boldsymbol{v}_n$ の1次結合

$$\boldsymbol{a} = a_1\boldsymbol{v}_1 + \cdots + a_n\boldsymbol{v}_n, \quad a_i \in K$$

の形に表わされるとき，**有限生成なベクトル空間** であるという．また，このときベクトル $\boldsymbol{v}_1,\ldots,\boldsymbol{v}_n$ をベクトル空間 V の **生成元** であるという．

(2) ベクトル空間 V の (1) のようなベクトル $\bm{v}_1,\ldots,\bm{v}_n$ は，V の任意のベクトル $\bm{a}$ が $\bm{v}_1,\ldots,\bm{v}_n$ の 1 次結合
$$\bm{a} = a_1\bm{v}_1 + \cdots + a_n\bm{v}_n, \quad a_i \in K$$
の形にただ **1 通り**に表わされるとき，ベクトル空間 V の 1 つの**基底**であるという．基底となるベクトルの組はいろいろとり得るが，定理 2.2.5 で示すように，基底となるベクトルの個数は一定である．この個数をベクトル空間 V の**次元**といい，$\dim_K V$ あるいは誤解の恐れがないときは，単に $\dim V$ と表わす．また，有限個のベクトルからなる基底がとれるとき，ベクトル空間 V は**有限次元**であるという．

補題 2.2.3 ベクトル空間 V の有限個のベクトル $\bm{v}_1,\ldots,\bm{v}_n$ が V の基底であるための必要十分条件は，$\bm{v}_1,\ldots,\bm{v}_n$ が「1 次独立である」および「V を生成する」の 2 つの条件をみたすことである．

証明 ベクトル $\bm{v}_1,\ldots,\bm{v}_n$ について，「1 次独立である」ことと「表わし方が一意的である」ことが同値であることをいえばよい．あるいは，対偶をとって「1 次独立でない」と「表わし方が一意的でない」が同値であることをいえばよい．まず，ベクトル $\bm{v}_1,\ldots,\bm{v}_n$ が「1 次独立でない」とする．つまり 1 次関係式
$$a_1\bm{v}_1 + \cdots + a_n\bm{v}_n = \bm{o}$$
であって，a_i がすべて 0 となることはないとする．一方，
$$0\bm{v}_1 + \cdots + 0\bm{v}_n = \bm{o}$$
も同じベクトル $\bm{o}$ を表わしているから，「表わし方が一意的でない」．逆に「表わし方が一意的でない」とする．つまりベクトル $\bm{a}$ が
$$\bm{a} = a_1\bm{v}_1 + \cdots + a_n\bm{v}_n = b_1\bm{v}_1 + \cdots + b_n\bm{v}_n$$
のように違った形で表わされたとする．このとき
$$(a_1 - b_1)\bm{v}_1 + \cdots + (a_n - b_n)\bm{v}_n = \bm{o}$$
であるが，これは自明でない 1 次関係式だから，「1 次独立でない」． □

補題 2.2.4 ベクトル空間 V に n 個のベクトルたちからなる基底 $\boldsymbol{v}_1, \ldots, \boldsymbol{v}_n$ がとれるとする．このとき V の任意の $n+1$ 個のベクトル $\boldsymbol{w}_1, \ldots, \boldsymbol{w}_n, \boldsymbol{w}_{n+1}$ は1次従属である．

証明 $\boldsymbol{w}_1, \ldots, \boldsymbol{w}_n$ が1次従属であれば明らかに成り立つので，$\boldsymbol{w}_1, \ldots, \boldsymbol{w}_n$ は1次独立であるとする．$\boldsymbol{v}_1, \ldots, \boldsymbol{v}_n$ は生成元だから，ベクトル $\boldsymbol{w}_1$ は
$$\boldsymbol{w}_1 = a_{11}\boldsymbol{v}_1 + \cdots + a_{1n}\boldsymbol{v}_n$$
の形に表わせる．$\boldsymbol{w}_1, \ldots, \boldsymbol{w}_n$ は1次独立だから，特に $\boldsymbol{w}_1$ は0ベクトルではない．従って上式で0でない a_{1i} がある．必要なら番号を付け替えて $i=1$ としよう．このとき
$$\boldsymbol{v}_1 = (1/a_{11})\boldsymbol{w}_1 - (a_{12}/a_{11})\boldsymbol{v}_2 - \cdots - (a_{1n}/a_{11})\boldsymbol{v}_n$$
である．従って $\boldsymbol{v}_1$ を $\boldsymbol{w}_1$ に置き換えてもベクトル空間 V を生成する．従ってベクトル $\boldsymbol{w}_2$ は
$$\boldsymbol{w}_2 = a_{21}\boldsymbol{w}_1 + a_{22}\boldsymbol{v}_2 + \cdots + a_{2n}\boldsymbol{v}_n$$
の形に表わせる．このとき $a_{22}, \ldots, a_{2n}$ がすべて0となることはない．実際そうなら，$\boldsymbol{w}_1, \boldsymbol{w}_2$ の間に非自明な1次関係式があることになるが，これは $\boldsymbol{w}_i$ たちが1次独立であることに反するからである．従ってまた必要なら番号を付け替えて，$a_{22} \neq 0$ としてよい．このとき
$$\boldsymbol{v}_2 = -(a_{21}/a_{22})\boldsymbol{w}_1 + (1/a_{22})\boldsymbol{w}_2 - (a_{23}/a_{22})\boldsymbol{v}_3 - \cdots - (a_{2n}/a_{22})\boldsymbol{v}_n$$
となり，生成元としては $\boldsymbol{v}_2$ を $\boldsymbol{w}_2$ に置き換えてよい．この議論を繰り返せば $\boldsymbol{w}_1, \ldots, \boldsymbol{w}_n$ が生成元にとれる．従って $\boldsymbol{w}_{n+1}$ は $\boldsymbol{w}_1, \ldots, \boldsymbol{w}_n$ の1次結合となり，全体として1次従属である． □

定理 2.2.5 ベクトル空間 V は有限生成であると仮定する．このとき

(1) 有限個のベクトルからなる V の基底が存在する．

(2) $\{\boldsymbol{v}_1, \ldots, \boldsymbol{v}_n\}$, $\{\boldsymbol{v}'_1, \ldots, \boldsymbol{v}'_m\}$ がともに V の基底であれば $n=m$ である．

証明 (1) V は有限生成であるから，生成元 $\boldsymbol{v}_1,\ldots,\boldsymbol{v}_m$ がとれる．これらが1次独立なら証明終わりである．もし1次従属であれば，自明でない1次関係式

$$a_1\boldsymbol{v}_1 + \cdots + a_m\boldsymbol{v}_m = \boldsymbol{o}$$

がある．a_i たちのなかに 0 でないものがあるが，必要なら番号を付け替えて $a_m \neq 0$ としてよい．このとき，

$$\boldsymbol{v}_m = -(a_1/a_m)\boldsymbol{v}_1 - \cdots - (a_{m-1}/a_m)\boldsymbol{v}_{m-1}$$

である．これは V が $\boldsymbol{v}_1,\ldots,\boldsymbol{v}_{m-1}$ によって生成されていることを意味する．さらに $\boldsymbol{v}_1,\ldots,\boldsymbol{v}_{m-1}$ が1次従属なら，同じことを繰り返せば，ある番号 n があって $\boldsymbol{v}_1,\ldots,\boldsymbol{v}_n$ が「1次独立である」および「V を生成する」からこれらのベクトルが基底である．

(2) $\boldsymbol{v}_1,\ldots,\boldsymbol{v}_n$ および $\boldsymbol{v}'_1,\ldots,\boldsymbol{v}'_m$ がベクトル空間 V の基底とする．$m > n$ なら補題 2.2.4 より $\boldsymbol{v}'_1,\ldots,\boldsymbol{v}'_m$ が1次従属となり仮定に反する．従って $m \leq n$ である．同様に $n \leq m$ だから $n = m$ である． □

ベクトル空間 V の部分集合 W が V におけるベクトルの和やスカラー倍で閉じていて，それ自身ベクトル空間となるとき，W は V の**部分ベクトル空間**という．

> **定理 2.2.6** ベクトル空間 V は有限次元ベクトル空間，W は V の部分ベクトル空間とする．このとき W も有限次元であり，$\dim W \leq \dim V$ が成り立つ．また，等号が成り立つのは $V = W$ のときに限る．

証明 V は n 次元であるとしよう．補題 2.2.4 から，W の $n+1$ 個以上のベクトルは V のベクトルと考えれば1次従属になる．1次従属であることは部分ベクトル空間で考えても同じだから，W のベクトルと考えても1次従属である．従って W の1次独立なベクトルの個数は高々 n である．

後半を示そう．$\dim W = \dim V = n$ とする．$\boldsymbol{w}_1,\ldots,\boldsymbol{w}_n$ を W の基底，$\boldsymbol{a}$ を V のベクトルとする．このとき $n+1$ 個のベクトル $\boldsymbol{a},\boldsymbol{w}_1,\ldots,\boldsymbol{w}_n$ は1次従属である．$\boldsymbol{w}_1,\ldots,\boldsymbol{w}_n$ は V のベクトルとしても1次独立だから，

容易にわかるように a は $w_1,\ldots,w_n$ の 1 次結合で表わされる．従って $w_1,\ldots,w_n$ は V を生成するから $V=W$ である． □

2.3 群

■一般論を少し

環や体は加法と乗法の 2 種類の演算を持っているが，群はただ 1 種類の演算を持つ代数系である．従ってより広い対象を扱うことになる．またその演算は一般に交換可能とは仮定しないので，数の和や積のような演算以外にさまざまに考えられる．ここでは，群の定義と最も基本的な性質を述べた後は，次のような重要なタイプの群を 2 つ取り上げる．1 つは有限アーベル群でその構造について 2.4 節で詳しく調べる．もう 1 つは，n 個の元の置換たちからなる対称群とその部分群である交代群である．n が 5 以上のとき交代群が単純群であることが 3 章の定理 3.3.18 で証明されるが，これがアーベルの定理の証明の要なのである．

定義 2.3.1 集合 G は，G の任意の 2 つの元 a,b に対し，それらの積と呼ばれる元（$ab\in G$ と表わそう）が定められていて次の性質をみたすとき，**群**であるという．

G1 任意の 3 つの元 $a,b,c\in G$ に対し
$$a(bc)=(ab)c$$
が成り立つ．

G2 **単位元**と呼ばれる元 $e\in G$ が存在し，任意の元 $a\in G$ に対し
$$ae=ea=a$$
が成り立つ．

G3 任意の元 $a\in G$ に対し，その**逆元**と呼ばれる元 $a^{-1}\in G$ が存在し
$$aa^{-1}=a^{-1}a=e$$
が成り立つ．

上の 3 つの条件は群の公理と呼ばれる．G2 の公理は単位元の存在をいっ

ているだけであるが，実はこのような単位元はただ 1 通りに定まるのである．実際そのような元 e' がもう 1 つあるとすると，e が単位元であることから $ee' = e'$ であり，e' が単位元であることから $ee' = e$ である．従って $e = e'$ である．G3 の逆元の一意性も容易に示される．

群 G は任意の 2 元 $a, b \in G$ に対し，積の可換性

$$ab = ba$$

をみたすとき，**アーベル群**であるという．また，集合 G が有限個の元からなるとき，**有限群**といい，元の個数を群 G の**位数**という．有限群 G の位数は $|G|$ と表わす．ただ 1 つの元からなる集合は，その元を単位元とすることにより群である．これを自明な群と呼び $\{e\}$ と表わす．

上の定義では，群の演算を「積」と呼び，ab という記法を用いた．これは群の一般論を述べる場合の最も普通の記法であるが，この記法でなければならないわけではない．要は 2 つの元から新しい元が定まり，3 つの公理をみたすことである．例えば整数の集合 $\boldsymbol{Z}$，有理数の集合 $\boldsymbol{Q}$ あるいは実数の集合 $\boldsymbol{R}$ などは，その加法 $+$ を群の公理における積と考えれば群の公理をみたしていることは明らかである．より一般に K を体とすると，その加法に関して群であることは体の公理の $A1, A3, A4$ から明らかである．また，ベクトル空間も加法について群である．このような群は積が交換可能であり，算法の記号も $a+b$ のように表わされているので，**加群**あるいは**加法群**とも呼ばれる．

また，体 K の 0 以外の元たちを考えると，乗法に関し群になることは明らかである．これを体 K の**乗法群**と呼び $K^{\times}$ と表わす．例えば 0 でない実数たちの集合 $\boldsymbol{R}^{\times} = \boldsymbol{R} \backslash \{0\}$ である．このような乗法群としては，他に絶対値 1 の複素数の集合がある．また，例 2.1.1 で述べた体 $\boldsymbol{Q}(\sqrt{k}) = \{a + b\sqrt{k}; a, b \in \boldsymbol{Q}\}$（40 頁）を考え，その中でノルムが 1 のもの全体も乗法によって群である．実際 1 が単位元であり，$\alpha = a + b\sqrt{k}$ の逆元は $\overline{\alpha}$ で与えられる．このような a, b はいわゆるペル方程式 $x^2 - ky^2 = 1$ の解である．つまりペル方程式の解たちが乗法群になると考えることができる．

例 2.3.1 一方では，違ったタイプのより群らしい群がある．1 つの集合 X の元たちをまた X の元に移す一対一の対応のことを，集合 X の**置換**，ある

いは**変換**と呼ぶ．例として，3つの元からなる集合 $X = \{1, 2, 3\}$ を考えよう．このとき置換 σ とは $1, 2, 3$ の行先 i_1, i_2, i_3 を指定することである．このことを $\begin{pmatrix} 1 & 2 & 3 \\ i_1 & i_2 & i_3 \end{pmatrix}$ のように表わせば，集合 $\{1, 2, 3\}$ の置換は次の6通りである．

$$\begin{pmatrix} 1 & 2 & 3 \\ 1 & 2 & 3 \end{pmatrix}, \quad \begin{pmatrix} 1 & 2 & 3 \\ 2 & 3 & 1 \end{pmatrix}, \quad \begin{pmatrix} 1 & 2 & 3 \\ 3 & 1 & 2 \end{pmatrix}$$

$$\begin{pmatrix} 1 & 2 & 3 \\ 1 & 3 & 2 \end{pmatrix}, \quad \begin{pmatrix} 1 & 2 & 3 \\ 3 & 2 & 1 \end{pmatrix}, \quad \begin{pmatrix} 1 & 2 & 3 \\ 2 & 1 & 3 \end{pmatrix}$$

このような置換は写像 $\sigma : \{1, 2, 3\} \to \{1, 2, 3\}$ であるから，2つの置換 σ, τ に対し，2つの写像の合成 $\tau \circ \sigma$（σ を施して，さらに τ を施す）も置換である．これを τ と σ の積と呼び，$\tau\sigma$ と表わせば，これにより，上の6個の置換の集合は群である．実際 G1 は明らかであり，上の6個の元の最初の元が単位元である．また勝手な置換に対し，もとに戻す置換が逆元を与える．なお，この群は積の可換性をみたさない．実際

$$\begin{pmatrix} 1 & 2 & 3 \\ 1 & 3 & 2 \end{pmatrix} \begin{pmatrix} 1 & 2 & 3 \\ 3 & 2 & 1 \end{pmatrix} = \begin{pmatrix} 1 & 2 & 3 \\ 2 & 3 & 1 \end{pmatrix}$$

$$\begin{pmatrix} 1 & 2 & 3 \\ 3 & 2 & 1 \end{pmatrix} \begin{pmatrix} 1 & 2 & 3 \\ 1 & 3 & 2 \end{pmatrix} = \begin{pmatrix} 1 & 2 & 3 \\ 3 & 1 & 2 \end{pmatrix}$$

である．

1 から n までの自然数の集合 $\{1, 2, \ldots, n\}$ の置換，つまり一対一写像

$$\sigma : \{1, 2, \ldots, n\} \to \{1, 2, \ldots, n\}$$

たちについても同様に群になることは容易にわかる．この群を n 次（あるいは n 文字の）**対称群**と呼び，Σ_n と表わす．1 から n までの自然数 k をそれぞれ i_k に移す n 次の置換 σ を

$$\begin{pmatrix} 1 & 2 & \ldots & n \\ i_1 & i_2 & \ldots & i_n \end{pmatrix}$$

と表わせば σ は 1 から n までの自然数の重複のない順列と一対一に対応するから，対称群 Σ_n は $n!$ 個の元からなる有限群である．対称群については 3.3 節でさらに詳しく調べよう．

第 2 章　代数系

例 2.3.2　別の例を考える．集合 X として座標平面を考えよう．座標平面の点たちの変換として，ある点を中心とする回転，あるベクトル方向への平行移動，および与えられた直線 l に関する対称変換（鏡映あるいは反射変換ともいう）を考えよう．このような変換たちを何度か続けた変換を**合同変換**と呼ぶ．平面における 2 つの図形が**合同**であるとは，それらの図形が合同変換によって移り合う（157 頁，174 頁）ことを意味するのである．容易にわかるように，このような合同変換たちの集合も群であり，これを（平面の）合同変換群と呼ぶ．このような変換のなかで基本的なものは対称変換である．実際，2 つの直線 l, l' に関する対称変換を続けると，l, l' が交わる場合は交点を中心とする回転であり，また l, l' が平行の場合は平行移動になることは容易にわかる．従って合同変換はすべて対称変換によって生成される．対称変換は非対称な 3 角形をその「鏡像」に移すので，対称変換を合同変換に含めることと，3 角形がその鏡像と合同であると考えることは同じである．

一方，回転と平行移動だけからなる合同変換を**ユークリッド運動**，それらのなす群をユークリッド運動群と呼ぶ．この群の構造は次のように表わすことができる．点 P を中心とし，反時計まわりに角 θ の回転を $R_{(P,\theta)}$，原点を中心とする回転を R_θ，ベクトル $\boldsymbol{v}$ 方向への平行移動を $H_{\boldsymbol{v}}$ と表わす．点 P の位置ベクトルを $\boldsymbol{a}$ とするとき，図を描いてみれば容易にわかるように，任意のベクトル $\boldsymbol{x}$ に対し

$$R_{(P,\theta)}(\boldsymbol{x}) = R_\theta(\boldsymbol{x}-\boldsymbol{a}) + \boldsymbol{a} = H_{\boldsymbol{a}} R_\theta H_{-\boldsymbol{a}}(\boldsymbol{x})$$

が成り立つ．また

$$R_\theta H_{\boldsymbol{v}}(\boldsymbol{x}) = R_\theta(\boldsymbol{v}+\boldsymbol{x}) = R_\theta(\boldsymbol{x}) + R_\theta(\boldsymbol{v}) = H_{R_\theta \boldsymbol{v}} R_\theta(\boldsymbol{x})$$

である．従ってすべてのユークリッド運動は原点を中心とする回転 R と平行移動 H の合成 HR の形に表わせる．

上のことを使えば，ユークリッド運動群の座標平面への作用の一般的特徴は次のようなものであることがわかる．

1) 直線の像は直線である．半直線の像は半直線で，端点は端点に移る．
2) 任意の 2 点 P, Q に対し P を Q に移す変換がある．

3) 点 P を端点とする任意の 2 つの半直線 h, k に対し，h を k に移す変換がある．

4) 1 つの半直線をそれ自身に移す変換は恒等変換に限る．

■部分群と剰余群

さて，G を群とする．G の部分集合 H は，G の積演算のもとでそれ自身群となるとき G の**部分群**であるという．例えば集合 $\{1, 2, 3\}$ の置換たちの群（Σ_3 と表わす）において

$$H = \left\{ \begin{pmatrix} 1 & 2 & 3 \\ 1 & 2 & 3 \end{pmatrix}, \begin{pmatrix} 1 & 2 & 3 \\ 2 & 1 & 3 \end{pmatrix} \right\}$$

$$H' = \left\{ \begin{pmatrix} 1 & 2 & 3 \\ 1 & 2 & 3 \end{pmatrix}, \begin{pmatrix} 1 & 2 & 3 \\ 2 & 3 & 1 \end{pmatrix}, \begin{pmatrix} 1 & 2 & 3 \\ 3 & 1 & 2 \end{pmatrix} \right\}$$

がそれぞれ部分群であることは容易にわかる．しかし例えば

$$\left\{ \begin{pmatrix} 1 & 2 & 3 \\ 1 & 2 & 3 \end{pmatrix}, \begin{pmatrix} 1 & 2 & 3 \\ 2 & 1 & 3 \end{pmatrix}, \begin{pmatrix} 1 & 2 & 3 \\ 3 & 2 & 1 \end{pmatrix} \right\}$$

は部分群ではない．

H が G の部分群のとき，G の元たちの次のような関係を考えよう．G の 2 つの元 a, b は，H の元 h があって

$$b = ah$$

となるとき，部分群 H を**法として合同**（または単に合同）であるという．これを $a \equiv b \mod H$ （または単に $a \equiv b$）と表わそう．ここで記号 $\equiv$ は恒等式の場合と異なり，慣例的な使い方なのであるが，等号 $=$ より**弱い**意味であることに注意する．これが同値関係（5 頁）であることは次のように示される．まず任意の元 a に対し，$a = ae$ だから $a \equiv a$ である．次に適当な $h \in H$ があって，$b = ah$ であれば h の逆元を考えると，$bh^{-1} = (ah)h^{-1} = ae = a$ だから，$a \equiv b$ なら $b \equiv a$ である．最後に 3 元 a, b, c が $a \equiv b, b \equiv c$ をみたせば，適当な $h, k \in H$ があって $b = ah, c = bk$ である．このとき $c = (ah)k = a(hk)$ であるが，$hk \in H$ だから $a \equiv c$ である．

この同値関係によって G の元の類別ができる．X を 1 つの類とし $a \in X$ とする．このとき X は a と合同な元，つまり $ah, h \in H$ の形のすべての元

の集合だから，記号 aH と表わすことができる．（G が加法群で演算が $+$ のときは $a+H$ と表わすが，ここでの議論としてはすべて aH の形で考える．）X をこのように表わしたとき a を X の**代表元**と呼ぶ．このような表わし方をすると，部分集合として等しい $aH = bH$ ことと，元 a, b が合同であることは明らかに同じである．各類を（代表元を選んでおいて）このように表わすと，集合として G は部分集合 aH たちの互いに共通部分のない和

$$G = aH \cup bH \cup \cdots$$

に表わされる．このようなとき，各同値類 aH を特に部分群 H を法とする**剰余類**と呼び，集合 G が部分群 H による剰余類たちに**類別**（クラス分け）されるという．

さて，集合 G の個々の元のことは忘れて，剰余類たちがどれくらいあるかに注目しよう．そこでこのような剰余類たちをそれぞれ 1 つの元として集めた集合を考え，G/H という記号で表わす．つまり

$$G/H = \{aH, bH, \ldots\}$$

である．前の段落では記号 aH は G のある部分**集合**を表わしたが，ここでは新しい集合 G/H の 1 つの**要素**と思うのである．本来なら新しい記号，例えば $\underline{aH}$ とでもすべきであるが，同じ記号を使い分けるのが伝統なのである．どうしても混乱するようなら，慣れるまでは $\underline{aH}$ のような記号を用いるのも 1 つの方法である．

次に，群 G の 2 つの元 x, y は G の適当な元 a があって

$$y = axa^{-1}$$

となるとき，互いに**共役**であるという．群 G の部分群 H は，任意の元 $h \in H$ と $a \in G$ に対し

$$aha^{-1} \in H$$

をみたすとき，**正規部分群**であるという．つまり H の元と共役な元はまた H に属する場合である．G がアーベル群であれば，

$$aha^{-1} = aa^{-1}h = h$$

だから，すべての部分群は正規部分群である．また，3 次対称群 Σ_3 の次の部分群

$$H = \left\{ \begin{pmatrix} 1 & 2 & 3 \\ 1 & 2 & 3 \end{pmatrix}, \begin{pmatrix} 1 & 2 & 3 \\ 2 & 1 & 3 \end{pmatrix} \right\}$$

$$H' = \left\{ \begin{pmatrix} 1 & 2 & 3 \\ 1 & 2 & 3 \end{pmatrix}, \begin{pmatrix} 1 & 2 & 3 \\ 2 & 3 & 1 \end{pmatrix}, \begin{pmatrix} 1 & 2 & 3 \\ 3 & 1 & 2 \end{pmatrix} \right\}$$

のうち，H' は正規部分群であり，H はそうではない．

> **定理 2.3.2** H は G の正規部分群とする．このとき
> (1) G の 2 つの剰余類 X, Y に対し，X の任意の元 x と Y の任意の元 y の積 xy はすべて合同である．従って集合 $Z = \{xy ; x \in X, y \in Y\}$ は 1 つの剰余類である．
> (2) 剰余類 X と Y の積を Z と定義すると，剰余類たちの集合 G/H は群となる．

証明 (1) X, Y の代表元 a, b を選び，$x = ah, y = bh'$ とする．H は正規部分群だから $b^{-1}hb = h'' \in H$ である．従って

$$xy = ahbh' = abh''h'$$

だから，xy たちはすべて合同で $\{xy ; x \in X, y \in Y\} = abH$ である．
(2) は定義に従えば容易に確かめられる． □

上の定理の群 G/H を群 G の正規部分群 H による剰余群と呼ぶ．

■準同型と準同型定理

次に 2 つの異なる群の間の関係について考えよう．G, G' を 2 つの群とする．G の各元 a に対して G' の元 $f(a)$ が定められているとき

$$f : G \to G'$$

と表わし，G から G' への**写像**であるという．このような写像は，
(1) G の異なる元を G' の異なる元に写すとき，**一対一の写像**，あるいは**単射**であるといい，

(2) G' のどんな元も G の元からの像，つまり $f(a)$ の形の元になっているときは，**上への写像**，あるいは**全射**であるという．

G からそれ自身への写像で，すべての元 a をそれ自身に写すものを**恒等写像**と呼び $\iota : G \to G$ という記号で表わす．逆向きの写像 $h : G' \to G$ で，写像の合成 $h \circ f : G \to G$, $f \circ h : G' \to G'$ がともに恒等写像となるものがあるとき，h を f の**逆写像**と呼び f^{-1} と表わす．また写像 $f : G \to G'$ は逆写像が存在するとき同型写像であるという．容易にわかるように，同型写像であるための必要十分条件は単射かつ全射であることである．

写像 $f : G \to G'$ が積を保存する，つまり，すべての $a, b \in G$ に対し
$$f(ab) = f(a)f(b)$$
が成り立つとき，f は**準同型写像**であるという．例えば，H が G の正規部分群のとき，G の元 a に対して $p(a) = aH$ によって定められる写像 $p : G \to G/H$ は準同型である．これは特に**自然な準同型**と呼ぶ．

群の準同型写像 $f : G \to G'$ が集合の写像として同型写像のとき，群の**同型写像**という．このとき逆写像 f^{-1} も群の準同型写像になることは容易に確かめられる．このような群の同型写像 $f : G \to G'$ が存在するとき，群 G と G' は**同型**であるという．同型であれば2つの群の性質は f あるいは f^{-1} によって完全に移りあうから，みかけは異なっていても群 G と G' と「同じ」と思っても困らないのである．

さて群の準同型写像 $f : G \to G'$ が与えられたとき，この準同型写像を調べるのに重要になるのが次の2つの集合
$$\mathrm{Im}(f) = \{f(g) \in G' \, ; \, g \in G\}$$
$$\mathrm{Ker}(f) = \{g \in G \, ; \, f(g) = e\}$$
である．これらがそれぞれ G', G の部分群であることは直ちに確かめられる．これらをそれぞれ，準同型写像 f の**像群**，**核群**と呼ぶ．記号 Im, Ker はそれぞれ像（Image），核（Kernel）の略である．定義より，写像 f はその像への写像 $f : G \to \mathrm{Im}(f)$ であると考えることができ，そう考えたときは全射な写像になっている．また $\mathrm{Ker}(f)$ は G の正規部分群である．実際 $k \in \mathrm{Ker}(f), g \in G$ のとき

$$f(g^{-1}kg) = f(g)^{-1}f(k)f(g) = f(g)^{-1}ef(g) = e$$

が成り立ち，$g^{-1}kg \in \mathrm{Ker}(f)$ だからである．さて正規部分群 $\mathrm{Ker}(f)$ による剰余類 $g\mathrm{Ker}(f)$ を考えよう．この剰余類からどのような元を持ってきても

$$f(gk) = f(g)f(k) = f(g)e = f(g)$$

だから，f の像はすべて同じである．従ってこれを剰余類の像であると定め，$\tilde{f}(g\mathrm{Ker}(f))$ と表わせば，写像

$$\tilde{f} : G/\mathrm{Ker}(f) \to \mathrm{Im}(f)$$

が得られる．このとき群の**第1準同型定理**が得られる．

定理 2.3.3 $\tilde{f} : G/\mathrm{Ker}(f) \to \mathrm{Im}(f)$ は群の同型写像である．

証明 $\tilde{f}$ が群の準同型写像であることは定義から直ちに示される．また上にも述べたように $\tilde{f}$ は全射写像である．従って同型であることをいうには，単射（一対一）写像であることをいえばよい．2つの剰余類 $g\mathrm{Ker}(f)$, $g'\mathrm{Ker}(f)$ に対し，$\tilde{f}(g\mathrm{Ker}(f)) = \tilde{f}(g'\mathrm{Ker}(f))$ が成り立つとする．これは定義より $f(g) = f(g')$ であり，従って $f(g^{-1}g') = e$ が成り立ち，$g^{-1}g' \in \mathrm{Ker}(f)$ である．これは $g\mathrm{Ker}(f) = g'\mathrm{Ker}(f)$ を意味するから $\tilde{f}$ は単射である．□

次に第2準同型定理を説明しよう．群 G の2つの部分群 H, K を考える．このとき G の部分集合

$$HK = \{hk \in G ; h \in H, k \in K\}$$

は一般には G の部分群ではないが，一方の群，例えば K が正規部分群のときは

$$(h_1k_1)(h_2k_2) = (h_1h_2)(k_1'k_2)$$

となるような元 $k' \in K$ が存在するから，HK は積に関し閉じていて，G の部分群になることは容易に確かめられる．このとき，K は HK の正規部分群である．実際

$$(hk)^{-1}k'(hk) = k^{-1}h^{-1}k'hk = k^{-1}k''k \in K$$

である.また,共通部分 $H \cap K$ が H の正規部分群であることも定義をたどれば明らかである.さて $p: G \to G/K$ を剰余群への自然な写像とする.写像

$$f: H \to G/K$$

を $f(h) = p(h) = hK$ と定義する.このとき

$$\mathrm{Im}(f) = (HK)/K, \qquad \mathrm{Ker}(f) = H \cap K$$

であることに注意すると,第1準同型定理から次の**第2準同型定理**が得られる.

定理 2.3.4 H は G の部分群,K は G の正規部分群とする.このとき

$$\tilde{f}: H/(H \cap K) \to (HK)/K$$

は同型写像である.

さて,2つの群 G_1, G_2 から直積集合,つまり G_1 の元と G_2 の元の対たちの集合

$$G_1 \times G_2 = \{(g_1, g_2); g_1 \in G_1, g_2 \in G_2\}$$

を考えると,積演算を

$$(g_1, g_2)(g'_1, g'_2) = (g_1 g'_1, g_2 g'_2)$$

と定めれば群になることは容易に確かめられる.これを群 G_1 と G_2 の**直積**といい,$G_1 \times G_2$ と表わす.3つ以上の群たちについても同様に直積の群 $G_1 \times \cdots \times G_m$ が定義される.

群 G はどのようなとき2つの群の直積になるか考えよう.

補題 2.3.5 H, K は群 G の部分群とする.このとき,G の任意の元が

$$hk, \quad h \in H, k \in K$$

の形にただ1通りに表わされるための必要十分条件は,$G = HK$ および $H \cap K = \{e\}$ が成り立つことである.

証明 G の任意の元が hk, $h \in H$, $k \in K$ の形に表わされるということは，明らかに $G = HK$ と同じことである．
$$hk = h'k' \iff h'^{-1}h = k'k^{-1}$$
だから，$H \cap K = \{e\}$ であれば $hk = h'k' = e$ だから $h = h'$, $k = k'$ である．逆に表わし方が一意的とすると，任意の元 $g \in H \cap K$ に対し表示 $gg^{-1} = e = ee$ から，$g = e$ である．従って $H \cap K = \{e\}$ である． □

定理 2.3.6 H, K はともに群 G の正規部分群とし，$G = HK$ および $H \cap K = \{e\}$ が成り立つとする．このとき

(1) H の元と K の元の積は交換可能である．つまり任意の元 $h \in H$ と $k \in K$ に対し $hk = kh$ が成り立つ．

(2) G は直積の群 $H \times K$ と同型である．

証明 (1) K は正規部分群だから任意の $h \in H$ と $k \in K$ に対し
$$hkh^{-1} = k' \in K$$
つまり $hk = k'h$ が成り立つ．H も正規部分群だから，同様に適当な元 $h' \in H$ があって $k'h = h'k'$ が成り立つ．従って $hk = h'k'$ となるが，仮定と補題 2.3.5 から $h = h'$, $k = k'$ である．従って $hk = kh$ が成り立つ．

(2) 直積の群からの写像 $\varphi : H \times K \to G$ を
$$\varphi(h, k) = hk$$
とすると，(1) から φ は準同型写像であることが容易にわかる．仮定 $G = HK$ より φ は全射である．また核群は単位元のみからなる．実際 $(h, k) \in \mathrm{Ker}(\varphi)$ とすると，$hk = e = ee$ だから表示の一意性から $h = k = e$ である．従って準同型定理から φ は同型写像である． □

■**有限群**

さて以後は有限群のみを考えよう．ここでは有限群の基本的な性質と，可解群の定義を述べる．重要な有限群の例，有限アーベル群と対称群の詳しい性質は，2.4 節と 3.3 節で改めて述べる．

第 2 章 代数系

まず次の定理は簡単ではあるが，大変応用範囲の広い定理である．

定理 2.3.7 群 G は有限群，H は部分群，$|G|, |H|$ はそれぞれ群 G, H の位数とする．このとき $|H|$ は $|G|$ の約数である．また，類の集合 G/H の元の個数は $|G|/|H|$ である．

証明 e を単位元とすると，類 eH とは部分集合 H に他ならない．H の元 h に ah を対応させると集合の間の一対一の対応 $H \to aH$ が得られる．従ってすべての類の元の個数は H のそれと同じである．類たちの和が G であるから，$|H|$ は $|G|$ の約数でなければならない．後半の主張は明らかである． □

系 2.3.8 群 G は有限群，N は正規部分群とする．このとき剰余群の位数は $|G/N| = |G|/|N|$ である．

定理 2.3.9 G, G' は有限群，$f : G \to G'$ は準同型とする．このとき群の位数について
$$|G| = |\mathrm{Ker}(f)| \times |\mathrm{Im}(f)|$$
が成り立つ．

証明 同型な群の位数は等しいから，準同型定理より
$$|G/\mathrm{Ker}(f)| = |\mathrm{Im}(f)|$$
が成り立つ．これと上の系から求める結果が得られる． □

群 G は有限群でその位数を n とする．G の元 a に対し，
$$aa = a^2, aaa = a^3, \ldots$$
と表わそう．$a^0 = e$ および，a^{-1} を a の逆元として
$$a^{-1}a^{-1} = a^{-2}, a^{-1}a^{-1}a^{-1} = a^{-3}, \ldots$$
とすると，任意の整数 k に対し a^k が定義され，指数法則
$$a^k a^l = a^{k+l}$$

が成り立つ．G は有限群だから，元 $a, a^2, \ldots$ のなかに同じ元がある．それを $a^k = a^l, (k > l)$ とすると，両辺に a^{-l} を掛ければ，$a^{k-l} = e$ となる．そこで，$a^r = e$ となる最小の正の整数 r を元 a の**位数**と呼ぶ．さて，群 G において，$a^k, (k = 0, \pm 1, \pm 2, \ldots)$ の形の元たちの集合は部分群である．これを，元 a で生成された部分群と呼び，$<a>$ という記号で表わす．上の議論からわかるように，集合 $<a>$ は実際は r 個の元 $e, a, \ldots, a^{r-1}$ からなっている．つまり元 a の位数 r は部分群 $<a>$ の位数である．従って上の定理から次の結果が得られた．

系 2.3.10 G は位数 n の有限群とする．このとき G の任意の元 a の位数は n の約数である．特に $a^n = e$ である．

群 G が**巡回群**であるとは，元 a があって，部分群 $<a>$ が G と一致することをいう．このとき元 a を G の**生成元**と呼ぶ．群 G の位数を n とすると，n は $a^k = e$ となる最小の自然数である．また明らかに巡回群はアーベル群である．上の系 2.3.10 から次の結果は明らかである．

定理 2.3.11 p は素数とする．このとき位数が p である群 G は巡回群であり，単位元と異なる任意の元は生成元である．

定理 2.3.12 G は自明でないアーベル群とする．G の位数が素数でなければ，自明でもなく G 全体でもない部分群が存在する．

証明 G の位数は素数でないので $|G| = nm$ と自然数の積で表わせる．単位元と異なる元 a で生成された部分群 $<a>$ を考える．a の位数が $|G|$ の真の約数であれば $<a>$ が求めるものである．a の位数が $|G|$ のときは a^n は位数が m だから $<a^n>$ が求めるものである． □

■**剰余類の加法群と乗法群**

ここで，有限アーベル群の具体的で重要な例をいくつか述べておこう．$\mathbf{Z}$ を整数全体の群，n を自然数とする．2つの整数 a, b は，$a - b$ が n で割り切

れる，あるいは言い換えると
$$a - b = qn$$
となる整数 q が存在するとき，n を法として合同であるといい
$$a \equiv b \pmod{n}$$
と表わす．また，この同値関係で類別した類を，n を法とする**剰余類**と呼ぶ．整数 k が属する類を $[k]$ と表わそう．つまり
$$[k] = \{k + ni\,;\, i \in \mathbf{Z}\}$$
である．$k \equiv l \pmod{n}$ ということは，類の言葉でいえば $[k] = [l]$ と同じことである．さて，n の倍数となっている整数の集合 $\{in,\, i = 0, \pm 1, \pm 2, \dots\}$ はアーベル群 $\mathbf{Z}$ の部分群である．これを $n\mathbf{Z}$ と表わせば，剰余群 $\mathbf{Z}/n\mathbf{Z}$ が得られる．これは n を法とする剰余類たちの集合に他ならない．また n で割った余りが等しい整数たちをまとめて類別したものといってもよいから，集合としては n 個の元からなる集合 $0, 1, \dots, n-1$ と一対一に対応する．特に 1 の属する類（同じ記号 1 で表わす）が生成元となる位数 n の巡回群である．この群 $\mathbf{Z}/n\mathbf{Z}$ は n を法とする**剰余類の加法群**と呼ぶ．

次に整数の乗法も，剰余類たちの間の乗法を定めることをみよう．整数たちの等式
$$(a + ni)(b + nj) = ab + n(aj + bi)$$
からわかるように，整数 a と b の積の類は，a, b がそれぞれ属する類から一意的に定まる．従って剰余類の集合 $\mathbf{Z}/n\mathbf{Z}$ には，加法と乗法が定義される．これらは整数たちの加法や乗法から導かれたものであるから，整数環の性質を引き継ぎ可換環になることは簡単に確かめられる．$\mathbf{Z}/n\mathbf{Z}$ は加法群であるが，乗法に関しては群にならない．例えば $\mathbf{Z}/6\mathbf{Z}$ において，類の積 $[2] \times [3] = [6] = [0]$ だから，$[2]$ や $[3]$ は乗法に関する逆元を持たない．

しかし，剰余類たち $\mathbf{Z}/n\mathbf{Z}$ のある部分集合が乗法に関して群になることをみよう．0 でない整数 k と自然数 n は，n と $|k|$ が 1 以外の公約数を持たないとき，**互いに素**であるという．このとき，任意の整数 a に対し，n と $k + na$ も互いに素である．従って剰余類の集合 $\mathbf{Z}/n\mathbf{Z}$ においても n と素な類（これを**既約剰余類**という）を考えることができる．また，k, k' がともに n と互い

に素であれば，明らかに積 kk' もそうであり，これにより，$\boldsymbol{Z}/n\boldsymbol{Z}$ における n と素な類たちのなす部分集合（記号として $(\boldsymbol{Z}/n\boldsymbol{Z})^\times$ と表わそう）における積が定義できる．類で考えるのが難しければ，$1 \leq k < n$ の範囲で n と互いに素な整数 k たちの集合を考え，積演算としては，kk' を n で割った余りを考えればよいのである．集合 $(\boldsymbol{Z}/n\boldsymbol{Z})^\times$ が群であることを示そう．この積が公理 $G1$ をみたすことは容易に確かめられる．また 1 の類（同じ記号 1 を以後用いる）が単位元である．公理 $G3$，つまり逆元の存在が成り立つことは次のように示される．

そのために**部屋割り論法**と呼ばれる考え方が必要である．X と Y は有限集合で元の個数が等しいと仮定する．このとき写像 $f: X \to Y$ は，単射（一対一の写像）であることと，全射（上への写像）であることが同値である．例えば，f が一対一であれば，X の元を 1 つずつ Y に写していけば，元の個数が同じだから Y のすべての元が f の像にならなければならない．従って，集合の元の個数が等しいときは，一対一の写像であることから，同型写像である，つまり逆対応を与える写像があることがわかるのである．このような事実を用いて論証することを，部屋割り論法と呼ぶのである．

さて，集合 $(\boldsymbol{Z}/n\boldsymbol{Z})^\times$ に戻ろう．$(\boldsymbol{Z}/n\boldsymbol{Z})^\times$ における積演算を普通の積と区別するため，ここだけの記号として $a*b$ と表わそう．元 a を固定し，元 x を $a*x$ に写す写像
$$a*(\ ): (\boldsymbol{Z}/n\boldsymbol{Z})^\times \to (\boldsymbol{Z}/n\boldsymbol{Z})^\times$$
を考えよう．この写像は一対一である．実際 $(\boldsymbol{Z}/n\boldsymbol{Z})^\times$ の元を $1 \leq k < n$ の範囲にある n と互いに素な整数と思ってよい．このとき 2 元が異なるとは整数として異なることである．$x \geq y$ となる 2 元 x, y が，$a*x - a*y$ をみたせば $a(x-y)$ は n で割り切れる．a は n と互いに素であるから，$x-y$ が n で割り切れるが $0 \leq x-y < n$ だから $x = y$ である．従って部屋割り論法から，写像 $a*(\ )$ は上への写像である．特に $a*x = 1$ となる元 x が存在する．従って公理 $G3$ が示された．

この群を n を法とする**既約剰余類の乗法群**と呼ぶ．可換環 $\boldsymbol{Z}/n\boldsymbol{Z}$ の言葉でいえば，既約剰余類とは可逆元（単元）に他ならない．一般の可換環においても，可逆元たちだけを考えれば乗法に関してやはり群になる．

例 2.3.3 $(\mathbb{Z}/12\mathbb{Z})^\times$ を調べよう．既約剰余類は 1, 5, 7, 11 の類たちである．$[1] = 1$ は乗法群の単位元である．$5^2, 7^2, 11^2$ はいずれも 12 を法として 1 である．従って単位元以外の 3 つの元はすべて位数 2 である．また $5 \times 7 \equiv 11 \pmod{12}$ である．従って $(\mathbb{Z}/12\mathbb{Z})^\times$ は位数 2 の 2 つの群の直積に同型である．

定理 2.3.13 位数 n の巡回群は，n を法とする剰余類の加法群 $\mathbb{Z}/n\mathbb{Z}$ と同型である．

証明 G は位数 n の巡回群で，a を生成元とする．整数 k に対し $a^k \in G$ を考えると，$a^{k+dn} = a^k$ であるから，元 a^k は整数 k の n を法とする剰余類によって定まる．従って写像
$$f : \mathbb{Z}/n\mathbb{Z} \to G$$
が $f([k]) = a^k$ によって定義される．これは群の準同型写像であり，さらに同型写像であることが容易にわかる． □

定理 2.3.14 位数 n の巡回群 G の生成元の個数は，既約剰余類の個数，つまり乗法群 $(\mathbb{Z}/n\mathbb{Z})^\times$ の位数に等しい．

証明 上の命題より，G が加法群 $\mathbb{Z}/n\mathbb{Z}$ のときを考えればよい．整数 k の属する剰余類を $[k]$ と表わそう．k と n が互いに素でないとすると，公約数 $d \neq 1$ がある．このとき $(n/d)[k] = [nk/d] = (k/d)[n] = 0$ だから $[k]$ の位数は n より小さく，従って生成元にはならない．逆に $[k]$ が生成元ではないとする．このとき n の真の約数 m があって $m[k] = 0$ となる．これは mk が n で割り切れることを意味し，従って k と n は互いに素ではない． □

系 2.3.15 $\mathbb{Z}/n\mathbb{Z}$ の元 $[k]$ について，次の 3 つは同値である．
  (1) 既約剰余類である．（k と n が互いに素である）
  (2) 加法群 $\mathbb{Z}/n\mathbb{Z}$ の生成元である．
  (3) 可換環 $\mathbb{Z}/n\mathbb{Z}$ の可逆元である．

A をアーベル群とするとき，A から A 自身への同型写像を自己同型写像という．$\varphi : A \to A, \psi : A \to A$ を自己同型写像とすると，その合成 $\varphi \circ \psi$ も自己同型写像であり，φ の逆写像も自己同型写像である．容易にわかるように，A の自己同型写像たちの集合はまた群になる．一般にこの群はアーベル群とは限らず複雑であるが，A が加法群 $\mathbf{Z}/n\mathbf{Z}$ のときは次のように簡単である．$f : \mathbf{Z}/n\mathbf{Z} \to \mathbf{Z}/n\mathbf{Z}$ を準同型写像とすると

$$f([k]) = f([1] + \cdots + [1]) = f([1]) + \cdots + f([1]) = kf([1])$$

であるから，f は $[1]$ の行先で定まる．容易にわかるように，f が単射（部屋割り論法から同型）になるための必要十分条件は，$f([1])$ が既約剰余類となることである．従って

系 2.3.16 加法群 $\mathbf{Z}/n\mathbf{Z}$ の自己同型の群は，既約剰余類の乗法群 $(\mathbf{Z}/n\mathbf{Z})^{\times}$ と同型である．

さて，特別の場合として n が素数 p としよう．このとき $\mathbf{Z}/p\mathbf{Z}$ の剰余類 $[0], [1], \ldots, [p-1]$ のうち，加法群の 0 元である $[0]$ 以外はすべて既約剰余類である．従って 0 以外は乗法に関する逆元を持つから，次の定理が示された．

定理 2.3.17 p が素数のとき，p を法とする剰余類の集合 $\mathbf{Z}/p\mathbf{Z}$ は標数 p の体である．

この定理から，初等整数論においてフェルマー[*2] の小定理としてよく知られた結果が得られる．

系 2.3.18 p は素数，k は p と素な自然数とする．このとき k^{p-1} は p を法として 1 と合同である．つまり，$k^{p-1} \equiv 1 \pmod{p}$ が成り立つ．

証明 上の定理から $\mathbf{Z}/p\mathbf{Z}$ の 0 元以外は乗法群をなす．この群の位数は $p-1$ だからすべての元 x に対し $x^{p-1} = 1$ である．これを元の自然数で考え

[*2] Pierre de Fermat(1608–1665) フランスの数学者，本業は弁護士．パスカル，デカルトとも交流があった．1995 年にワイルズによって証明されたフェルマーの最終定理はあまりにも有名である．

れば求める結果を得る. □

注 2.3.1 k が p の倍数のときも含めると $k^p \equiv k \pmod{p}$ が成り立つ. なお, この形は数学的帰納法により簡単に示すことができる.

例 2.3.4 $p = 13$ としよう. フェルマーの小定理より, k が 1 から 12 までのどんな数でも, $k^{12} \equiv 1 \pmod{13}$ が成り立つ. しかし, 例えば $12^2 \equiv 1 \pmod{13}$ だから, ちょうど 12 乗して $\equiv 1 \pmod{13}$ となるものがあるかどうか, つまり $(\mathbf{Z}/13\mathbf{Z})^\times$ が巡回群であるかどうかは, フェルマーの小定理からはわからない. しかし, $2^4 \equiv 3 \pmod{13}$ かつ $2^6 \equiv 12 \pmod{13}$ だから, 2 は 12 乗して初めて 1 となるので巡回群である. 後 (系 3.4.7) で示すように p が素数のとき, 位数が $p-1$ の乗法群 $(\mathbf{Z}/p\mathbf{Z})^\times$ は常に巡回群である. 素数を法としないとき, これは必ずしも成り立たない. 実際, 例 2.3.3 でみたように $(\mathbf{Z}/12\mathbf{Z})^\times$ は巡回群ではない.

■**可解群**

さて一般に群 G の元 a, b は G の元 x があって $b = xax^{-1}$ となるとき, 共役であるといった. 部分群による剰余類と同じように, 共役という関係によって, G の元を類別できることは容易に確かめられる. 従って G の元 a と共役な元たちの集合を $C_a = \{xax^{-1}; x \in G\}$ と表わすとき
$$G = C_a \cup C_b \cup \cdots$$
と共通部分のない類たちの和に表わされる. 特に G が有限群のとき, G の位数は, 各類の元の個数の和である. ここで集合 C_a の元の個数を調べてみよう. $xax^{-1} = yay^{-1}$ となるのは, この式の両辺に左から y^{-1}, 右から x をかけ整理すればわかるように
$$(y^{-1}x)a = a(y^{-1}x)$$
が成り立つことと同じである. $Z(a) = \{u \in G; uau^{-1} = a\}$ とおく. これは a と交換可能な元たちの集合であり, 容易にわかるように G の部分群である. 上の式は x と y が部分群 $Z(a)$ に関して同じ類に属していることを意味する. 従って集合 C_a の元の個数 $|C_a|$ は剰余類たちの個数 $|G|/|Z(a)|$ と同じである.

特に $|C_a|=1$ となるのは，すべての元 $x\in G$ に対し，$xa=ax$ が成り立つことである．このような元 a たちの集合は群 G の**中心**と呼ばれ $Z(G)$ と表わされる．（有限群とは限らない）一般の群について，次の補題は定義より容易に示される．

補題 2.3.19 群 G の中心 $Z(G)$ は G の正規部分群である．

次に位数が素数 p のベキ p^r であるような群を考えよう．このような群は p 群と呼ばれる．$r=0$ のときは自明な群である．G は p 群であると仮定する．このとき $|G|/|Z(a)|$ は $Z(a)$ が G に一致しなければ p で割れる．一方，$Z(a)=G$ となるのは a が G のすべての元と交換可能，つまり a が G の中心に含まれる場合である．従って G の共役類による類別と，各類の元の個数から，G の中心 $Z(G)$ の位数は p で割れなければならない．特に次の結果が得られる．

定理 2.3.20 G は非自明な p 群とする．このとき中心 $Z(G)$ は非自明な部分群である．

例 2.3.5 素数位数の群は巡回群であったが，p 群は一般にはアーベル群にもならない．例として 23 頁で紹介した 4 元数体を考えよう．そこで 8 個の元
$$\pm 1,\quad \pm i,\quad \pm j,\quad \pm k$$
からなる集合 Q を考える．これは定義から積に関し閉じており，容易にわかるように位数 $8=2^3$ の群である．しかし $j\times i=-k\neq i\times j$ だから可換ではない．

有限群 G は次の性質をみたす部分群の列
$$G\supset G_1\supset\cdots\supset G_{k-1}\supset G_k$$
を持つとき，**可解群**であるという．
 (1) G_k は自明な群である．
 (2) $G=G_0$ とおくとき，各 G_i は G_{i-1} の正規部分群である．
 (3) 剰余群 G_{i-1}/G_i は素数位数の巡回群（自明な群も含む）である．

定理 2.3.21 可解群の部分群および剰余群は可解群である．

証明 G は可解群とし，上のような部分群の列 G_i を考えよう．H を G の部分群とするとき，H の部分群の列 $G_i \cap H$ が上の 3 つの条件をみたすことを確かめよう．(1) は明らかで，(2) も定義から容易にわかる．(3) を示そう．包含写像 $G_{i-1} \cap H \subset G_{i-1}$ は剰余群の準同型写像

$$j : (G_{i-1} \cap H)/(G_i \cap H) \to G_{i-1}/G_i$$

を自然に定める．剰余類 $g(G_i \cap H)$ に対し，$j(g(G_i \cap H))$ が単位元であれば，$g(G_i \cap H) \subset G_i$ であり $g \in G_i \cap H$，つまり $g(G_i \cap H) \in (G_{i-1} \cap H)/(G_i \cap H)$ は単位元である．従って j は一対一の写像となり，剰余群 $(G_{i-1} \cap H)/(G_i \cap H)$ は G_{i-1}/G_i の部分群となるが，G_{i-1}/G_i は素数位数の群だから，その部分群は自明な群か，素数位数であり，いずれにしても巡回群である．

次に H が正規部分群のとき剰余群 G/H を考えよう．このとき $G_i \cap H$ は明らかに G_i の正規部分群である．このとき包含写像 $G_i \to G$ から剰余群の準同型 $j : G_i/(G_i \cap H) \to G/H$ が定まる．剰余類 $g(G_i \cap H)$，$g \in G_i$ が G/H で単位元であれば $g \in H$ だから $g(G_i \cap H)$ 自身が単位元である．従って j は単射で，剰余群 $G_i/(G_i \cap H)$ は G/H の部分群である．ここで，G_{i-1} の部分群 G_i と $G_{i-1} \cap H$ に対し，第 2 準同型定理（58 頁）を用いると同型

$$(G_{i-1} \cap H)/(G_i \cap H) \to \{(G_{i-1} \cap H) \cdot G_i\}/G_i$$

が得られる．一方，自然に定まる準同型

$$\{(G_{i-1} \cap H) \cdot G_i\}/G_i \to G_{i-1}/G_i$$

は明らかに単射である．従って剰余群 $(G_{i-1} \cap H)/(G_i \cap H)$ は素数位数の巡回群 G_{i-1}/G_i の部分群と同型だから，自明であるか，素数位数の巡回群のいずれかである．従って G/H も可解群である． □

定理 2.3.22 G は有限群，N は G の正規部分群とする．N と剰余群 G/N がともに可解群であれば，G も可解群である．

証明 $G/N = G'$ とし，$\pi : G \to G'$ は自然な準同型（56頁）とする．G' は可解だから部分群の列

$$G' \supset G'_1 \supset \cdots \supset G'_{k-1} \supset G'_k = \{e\}$$

があって，G'_i は G'_{i-1} の正規部分群であり，G'_{i-1}/G'_i は素数位数の巡回群である．G の部分群

$$G_i = \pi^{-1}(G'_i) = \{g \in G \,;\, \pi(g) \in G'_i\}$$

を考えよう．自然な準同型

$$G_{i-1} \xrightarrow{\pi} G'_{i-1} \to G'_{i-1}/G'_i$$

の合成は全射であり，その核群（56頁）は明らかに G_i である．従って G_i は G_{i-1} の正規部分群で，第1準同型定理より G_{i-1}/G_i は G'_{i-1}/G'_i と同型だから，仮定より素数位数の巡回群である．さて，$G_k = N$ に注意しよう．従って仮定より N の部分群の列 $G_k = N \supset G_{k+1} \supset \cdots \supset G_{k+l} = \{e\}$ が存在し，剰余群は素数位数の巡回群である．従って全体として G は可解群である．

系 2.3.23 有限群 G の部分群の列

$$G = G_0 \supset G_1 \supset \cdots \supset G_{k-1} \supset G_k = \{e\}$$

があって，各 i に対し G_i は G_{i-1} の正規部分群で，剰余群 G_{i-1}/G_i が可解となるなら，G は可解群である．

証明 定理 2.3.22 を G_{i-1}, G_i に適用すれば，i に関する（逆）帰納法により，G_i は可解である．特に $G = G_0$ は可解である． □

定理 2.3.24 アーベル群および p 群は可解群である．

証明 G はアーベル群あるいは p 群とし，G の位数に関する帰納法で証明する．G の位数が素数のときは，定理 2.3.11 より巡回群だから定義より明らかである．位数が n 未満の群については正しいと仮定し，位数が n の群 G を考える．n は素数でないとしてよいから，定理 2.3.12 と定理 2.3.20 より，自明でも G 全体でもない正規部分群 N が存在するが，G/N はやはりアーベル

群か p 群で，帰納法の仮定より可解である．従って定理 2.3.22 より G も可解である． □

群論の教科書では可解群の定義として，67 頁の条件 (3) は剰余群 G_{i-1}/G_i がアーベル群である，とすることが普通である．しかし，系 2.3.23 と定理 2.3.24 から，これらの定義が同値であることがわかる．

非可解群の最も重要な例が，$n \geq 5$ のときの対称群 Σ_n である．この非可解性は系 3.3.19 で証明するが，この事実がガロアによる 5 次以上の代数方程式の非可解性の証明の鍵だったのである．

2.4 環と多項式

■可換環とイデアルの一般論を少し

環については 42 頁で定義を述べたが，ここでは抽象的な環の一般論には深入りしないで，具体的かつ重要な可換環として整数たちの環と多項式環の性質を詳しく述べよう．本書では非可換な環には触れないが，重要な非可換環の代表として n 次（複素）正方行列たちの集合を挙げておこう．行列たちの和や積，あるいはその基本的な性質は線形代数でよく知られているが，ジョルダン標準形などの高度な理論を学ぶには行列たちのなす環をよく理解することが最も効率的な勉強法なのである．

K が体のとき
$$f(x) = a_0 x^n + a_1 x^{n-1} + \cdots + a_{n-1} x + a_n \qquad (a_i \in K)$$
の形の式を x の K 係数の**多項式**，あるいは整式という．係数 a_i たちが実数のときは実係数の多項式，複素数のときは複素係数の多項式というのであるが，多項式の一般的な議論をするには，係数たちはどのような体 K の元でもよい．以下の議論では，断らない限り係数となる体は一般のものとする．

上のような式で $a_0 \neq 0$ のとき，多項式 $f(x)$ の**次数**は n であるといい，$\deg f = n$ と表わす．2 つの多項式 $f(x), g(x)$ が**等しい**（ $f(x) = g(x)$ ）とは，$f(x)$ と $g(x)$ の次数が等しく，かつ，各 k に対し x^k の対応する係数が等しいことである．

2.4 環と多項式

K 係数の多項式たちの集合を $K[x]$ と表わす．2 つの多項式の加法と乗法はよく知られた方法で定義され，それらが体の公理のうち，A8（積に関する逆元の存在）以外のすべての性質をみたすことは容易に確かめることができる．従って，集合 $K[x]$ は可換環であるが，2 つの多項式 $f(x), g(x)$ が $f(x)g(x) = 0$ をみたせば，明らかにどちらかは 0 であり，従って整域になっている．多項式たちの集合 $K[x]$ は体 K 上の**多項式環**と呼ばれる．$K[x]$ は整域であるからその商体を考えることができる．これは分数式 $f(x)/g(x)$ たちを，通分して等しいものを同一視して得られる集合に他ならない．この体は $K(x)$ と表わされ，体 K 上の（1 変数）**有理関数体**とも呼ばれる．

体の元を係数とする多項式環 $K[x]$ は，いくつかの点で整数環 $\mathbf{Z}$ とよく似た性質がある．まず第 1 にこれらはともにユークリッド環と呼ばれる可換環である．その結果として，単項イデアル環となっていて，さらにその結果として一意的素因数分解ができることがわかるのである．

これらを順次説明していこう．まず一般的な事柄を述べるため R は任意の可換環とする．R の元 u は（R のなかに）逆元を持つ，つまり $uv = 1$ となる元 v が存在するとき**可逆元**であるという．R が $\mathbf{Z}$ のときは ± 1 の 2 元だけが可逆元である．R が多項式環 $K[x]$ のときは可逆元とは 0 でない定数のことである．

注 2.4.1 代数学の教科書などでは，可逆元を単元 (unit) と呼ぶことが多い．しかし unit は単位元とも訳され，乗法の単位元である 1 と紛らわしいので本書ではすべて可逆元と呼ぶことにする．

定義 2.4.1 R の部分集合 I は，次の 2 つの条件をみたすとき可換環 R の**イデアル**という．
  (1) I は加法に関して R の部分群である．
  (2) $a \in I$, $r \in R$ のとき $ra \in I$ である．

R の元 d が与えられたとき，du の形の元たちの集合 $\{du\,;\,u \in R\}$ はイデアルである．これを (d) と表わし，d で生成された**単項イデアル**という．d が

R の可逆元であれば $(d) = R$ であり,逆も成り立つ.実際 d が可逆元であれば,$dd^{-1} = 1$ となる元 d^{-1} があるが,このとき任意の元 $a \in R$ は $d(d^{-1}a)$ と表わされるから $a \in (d)$ である.逆も同様に示される.

可換環 R のイデアル I が与えられたとき,R の元 a, b の間に同値関係を

$$a \sim b \stackrel{\text{def}}{\Leftrightarrow} a - b \in I$$

によって定めることができる.これは可換環 R を加法群と考え,部分群である I を法とする合同関係 (53 頁) であるので,「元 a と b はイデアル I を法として合同である」といい,$a \equiv b \pmod{I}$ と表わす.この同値関係による環 R の同値類(同値なものを一まとめにして考えること,この場合はイデアル I を法とする**剰余類**という)の集合を R/I と表わす.元 a が属する類を,記号 $[a]$ と表わそう.このとき単なる加法群の場合と異なる重要な性質として,$a \sim b$ かつ $a' \sim b'$ であれば

$$a + a' \sim b + b', \qquad aa' \sim bb'$$

が成り立つことがわかる.実際,$u = a - b,\ v = a' - b'$ とおけば

$$a = b + u,\ a' = b' + v$$

である.従って

$$aa' = (b+u)(b'+v) = bb' + bv + ub' + uv$$

であるが,イデアルの条件から $bv + ub' + uv \in I$ である.前半の主張も同様である.この性質から R の元の和や積は剰余類での和や積を

$$[a] + [a'] = [a + a'], \qquad [a][a'] = [aa']$$

によって矛盾なく(剰余類のなかの元のとり方によらず)定めることができる.またこの和と積によって剰余類の集合 R/I が可換環になることも簡単に確かめられる.これをイデアル I による R の**剰余環**と呼ぶ.環 R が $\mathbf{Z}$ のときは,これは自然数 n を法とする剰余類の加法群(62 頁)に他ならない.

次に 2 つの可換環の間の準同型について述べておこう.R と S を可換環とする.写像

$$\varphi : R \to S$$

が $\varphi(1) = 1$ をみたし，また和と積を保存する，つまり任意のの元 $a, b \in R$ に対し
$$\varphi(a+b) = \varphi(a) + \varphi(b), \quad \varphi(ab) = \varphi(a)\varphi(b)$$
をみたすとき，φ は環の**準同型写像**であるという．環の準同型写像 φ は逆写像（56頁）
$$\varphi^{-1} : S \to R$$
が存在するとき**同型写像**であるという．このとき φ^{-1} も環の準同型写像である．また環の準同型 φ に対し，$\{a \in R;\ \varphi(a) = 0\}$ を φ の核といい，$\mathrm{Ker}(\varphi)$ と表わす．このとき環についての**準同型定理**が成り立つ．

定理 2.4.2 $\varphi : R \to S$ は環の準同型とする．このとき
(1) $\mathrm{Ker}(\varphi)$ は環 R のイデアルである．
(2) φ は全射写像であると仮定する．このとき環の同型
$$R/\mathrm{Ker}(\varphi) \to S$$
が存在する．

証明 (1) は容易に確かめられる．(2) を示そう．R の元 a の剰余類を $[a]$ と表わす．このとき写像
$$\tilde{\varphi} : R/\mathrm{Ker}(\varphi) \to S$$
を $\tilde{\varphi}([a]) = \varphi(a)$ とおく．a と a' が同値，つまり $a - a' \in \mathrm{Ker}(\varphi)$ とすると
$$\varphi(a) - \varphi(a') = \varphi(a - a') = 0$$
であるから上の写像 $\tilde{\varphi}$ は矛盾なく定まる．また $\tilde{\varphi}$ が環の準同型であることも定義に従って確かめられる．逆に S の元 b に対し，φ の全射性より $\varphi(a) = b$ となる元 $a \in R$ がとれる．このような元 a' が別にあれば，
$$0 = \varphi(a) - \varphi(a') = \varphi(a - a')$$
だから a と a' は同値となる．従って写像 $S \to R/\mathrm{Ker}(\varphi)$ が矛盾なく定まるが，これが $\tilde{\varphi}$ の逆写像であることは容易にわかる． □

■単項イデアル環

さてここからは可換環として整数環，あるいは体 K 上の多項式環 $K[x]$ を主に考える．このような環の共通の性質として割り算がある．まず自然数 n を 0 でない自然数 m で割ることを考えよう．このとき

$$n = qm + r, \quad 0 \leq r < m$$

をみたす自然数 q, r がただ 1 通り決まる．q は商，r は余りと呼ばれる．負の数も含めて考えると次のようにいってもよい．整数 n と 0 でない整数 m が与えられたとき

$$n = qm + r, \quad 0 \leq |r| < |m|$$

をみたす整数 q, r がただ 1 通り決まる．ただし，$|a|$ は絶対値である．まったく同じことが多項式についても，絶対値の代わりに多項式の次数をとれば成り立つのである．体 K の元を係数とする多項式 $f(x)$ と 0 でない多項式 $g(x)$ に対し

$$f(x) = q(x)g(x) + r(x), \quad \deg r(x) < \deg g(x)$$

をみたす多項式 $q(x), r(x)$ がただ 1 つ存在する．整数の場合と同じように $q(x)$ を商，$r(x)$ を余りという．

一般に整域 R の 0 でない元に，上の絶対値や次数のような，その元の大きさを表わすような自然数が定まり，割り算について上のような事実が成り立つとき，R をユークリッド環と呼ぶ．ユークリッド環については以下のほとんどの結果が成り立つのであるが，ここではあまり一般な取り扱いはせずに，R を整数の集合 $\mathbb{Z}$ あるいは多項式環 $K[x]$ のいずれかを表わすものとして考えよう．

定理 2.4.3 R のイデアルはすべて単項イデアルである．つまり I をイデアルとすると，R の元 d が存在して $I = (d)$ となる．このような元 d は R の可逆元倍を除いて一意的である．

証明 R が多項式環 $K[x]$ の場合に証明しよう．まず I が 0 元だけからなる場合は明らかであるから，そうでない場合を考える．I に属する 0 でない多

項式のなかで次数が最小のものがある．そのような多項式 $d(x)$ を考えよう．I の任意の多項式 $f(x)$ を $d(x)$ で割ったとき
$$f(x) = p(x)d(x) + r(x)$$
であるとする．ただし $r(x)$ は余りである．
$$r(x) = f(x) - p(x)d(x)$$
は上の 2 つの条件から I に属するが，$d(x)$ の次数の最小性より $r(x) = 0$ でなければならない．従って $f(x) = p(x)d(x)$ となる．多項式 $d(x)$ は 0 でない定数倍を除けば一通りに定まることは容易にわかる．整数環の場合は，多項式を整数，次数を整数の絶対値と置き換えればまったく同様に証明できる．□

一般にこのような定理が成り立つ環を **単項イデアル環** というのである．つまり定理は整数環や多項式環が単項イデアル環であるといっている．また証明からわかるように，一般にユークリッド環は単項イデアル環である．

R が多項式環 $K[x]$ でイデアル I が多項式 $p(x)$ で生成された単項イデアル $(p(x))$ の場合はこのイデアルを法とする同値関係は
$$f(x) \sim g(x) \overset{\text{def}}{\Leftrightarrow} f(x) - g(x) \text{ が } p(x) \text{ で割り切れる}$$
と書くことができる．多項式 $f(x)$ を $p(x)$ で割ったとき
$$f(x) = p(x)q(x) + r(x)$$
と表わせるなら，$f(x)$ は $p(x)$ による余り $r(x)$ と同値である．$p(x)$ の次数を n とすれば，剰余類の多項式としては次数が $n-1$ 以下のもので一意的に代表される．従って剰余環 $K[x]/(p(x))$ は集合としては $n-1$ 以下の多項式たちと思ってよいのである

さて一般に可換環 R の 0 でない元 a が 2 つの元の積 $a = bc$ と表わされるとき，b および c を a の **約元** という．また，a は b あるいは c で割り切れるともいう．u が可逆元のとき，任意の元 a に対し $a = (au^{-1})u$ であるから，u は a の約元であることに注意しよう．R の元 d は，2 つの元 a, b 双方の約元であるとき **公約元** という．さらに公約元 d は，a, b のすべての公約元が d の約元になっているとき，**最大公約元** であるという．a, b の公約元が可逆元以外にないとき，あるいは言い換えると最大公約元が可逆元のとき，a と b は **互い**

に素であるという．公約元や最大公約元であることは，可逆元倍しても変わらないことに注意しよう．R が整数環のときは，約元や公約元等は普通の約数，公約数に他ならない．

> **定理 2.4.4**　R は整数環 $\mathbb{Z}$ または体上の多項式環 $K[x]$ とする．
> 　(1)　a, b を R の 2 元とする．このとき a と b の最大公約元が R の可逆元倍を除いて一意的に存在する．
> 　(2)　d を a と b の最大公約元とするとき
> $$ap + bq = d$$
> となる $p, q \in R$ が存在する．

証明　(1) と (2) を同時に示そう．a, b を R の元とするとき，部分集合
$$I = \{ap + bq\,;\, p, q \in R\}$$
を考えよう．これがイデアルであることは容易に確かめられる．従って定理 2.4.3 から，ある元 $d \in R$ が存在して
$$\{ap + bq\,;\, p, q \in R\} = \{du\,;\, u \in R\}$$
となる．このときまず，$p = 1, q = 0$，あるいは $p = 0, q = 1$ の場合を見れば d は a と b の公約元であることがわかる．一方，$u = 1$ の場合から，
$$ap + bq = d$$
となる $p, q \in R$ が存在する．このことから d は a と b の最大公約元，つまり a と b のすべての公約元は d の約元であることもわかる．またこの d は a と b から，可逆元倍すること（$\mathbb{Z}$ の場合は ± 1 倍）を除けば 1 通りに定まることも定理 2.4.3 と同様にわかる．　　□

■**有限アーベル群の構造定理**

　前述の定理は大変強力でさまざまな応用がある．多項式環への応用は後で述べるが，アーベル群の構造に関する応用についてここで述べておこう．以下アーベル群の積を乗法の形で書くと繁雑になるので，加法群の形で表わすことにする．特に単位元は 0 で表わす．また元 a の位数が n であるとは $na = 0$ であり，かつ n の真の約数 m に対して $ma \neq 0$ となることである．

2.4 環と多項式

定理 2.4.5 G は有限アーベル群とする．p を G の位数 $|G|$ の1つの素因数とする．このとき位数がちょうど p の元が存在する．

証明 G の位数に関する帰納法で示す．G の位数が素数の場合は明らかである．素数でないときは，定理 2.3.12 で考えたように G の自明でない真の部分群 H が存在する．$|G|$ の素因数 p が $|H|$ の素因数であれば，帰納法の仮定から H に位数 p の元が存在し証明終わりである．そうでなければ p は剰余群の位数 $|G/H|$ の素因数だから，やはり帰納法の仮定より G/H に位数 p の元 z が存在する．G の元 x で，その剰余類が z となるものを選ぶ．x の位数を m とすると $mz = 0$ である．p と m が互いに素であれば $am + bp = 1$ となる整数 a, b が存在し，$z = (am + bp)z = 0$ となり矛盾である．従って $m = kp$ となるから kx は位数がちょうど p の元である． □

n_1, n_2 を互いに素な自然数とし，$n = n_1 n_2$ とする．A は位数 n のアーベル群とする．
$$B = \{x \in A; n_1 x = 0\}, \quad C = \{y \in A; n_2 y = 0\}$$
とおこう．明らかに B, C は A の部分群である．$B \times C$ を群 B と C の直積の群（58頁）とする．このとき

定理 2.4.6

(1) $f(x, y) = x + y$ で定義される写像
$$f : B \times C \to A$$
は群の同型である．

(2) 群 B, C の位数はそれぞれ n_1, n_2 である．

(3) A が巡回群であるための必要十分条件は，B, C がともに巡回群であることである．

証明 (1) 仮定と定理 2.4.4 から，$d_1 n_1 + d_2 n_2 = 1$ となる整数 d_1, d_2 が存在する．まず，f が全射であることを示そう．A の任意の元 z に対し
$$z = (d_1 n_1 + d_2 n_2)z = (d_2 n_2)z + (d_1 n_1)z$$

が成り立つ．ここで $x = (d_2 n_2)z$, $y = (d_1 n_1)z$ とすればよい．次に単射であることをいうため，$f(x,y) = x + y = 0$ と仮定しよう．このとき
$$0 = n_2(x+y) = n_2 x + n_2 y = n_2 x$$
であるが
$$x = (d_1 n_1 + d_2 n_2)x = 0 + 0 = 0$$
であり，従って $y = 0$ でもある．従って f は単射である．

(2) まず上と同様の理由から B の任意の元 $x \neq 0$ に対し $n_2 x \neq 0$ である．もし B の位数 $|B|$ と n_2 が互いに素でなければ，共通の素因数 p があるが，このとき定理 2.4.5 より B に位数 p の元が x が存在する．このとき $n_2 x = 0$ だから上に述べたことに矛盾する．従って $|B|$ と n_2 は互いに素である．また $|A| = |B||C| = n_1 n_2$ だから $|B| = n_1$, $|C| = n_2$ が得られる．

(3) A が巡回群であれば，位数が $n_1 n_2$ の元 z が存在する．このとき，$x = (d_2 n_2)z$, $y = (d_1 n_1)z$ の位数はそれぞれ n_1, n_2 である．実際例えば x の位数が n_1 の真の約数 m とすると，
$$(mn_2)z = (mn_2)(x+y) = (mn_2)x + (mn_2)y = 0$$
だから z の位数が $n_1 n_2$ であることに矛盾する．従って B, C はともに巡回群である．逆に B, C がともに巡回群として，x, y をそれぞれ位数 n_1, n_2 の元とすると，$x + y$ の位数は明らかに $n_1 n_2$ である． □

補題 2.4.7 p は素数とする．位数が p のベキのアーベル群はいくつかの巡回群たちの直積である．

証明 アーベル群 A の位数を p^n とするとき，n に関する帰納法で証明する．$n = 1$ のときは定理 2.3.11 より A 自身が巡回群である．$n \geq 2$ として，$n - 1$ まで順次補題が成り立つとする．a を A の元で位数が最大のものとする．もし a の位数が p^n のときは A は巡回群だから，a の位数は p^m, $0 < m < n$ と仮定してよい．元 a で生成された部分群 $<a>$ と剰余群 $A/<a>$ を考える．元 $b \in A$ の剰余類を $\bar{b} \in A/<a>$ と表わす．

$A/<a>$ の 0 ではない元 β の位数を p^t, $t > 0$ とする．このとき β の代表元 $b \in A$, つまり $\bar{b} = \beta$ となる元で，位数がちょうど p^t であるものがとれ

ることを示そう．$p^{t-1}\bar{b} = \overline{p^{t-1}b} \neq 0$, $p^t\bar{b} = \overline{p^t b} = 0$ だから $p^{t-1}b \notin <a>$ かつ $p^t b \in <a>$ である．従ってある自然数 u があって $p^t b = ua$ と表わせる．u は p と素な自然数 d を用い $u = dp^s$ と書けるから $p^t b = dp^s a$ である．ただし a の位数が p^m だから $s \leq m$ としてよいから $t-1+m-s \geq 0$ である．このとき
$$p^{t-1+m-s}b = dp^{m-1}a \neq 0$$
である．いま $t > s$ とすると $t-1+m-s \geq m$ だから $p^m b \neq 0$ となり，位数最大の元に関する仮定に反する．従って $t \leq s$ となり，
$$p^t b - dp^s a = p^t(b - dp^{s-t}a) = 0$$
が成り立つ．$b' = b - dp^{s-t}a$ とおくと b と b' は同じ剰余類を定めるが，b' と $\bar{b} = \bar{b'}$ の位数はともに p^t だから等しい．つまり剰余類と位数が等しい代表元が存在することがいえた．

さて $A/<a>$ は A より位数が小さいから，帰納法の仮定より巡回群 C_i があって
$$A/<a> = C_1 \times \cdots \times C_k$$
である．C_i の生成元 α_i に対し，代表元 $b_i \in A$ つまり $\bar{b_i} = \alpha_i$ となる元で α_i と位数が等しいものを選んでおく．このとき b_i で生成された A の巡回部分群を $<b_i>$ とし，自然に定まる準同型
$$<a> \times <b_1> \times \cdots \times <b_k> \to A$$
を考える．直積の群 $<a> \times <b_1> \times \cdots \times <b_k>$ の位数は代表元たちの選び方から A の位数に等しい．またこれが全射であることも容易にわかる．従って部屋割り論法（63頁）により上の準同型は同型であり
$$A = <a> \times <b_1> \times \cdots \times <b_k>$$
が示された． □

以上を用いて有限アーベル群の構造定理が示される．

第 2 章　代数系

> **定理 2.4.8**　有限アーベル群は素数のベキ位数の巡回群たちの直積である.

証明　$n = p_1^{a_1} \cdots p_r^{a_r}$ を素因数分解としよう. A が位数 n のアーベル群のとき, $A_i = \{x \in A\,;\, p_i^{a_i} x = 0\}$ とおこう. この A_i を A の p_i 成分と呼ぶ. このとき定理 2.4.6 を繰り返し用いて次の同型
$$A = A_1 \times \cdots \times A_r$$
が存在することがいえる. 上の補題より各 A_i は巡回群の直積である. 従って A もそうである. □

> **系 2.4.9**　有限アーベル群 A が巡回群であるための必要十分条件は, その p 成分がすべて巡回群であることである.

さて n は自然数とする. n と素で, n より小さい自然数たちの個数を $\varphi(n)$ と表わし, **オイラーの関数**と呼ぶ. 例えば $n = 12$ のとき, n と素な数は $1, 5, 7, 11$ だから $\varphi(12) = 4$ である. 系 2.3.15 よりこれは n を法とする既約剰余類の個数であり, 巡回群 $\mathbf{Z}/n\mathbf{Z}$ の生成元たちの個数でもある. 上のような結果を用いると次の結果が得られる.

> **系 2.4.10**　$n = p_1^{a_1} \cdots p_r^{a_r}$ を素因数分解とする. このとき
> $$\varphi(n) = (p_1^{a_1} - p_1^{a_1-1}) \cdots (p_r^{a_r} - p_r^{a_r-1})$$

証明　n の上のような素因数分解があれば, 定理 2.3.13 と定理 2.4.6 より, 巡回群 $\mathbf{Z}/n\mathbf{Z}$ は直積の群
$$\mathbf{Z}/p_1^{a_1}\mathbf{Z} \times \cdots \times \mathbf{Z}/p_r^{a_r}\mathbf{Z}$$
と同型である. 直積の群の生成元は, 各 $\mathbf{Z}/p_i^{a_i}\mathbf{Z}$ の生成元の組 $(x_1, \ldots, x_r)$ と一対一に対応する. 実際, 各 x_i が $\mathbf{Z}/p_i^{a_i}\mathbf{Z}$ の生成元とすると, $p_1^{a_1} \cdots p_r^{a_r}$ の真の約数 m に対し $m(x_1, \ldots, x_r) \neq 0$ だから $(x_1, \ldots, x_r)$ は直積の群を生成する. 逆に $(x_1, \ldots, x_r)$ が直積の群の生成元であれば, 各 x_i が $\mathbf{Z}/p_i^{a_i}\mathbf{Z}$ の生成元であることも明らかである. 従って直積の群の生成元の個数は各

$\mathbf{Z}/p_i^{a_i}\mathbf{Z}$ の生成元たちの個数の積で与えられる．素数ベキの位数の巡回群 $\mathbf{Z}/p^a\mathbf{Z}$ の場合，p^a と素で，p^a より小さい自然数の個数は $p^a - p^{a-1}$ だから求める結果が得られる． □

定理 2.4.4 の別の応用として次の結果が得られる．

定理 2.4.11 巡回群の部分群，および剰余群はまた巡回群である．

証明 G は巡回群で a を生成元とする．H を G の部分群とし，$a^k, a^l \in H$ とする．k と l の最大公約数を d とするとき，$pk + ql = d$ となる整数 p, q が存在するから
$$a^d = a^{pk+ql} = (a^k)^p(a^l)^q \in H$$
であり，$a^k, a^l \in <a^d>$ が成り立つ．これを繰り返せば，H はただ 1 つの元で生成されるから巡回群である．剰余群については明らかである． □

2.5 多項式環に関する少し深い結果

■ユークリッド互除法の応用

さて本節の終わりまで，環 R は整数環 $\mathbf{Z}$ あるいは体 K 上の多項式環 $K[x]$ を表わすものとする．環 R では最大公約数を具体的に計算するアルゴリズムが知られている．ユークリッド互除法と呼ばれるもので，自然数の場合にはユークリッドの時代，あるいはもっと古くから知られていた計算法である．多項式環 $K[x]$ の場合で説明しよう．$f_1(x), f_2(x)$ を K 係数の多項式とする．$\deg(f)$ を多項式 $f(x)$ の次数とする．次のように順次多項式 $f_i(x)$ を $f_{i+1}(x)$ で割って余りを $f_{i+2}(x)$ とおいていく．

$$f_1(x) = u_1(x)f_2(x) + f_3(x), \quad \deg(f_3) < \deg(f_2)$$
$$f_2(x) = u_2(x)f_3(x) + f_4(x), \quad \deg(f_4) < \deg(f_3)$$
$$\cdots \quad \cdots$$

このとき $f_i(x)$ の次数は真に減少していくから $f_s(x) \neq 0$ かつ $f_{s+1}(x) = 0$ となる番号 s がある．つまり

$$f_{s-1}(x) = u_{s-1}(x)f_s(x),\ f_{s+1}(x) = 0$$

となる．このとき $f_s(x)$ はすべての $f_i(x)$ の約元であり，特に $f_1(x)$ と $f_2(x)$ の公約元である．またある多項式 $h(x)$ が $f_1(x)$ と $f_2(x)$ の公約元であれば，明らかに $h(x)$ はすべての $f_i(x)$ 特に $f_s(x)$ の約元だから，$f_s(x)$ は $f_1(x)$ と $f_2(x)$ の最大公約元である．また

$$f_i(x) = p_i(x)f_1(x) + q_i(x)f_2(x)$$

となる多項式 $p_i(x), q_i(x)$ が存在することも帰納的に示される．特に

$$f_s(x) = p_s(x)f_1(x) + q_s(x)f_2(x)$$

である．これは定理 2.4.4 を改めて証明しているが，より強く次の事実が示される．

定理 2.5.1 環 R の 2 元 a, b の最大公約元を d とする．このとき R を含むどんな環 S においても d は a, b の最大公約元である

証明 $a = f_1, b = f_2$ としてユークリッド互除法により順次得られる元を f_i とする．上に述べたように，R の元 p_i, q_i があって

$$f_i = p_i f_1 + q_i f_2$$

が成り立つ．また可逆元倍を除けば，ある番号 s のとき $f_s = d$ であると考えてよい．u を環 S における元 a, b の任意の公約元とすると，S において $a = a'u, b = b'u$ と表わせる．$a = f_1, b = f_2$ であったから，

$$f_i = p_i a' u + q_i b' u = (p_i a' + q_i b')u$$

である．従って u は S において，すべての f_i の約元であり，特に d の約元である．従って d は S においても最大公約元である． □

■素因数一意分解定理

次に因数分解について考えよう．中学でも学ぶように自然数については素因数分解が一意的に可能である．同じことが多項式環でも成り立つことを見ていこう．

2.5 多項式環に関する少し深い結果

環 R の元 p は，ともに可逆元でない 2 つの元 a, b の積 $p = ab$ に表わされることがないとき，**素元**であるという．言い換えれば，もし $p = ab$ と表わされるなら，a, b のいずれかは可逆元である，ということである．定義より可逆元は素元である，ということに注意しよう．自然数の範囲内では，p が素数であるとは $p = ab$ と表わされるなら a, b のいずれかは 1 であるもの，と定義される．これは，自然数の範囲内では可逆元は 1 だけであることが理由である．多項式環では素元とは，定数ではない 2 つの多項式の積に表わせない式，つまり**既約多項式**（0 でない定数も 0 次の既約多項式と考える）に他ならない．特に 1 次式はすべて素元である．逆に多項式 $f(x)$ が定数ではない 2 つの多項式の積 $f(x) = g(x)h(x)$ と表わされるとき，$f(x)$ は**可約**であるといい，このような分解を因数分解という．

注 2.5.1 ここでの多項式はすべて係数体 K を固定して考えていることに注意する．例えば $x^2 - 2$ という多項式は有理数体上の多項式とも，実数体 $\boldsymbol{R}$ 上の多項式とも考えることができる．有理数体上の多項式としては $x^2 - 2$ は既約であるが，実数体 $\boldsymbol{R}$ に広げて考えれば $x^2 - 2 = (x - \sqrt{2})(x + \sqrt{2})$ と因数分解されるので $\boldsymbol{R}[x]$ では既約ではない．

補題 2.5.2 p は環 R の可逆元とは異なる素元とする．p が 2 つの元の積 ab の約元であれば，p は a または b の約元である．

証明 p が a の約元でないと仮定する．このとき p と a は互いに素であるから，定理 2.4.4 より $au + pv = 1$ となる元 u, v が存在する．b を両辺にかけると $b = abu + pbv$ であるが，仮定より p は ab の約元だから，b の約元である． □

定理 2.5.3 環 R の，0 でも可逆元でもない任意の元 a は（可逆元とは異なる）素元たちの積 $a = p_1 \cdots p_r$ に分解できる．また次の素因数分解の一意性が成り立つ．$a = p_1 \cdots p_r = q_1 \cdots q_s$ であれば，$r = s$ であり，必要であれば順序を入れ換えれば，p_i と q_i は可逆元倍を除いて一致する．

証明 R が多項式環の場合について証明しよう．まず，素因数分解ができることを多項式の次数に関する帰納法で証明しよう．1次式は既約だから明らかに成り立つ．$k-1$ 次以下の多項式について成り立つとし，既約でない k 次式 $f(x)$ を考える．$f(x)$ は因数分解 $f(x) = g(x)h(x)$ され，$g(x), h(x)$ の次数は $k-1$ 以下である．従ってそれらは素因数分解されるから，$f(x)$ もそうである．

次に一意性を示す．多項式 a の2つの素因数分解
$$a = p_1 \cdots p_r = q_1 \cdots q_s$$
があるとする．このとき p_1 は積 $q_1 \cdots q_s$ の約元だから，補題 2.5.2 より p_1 はある q_i の約元である．q_i は素元だから q_i は p_1 の可逆元倍である．番号を付け替えて q_i が q_1 であるとしてよい．従って p_1 と q_1 を可逆元倍を除いてキャンセルできる．これを繰り返せば求める結果が得られる． □

■**商体における可約性とアイゼンシュタインの既約判定法**

次に環 R の商体を Ω と表わす．

定理 2.5.4 環 R の元を係数とする多項式[*3] $f(x)$ が R 係数多項式として可約である，つまり定数でない2つの R 係数多項式の積に表わせることと，Ω 係数多項式として可約であることは同値である．

証明 R が整数環 $\mathbb{Z}$ の場合を示そう．多項式環の場合も同様である．整係数の多項式 $a_0 x^n + a_1 x^{n-1} + \cdots + a_n$ は係数たち a_i の最大公約数が ± 1 のとき，**原始的**であると呼ぶ．勝手な整係数の多項式 $f(x)$ については，係数たちの最大公約数を d とすれば，$g(x) = f(x)/d$ は原始的な整係数多項式である．つまり任意の整係数多項式 $f(x)$ は ± 1 倍を除けば一意的に原始的な整係数多項式の整数倍 $dg(x)$ と表わされる．さらに有理数係数の多項式 $u(x)$ についても，$u(x) = (a/b)h(x)$ となる原始的な整係数多項式 $h(x)$ と有理数 a/b が ± 1 倍を除けば一意的に定まることも容易にわかる．

[*3] R が多項式環 $K[t]$ のときは t の多項式たちを係数とする x の多項式，つまり x と t の多項式である．

2.5 多項式環に関する少し深い結果

さて，$f(x)$ が 整係数多項式として可約であれば，有理数係数多項式としても可約であることは明らかである．逆に有理数係数多項式として可約であるとする．つまり定数ではない有理数係数多項式 $u(x), v(x)$ があって $f(x) = u(x)v(x)$ となるとする．このとき，$f(x)$ は原始的であると仮定してよい．そこで $u(x), v(x)$ に対応する原始的な整係数多項式をそれぞれ $h(x), k(x)$ とすると，適当な整数 a, b, a', b' があって

$$f(x) = \frac{aa'}{bb'} h(x)k(x)$$

をみたす．次の補題で示すように $h(x)k(x)$ は原始的である．従って原始的な整係数多項式による表現の一意性から

$$f(x) = \pm h(x)k(x)$$

であり，整係数多項式として因数分解される． □

補題 2.5.5 $h(x), k(x)$ は原始的な整係数多項式とする．このとき $h(x)k(x)$ も原始的である．

証明 $h(x), k(x)$ をそれぞれ

$$h(x) = a_0 + a_1 x + \cdots + a_n x^n, \quad k(x) = b_0 + b_1 x + \cdots + b_m x^m$$

と表わす．p は素数とする．$h(x), k(x)$ はそれぞれ原始的だから，p で割り切れない係数があり，そのような最初の係数 a_s, b_t を考えることができる．$h(x)k(x)$ の x^{s+t} の係数は，$h(x)k(x)$ を展開してみれば容易にわかるように，p で割り切れない．従って $h(x)k(x)$ は原始的である． □

この定理は例えば $x^2 + x + 1$ が $\mathbf{Q}$ 係数多項式として可約であれば，$\mathbf{Z}$ 係数多項式として可約である，つまり 整数 a, b, c, d があって

$$x^2 + x + 1 = (ax + b)(cx + d)$$

となるということを意味する．この場合は明らかに $a = c = 1$ と思ってよい．従って，方程式 $x^2 + x + 1 = 0$ が有理数解を持てば，それは整数でなければな

らないが，この方程式は明らかに整数解を持たない．従って，$x^2+x+1=0$ は有理数の解を持たないことがわかる．

> **定理 2.5.6** （アイゼンシュタイン[*4]の判定法）環 R の元を係数とする n 次多項式
> $$f(x) = a_n x^n + a_{n-1} x^{n-1} + \cdots + a_1 x + a_0$$
> を考える．R の素元 p で，次の 3 つの条件
> (1) a_n は p で割り切れない（p は約元でない）．
> (2) $i<n$ のとき a_i は p で割り切れる．
> (3) a_0 は p^2 では割り切れない．
> をみたすものがあれば，$f(x)$ は R 係数の多項式として既約である．

証明 $f(x)$ が定数でない 2 つの多項式
$$g(x) = b_r x^r + b_{r-1} x^{r-1} + \cdots + b_1 x + b_0$$
$$h(x) = c_s x^s + c_{s-1} x^{s-1} + \cdots + c_1 x + c_0$$
の積 $f(x) = g(x)h(x)$ に表わせるとする．ただし b_r, c_s は 0 でないとする．定数項を比較すればわかるように，b_0, c_0 のいずれかが p でちょうど割り切れ，残りは p で割り切れない．そこで b_0 がちょうど p で割り切れるとする．仮定の (3) より b_r は p で割り切れないので，係数 b_i たちのなかで p で割り切れない番号の最小のものを k とおく．$0<k<r<n$ に注意する．さて x^i の係数を比較して
$$a_k = b_k c_0 + b_{k-1} c_1 + \cdots + b_0 c_k$$
を見ると，右辺の第 2 項以下は p で割り切れ，第 1 項は p で割り切れないから，a_k も p で割り切れない．しかしこれは仮定 (2) に反する． □

例 2.5.1 本論とは少し離れるが，アイゼンシュタインの判定法の応用として

[*4] Gotthold Eisenstein(1823–1852) ドイツの数学者．ガウスの弟子．楕円関数論，整数論に業績を残した．

2.5 多項式環に関する少し深い結果

「p が奇素数のとき $\cos\dfrac{\pi}{2p}$ は無理数である」

ことを示そう．ド・モアブルの公式

$$\cos n\theta + i\sin n\theta = (\cos\theta + i\sin\theta)^n$$
$$= \cos^n\theta - \binom{n}{2}\cos^{n-2}\theta\sin^2\theta + \cdots$$
$$+ i(n\cos^{n-1}\theta\sin\theta - \binom{n}{3}\cos^{n-3}\theta\sin^3\theta + \cdots)$$

の第3項の実部と虚部の形から

$$\cos n\theta = f_n(\cos\theta), \quad \sin n\theta = g_n(\cos\theta)\sin\theta$$

をみたし，係数がともに整数である n 次式 $f_n(x)$ と $n-1$ 次式 $g_n(x)$ が存在することがわかる．

このような多項式（チェビシェフの多項式と呼ばれる）について次の事柄が成り立つ．

(1) $\cos nt = f_n(\cos t)$ の両辺を微分すると $-n\sin nt = -\sin t f_n'(\cos t)$ である．従ってすべての t に対し等式

$$ng_n(\cos t)\sin t = \sin t f_n'(\cos t)$$

が成り立つ．このとき容易にわかるように多項式として $f_n'(x) = ng_n(x)$ である．

(2) n が奇数のとき，(i) $f_n(0) = f_n(\cos\dfrac{\pi}{2}) = \cos\dfrac{n\pi}{2} = 0$ だから $f_n(x)$ の定数項は 0 である．(ii) $g_n(0) = \pm 1$ だから $g_n(x)$ の定数項は ± 1 である．従って $f_n'(0) = ng_n(0) = \pm n$ となり，$f_n(x)$ の1次の係数は $\pm n$ である．

(3) p が奇素数のとき，(i) 多項式 $f_p'(x) = pg_p(x)$ の の各係数は p で割り切れる．従って $f_p(x)$ の係数も最高次（p 次）以外は p で割り切れなければならない．(ii) $f_p(x)$ の最高次の係数は p と素である．実際，$f_p(x)$ の $p-1$ 次以下の係数はすべて p で割り切れるので，もし最高次の係数が p で割り切れれば，任意の自然数 k に対し $f_p(k)$ は p で割り切れることになるが，これは $f_p(1) = f_p(\cos 0) = \cos 0 = 1$ に矛盾する．

以上のことから，p が奇素数のとき方程式 $f_p(x) = 0$ は，アイゼンシュタインの判定法が適用でき $\boldsymbol{Q}$ 上既約だから，有理数解を持たない．従って $\cos\dfrac{\pi}{2p}$ は無理数であることがわかる．

■体と方程式

さて $f(x) \in K[x]$ は体 K の元を係数とする多項式とする．L は K を含む体，つまり K の**拡大体**とする．このとき $f(x)$ は L の元を係数とする多項式と考えることができる．従って L の任意の元 c を x に**代入**することができ，L の元 $f(c)$ が得られる．これにより多項式 $f(x)$ は L から L への写像を定める．特に L が実数体 $\boldsymbol{R}$ のとき，これは実数上の連続関数となり，多項式 $f(x)$ で表わされる関数と呼ばれる．このとき 1 次式による除法を考えれば，次の**剰余**および**因数定理**が成り立つことは容易にわかる．

> **定理 2.5.7** $f(x)$ は体 K 上の多項式，c は K の元とする．このとき $f(x)$ を 1 次式 $x - c$ で割った余りは $f(c)$ である．特に，$f(x)$ が 1 次式 $x - c$ で割り切れるための必要十分条件は $f(c) = 0$ が成り立つことである．

$f(x)$ を体 K 上の多項式とする．このとき方程式 $f(x) = 0$ を K 上の代数方程式といい，特に $f(x)$ が既約多項式のときは**既約方程式**という．L が K の拡大体のとき，このような多項式は L 上の多項式と考えることもできる．このとき $f(x)$ は L 上では既約とは限らない．従って，既約多項式というときは，K 上既約である，あるいは L 上既約である等，どの体の上で考えているかを明示しなければならない．さて，定数ではない多項式 $f(x)$ に対し，$f(c) = 0$ となる L の元 c を，方程式 $f(x) = 0$ の体 L における**解**という．上の定理より，このとき

$$f(x) = (x - c)g(x) \in L[x]$$

の形に因数分解できる．紛らわしい用語であるが，多項式 $f(x)$ が $L[x]$ において上のように因数分解されるとき，$c \in L$ を多項式 $f(x)$ の L における**根**であるという．因数定理から根と解は実質的には同じものであるが，根は多項式に対し用いる用語で，解は方程式に対し用いることが多い．また解や根という

言葉は考えている体を明記しなければならないが，単に解あるいは根といえば，適当な拡大体におけるものとする．

定理 2.5.8 $f(x)$ は n 次多項式とする．このときどのような体においても方程式 $f(x) = 0$ の相異なる解は高々 n 個である．

証明 $c_1, \ldots, c_k$ を方程式 $f(x) = 0$ の相異なる解とする．このとき因数定理より $f(x) = (x - c_1)f_1(x)$ である．このとき $f_1(c_2) = 0$ より $f_1(x)$ は $x - c_2$ を因数に持つ．これを繰り返せば $f(x)$ は $(x - c_1) \cdots (x - c_k)$ を因数に持つ．従って次数の仮定より $k \leq n$ である． □

$f(x)$ で表わされる関数が恒等的に 0 であれば，体 K の元はすべて $f(x) = 0$ の解である．上の定理より，$f(x) = 0$ は 0 多項式でなければ，多項式の次数より多くの解を持たない．従って K が実数体，あるいは一般に標数 0 の体のように**無限個**の元を含むなら，$f(x)$ は多項式として 0 でなければならない．

K が有理数体 $\mathbf{Q}$ のとき，$\mathbf{Q}$ 係数の多項式 $f(x)$ に対し，方程式 $f(x) = 0$ の解となる複素数を**代数的数**という．さらに，多項式 $f(x)$ が整数係数で最高次の係数が 1 のとき，$f(x) = 0$ の解を**代数的整数**という．いま，$f(x)$ は整数係数で最高次の係数が 1 の多項式とし，方程式 $f(x) = 0$ が有理数解 q を持つとする．このとき q は整数である．実際，仮定から $\mathbf{Q}$ 上の因数分解 $f(x) = (x - q)g(x)$ があるが，定理 2.5.4 より，このような因数分解は整数上で可能である．しかし，最高次の係数が 1 だから q は整数でなければならない．

さて，$f(x)$ は体 K 上の 2 次以上の既約多項式とする．このとき定理 2.5.7 より，方程式 $f(x) = 0$ は K の中に解を持たない．しかしながら，体 K を含む新しい体を作り，その中に方程式の解を見つけることが常に可能なのである．これを示すには次の定理が中心的役割を果たすのである．

定理 2.5.9 $f(x)$ は体 K 上定義された既約多項式とする．このとき剰余環 $K[x]/(f(x))$ は体である．

証明 証明には体の公理の $A8$ が成り立つことを示せばよい．$f(x)$ の次数を n とする．75 頁の議論で示されているように，剰余類の集合 $K[x]/(f(x))$ の 0 でない元 a は n より小さな次数の 0 でない多項式 $g(x)$ で代表される．$f(x)$ は既約だから $g(x)$ とは互いに素である．従って最大公約元は 1 であると考えてよいから，定理 2.4.4 より，
$$f(x)u(x) + g(x)v(x) = 1$$
をみたす多項式 $u(x)$, $v(x)$ が存在する．$v(x)$ が定める剰余類を b と表わすと，上の式は $ab = 1$ を意味する．従って $K[x]/(f(x))$ は体である． □

■分解体

さて体 $K[x]/(f(x))$ を L と表わそう．L の元は x の多項式の，イデアル $(f(x))$ を法とする剰余類である．特に x 自身の属する類を（不定元 x のイメージを忘れるため）α と表わそう．このとき勝手な多項式 $h(x)$ の属する類は，x に α を代入した $h(\alpha)$ に他ならない．特に $f(\alpha)$ は $f(x)$ の属する類だから，定義より体 L の中で
$$f(\alpha) = 0$$
が成り立つ．つまり方程式 $f(x) = 0$ は L 内に解を持つのである．明らかに体 L は体 K を含んでいる．つまり L は K の拡大体であり，後で見るように重要な拡大体はほとんどこのようにして得られるのである．

定理 2.5.10 $f(x)$ は体 K 上の n 次多項式（既約とは限らない）とする．このとき，K の拡大体 Ω とその元 $\alpha_1, \ldots, \alpha_n$ があって，Ω の上の多項式として $f(x)$ は 1 次式の積
$$f(x) = (x - \alpha_1)(x - \alpha_2) \cdots (x - \alpha_n)$$
に分解される．

証明 多項式 $f(x)$ の次数 n に関する数学的帰納法で証明する．$n = 1$ のときは明らかである．$f(x)$ を既約な多項式たちの積 $p_1(x) \cdots p_k(x)$ と表わすことができる．上に述べたことから，$p_1(x) = 0$ の 1 つの解（α_1 と表

わそう）を含む体（K_1 と表わそう）がある．因数定理より $K_1[x]$ において $f(x) = (x-\alpha)g(x)$ と表わせ，$g(x)$ は $n-1$ 次式である．従って帰納法の仮定より $g(x) = 0$ のすべての解を含む K_1 の拡大体が存在する．これが求めるものである． □

　上の定理における拡大体 Ω は，多項式 $f(x)$ のすべての根，あるいは方程式 $f(x) = 0$ のすべての解を含む体であるといってもよい．このような体 Ω を1つとったとき，その中で多項式 $f(x)$ のすべての根を含む**最小**の体を，多項式 $f(x)$，あるいは方程式 $f(x) = 0$ の**分解体**であるという．体 Ω は一意的に決まるわけではないことに注意しよう．例えば K が有理数体のとき，Ω は定理 2.5.9 を繰り返し用いても得られるが，代数学の基本定理から複素数体 $\boldsymbol{C}$ もそうである．これらは体としては異なっており，従ってその部分体である分解体も異なっている．一般に方程式 $f(x) = 0$ の分解体は1つとは限らないが，それらはいずれもガロア拡大で，互いに同型であることが 3.2 節で示される．（107 頁）

　代数学の基本定理（32 頁）により，複素数係数の方程式 $f(x) = 0$ は常に複素数解を持つ．従って定理 2.5.10 で $K = \boldsymbol{C}$ のときは次の結果が成り立つ．

系 2.5.11　$f(x)$ は複素数係数の n 次多項式とする．このとき n 個の複素数 $\alpha_1, \ldots, \alpha_n$ が存在し，$f(x)$ は
$$f(x) = (x - \alpha_1) \cdots (x - \alpha_n)$$
の形に因数分解される．

■**重根の判定方法**

　次に多項式の重根について考えよう．$f(x)$ は体 K 上の n 次多項式とする．このとき，定理 2.5.10 により $f(x)$ は適当な拡大体のなかで1次式の積
$$f(x) = (x - \alpha_1)(x - \alpha_2) \cdots (x - \alpha_n)$$
に分解される．ここで α_i たちに同じものがあれば，それらを同じ記号で表わし，異なる根たちを $\lambda_1, \ldots, \lambda_k$ としよう．このとき上の分解式は

$$f(x) = (x-\lambda_1)^{d_1}(x-\lambda_2)^{d_2}\cdots(x-\alpha_k)^{d_k}$$

と表わせる．ここで，d_i は根 λ_i の重複度という．$d_i = 1$ のとき単純根，$d_1 > 1$ のときは重根であるという．

多項式が重根を持つかどうかを調べるには，多項式の微分が重要な役割を果たす．任意の体 K 上の多項式

$$f(x) = a_0 x^n + a_1 x^{n-1} + \cdots + a_{n-1}x + a_n$$

の微分とは

$$f'(x) = na_0 x^{n-1} + (n-1)a_1 x^{n-2} + \cdots + a_{n-1}$$

であると定義しよう．もちろん体 K が実数体のとき，これは通常の関数としての微分と一致する．一般の体においても，次のライプニッツ[*5] の公式

$$(f(x)g(x))' = f'(x)g(x) + f(x)g'(x)$$

が成り立つことは容易に確かめられる．$f'(x) = 0$ となるのはどのようなときかを見ておこう．K の標数が 0 のときは $f(x)$ が定数のときである．一方 K の標数が素数 p のときは，容易にわかるように

$$f(x) = b_0 x^{pn} + b_1 x^{p(n-1)} + \cdots + b_{n-1}x^p + b_n$$

の形の多項式，言い換えると $g(x^p)$ の形であることが必要十分である．

補題 2.5.12 体 K 上の定数ではない多項式 $f(x)$ が適当な拡大体のなかで重根を持つための必要十分条件は，$f(x)$ とその微分 $f'(x)$ が拡大体において共通根を持つことである．ただし，$f'(x) = 0$ の場合は共通根を持つものと約束する．

証明 微分するという演算は係数体を拡大しても同じであることに注意する．まず $f(x)$ が適当な拡大体で重根 α を持つとすると $f(x) = (x-\alpha)^2 g(x)$ と因数分解される．従って

$$f'(x) = (x-\alpha)(2g(x) + (x-\alpha)g'(x))$$

[*5] Gottfried Wilhelm Leibniz(1646–1716) ドイツの数学者，哲学者．微積分法の創始者であるが，その優先権をめぐるニュートンとの争いは有名である．

である．従って $f'(x) = 0$ の場合も含めて $f(x)$ と $f'(x)$ は共通根を持つ．

逆は，まず $f'(x)$ が 0 でなく，$f(x)$ と共通根 α を持てば，$f(x) = (x-\alpha)h(x)$ とおいて微分すればわかるように，$f(x)$ は $(x-\alpha)^2$ を因数に持つ．$f'(x) = 0$ が起こるのは，係数体の標数がある素数 p で，$f(x)$ が x^p の多項式 $g(x^p)$ の形のときである．このとき次の項で述べる補題 2.5.15 より $f(x) = g(x^p) = g(x)^p$ だから，$f(x)$ の根はすべて p 重根である．　□

補題 2.5.13 $f(x), g(x)$ は体 K 上の多項式とする．$f(x)$ は K 上既約で，$f(x), g(x)$ が適当な拡大体の中で共通根を持つとする．このとき $g(x)$ は $f(x)$ で割り切れる．

証明 補題における拡大体を L とする．このとき仮定より，環 $L[x]$ において $f(x)$ と $g(x)$ の最大公約元は 1 次以上の多項式である．従って定理 2.5.1 より，環 $K[x]$ においても最大公約元は 1 次以上である．仮定より $f(x)$ は K 上既約だから，$f(x)$ 自体が $g(x)$ の因数である．　□

定理 2.5.14 $f(x)$ は体 K 上の既約多項式とする．体 K の標数が 0 であれば，多項式 $f(x)$ は（分解体において）重根を持たない．

証明 体 K の標数が 0 だから，多項式 $f(x)$ が拡大体 L の中で重根 α を持てば，上の補題 2.5.12 より $f'(x)$ も α を根に持つ．従って環 $L[x]$ において $f(x)$ と $f'(x)$ は定数でない公約元を持つ．従って定理 2.5.1 より環 $K[x]$ においてもそうであるが，そのとき補題 2.5.13 より $f'(x)$ が $f(x)$ で割り切れ矛盾である．　□

なお，多項式が重根を持つかどうかを判定するもう 1 つの方法は判別式である．これについては 3.3 節 121 頁で述べる．

■**標数 p の体上の多項式**

ここで標数が素数 p の体に触れておこう．このような体上の多項式は，標数が 0 の体（実数体や複素数体）上の多項式とかなり異なる性質を持ってい

る．ここの結果は円分多項式の既約性（定理 3.4.3）の証明に用いられる．

まず標数 p の体の例としては，定理 2.3.17 で示したように，整数の p を法とする剰余類の集合 $\mathbf{Z}/p\mathbf{Z}$ である．これが体であることは，定理 2.5.9 において，多項式環と既約多項式の代わりに整数環と素元（素数）をとれば同様に示すこともできる．$\mathbf{Z}/p\mathbf{Z}$ は体であることを強調したいときは $\boldsymbol{F}_p$ とも表わされる．K は標数 p の体とする．K 上の多項式の特徴は，$f(x), g(x)$ を 2 つの多項式とするとき

$$(f(x)+g(x))^p = \sum \binom{p}{i} f(x)^i g(x)^{p-i} = f(x)^p + g(x)^p$$

が成り立つことである．これは $0 < i < p$ のとき，2 項係数

$$\binom{p}{i} = \frac{p!}{i!(p-i)!}$$

が K のなかでは 0 となるからである．このことから次の補題が得られる．

補題 2.5.15 $K[x]$ の多項式 $f(x)$ に対し $f(x^p) = f(x)^p$ が成り立つ．

証明 多項式
$$f(x) = a_0 x^n + a_1 x^{n-1} + \cdots + a_n$$
に対し
$$f(x)^p = a_0^p x^{pn} + \cdots + a_n^p = a_0 (x^p)^n + \cdots + a_n$$
である． □

例 2.5.2 標数 0 の体 K 上の多項式 $f(x)$ のときは，多項式として 0 であることと，関数として恒等的に 0 であることが同値であった．しかし $\boldsymbol{F}_p$ 上の 0 でない多項式 $f(x) = x^p - x$ はフェルマーの小定理より恒等的に 0 である．

第3章 ガロア理論

本章では，体の拡大に関するガロア理論や，特別な拡大である円分拡大，さらに対称式や対称群を解説し，最終的に第5節で5次以上の代数方程式の非可解性に関するアーベルの定理を証明する．円分拡大は後ほど正多角形の作図問題にも必要となる．また，代数学の基本定理のラプラスによる証明も第3節で与えられる．

3.1 拡大体

■拡大体

L は体とする．L の部分集合 K が L の四則演算で閉じているとき，K はそれ自身体である．このようなとき，K は L の部分体，また，L は K の拡大体であるといった．例えば，複素数体のなかで，実数体は部分体であり，さらに有理数体は実数体の部分体である．

> **定理3.1.1** L は K の拡大体であるとする．このとき L は K をスカラーの体とするベクトル空間である．

証明 体 L における加法をベクトルとしての和とする．また K の元は L の元と考え，L の元に乗ずることができる．これをスカラー倍とするとき，このような演算がベクトル空間の公理をみたすことは容易に確かめられる． □

このベクトル空間の次元が有限のとき，拡大体 L は**有限次拡大**であるという．このときこのベクトル空間の次元を $[L:K]$ と表わし，拡大体 L の**拡大次数**という．

3つの体 K, L, M がそれぞれ L は K の，M は L の拡大体になっているとき，L は K と M の**中間体**であるという．

> **定理 3.1.2** L は K と M の中間体とする．M が K の有限次拡大体であるための必要十分条件は，L が K の，また M が L のともに有限次拡大であることである．またこのとき，拡大次数について
> $$[M:K] = [M:L][L:K]$$
> が成り立つ．

証明 L は K の，M は L の有限次拡大体とし，$[M:L] = l$, $[L:K] = k$ とする．また $u_1, \ldots, u_l$ を L 上のベクトル空間 M の基底，$v_1, \ldots, v_k$ を K 上のベクトル空間 L の基底とする．このとき kl 個の M の元
$$u_i v_j, \quad 1 \le i \le l, 1 \le j \le k$$
が K 上のベクトル空間 M の基底となることを示せば，M が K の有限次拡大であることと拡大次数の等式が示される．まずこれらのベクトルは 1 次独立である．実際 1 次関係式
$$\sum_{ij} a_{ij} u_i v_j = 0, \quad a_{ij} \in K$$
があるとする．このとき
$$\sum_i (\sum_j a_{ij} v_j) u_i = 0$$
であるが，これはベクトル u_i たちの体 L 上の 1 次関係式である．u_i たちは 1 次独立だから，すべての i に対し $\sum_j a_{ij} v_j = 0$ が成り立つが，こんどは v_j たちの 1 次独立性より $a_{ij} = 0$ が示される．$u_i v_j$ たちが体 K 上ベクトル空間 M を生成することも同様に示される．

逆に，M が K の有限次拡大体であると仮定する．このとき，L は K 上のベクトル空間としては M の部分ベクトル空間であるから，定理 2.2.6 から K 上有限次元である．一方，$u_1, \ldots, u_n$ を K 上のベクトル空間 M の基底とする．M を体 L 上のベクトル空間と考えたときも，$u_1, \ldots, u_n$ たちが M を生成することは明らかである．従って M は L 上有限生成だから，定理 2.2.5 より有限次元である． □

L_1, L_2 はともにある拡大体 Ω に含まれているとする．このとき，L_1 と L_2 の共通部分 $L_1 \cap L_2$ は体である．

定理 3.1.3 L_1, L_2 は K の有限次拡大体で，ともにある拡大体 Ω に含まれているとする．拡大次数 $[L_1 : K]$ と $[L_2 : K]$ が互いに素であれば，$L_1 \cap L_2 = K$ である．

証明 $L_1 \cap L_2$ は K と L_i, $i = 1, 2$ の中間体である．従って定理 3.1.2 より拡大次数 $[L_1 \cap L_2 : K]$ は $[L_1 : K]$ と $[L_2 : K]$ の公約数である．従って仮定から $[L_1 \cap L_2 : K] = 1$ であるが，これは $L_1 \cap L_2 = K$ を意味する．   □

■**単純拡大**

さて体 K の拡大を考えるとき，あらかじめ十分大きな拡大体 Ω を固定しておいて，そのなかで K のさまざまな拡大体を考えることが重要である．α を Ω の元とするとき，K の元と α からあらゆる有理演算（加減乗除）を行なって得られる元（α の分数式で表わされる元）たちの集合を考えよう．これが体であることは容易に確かめられる．これを，体 K に α を**付加**して得られる体といい，$K(\alpha)$ と表わす．また，ただ 1 つの元を付加して得られるという意味で**単純拡大**であるという．例として $K = \boldsymbol{Q}, \Omega = \boldsymbol{R}, \alpha = \sqrt{2}$ としよう．容易にわかるように α の分数式はすべて $a + b\sqrt{2}, a, b \in \boldsymbol{Q}$ の形に書ける（40頁）から

$$\boldsymbol{Q}(\sqrt{2}) = \{a + b\sqrt{2}, a, b \in \boldsymbol{Q}\}$$

である．また，Ω のいくつかの元 $\alpha_1, \ldots, \alpha_r$ を付加した体

$$K(\alpha_1, \ldots, \alpha_r)$$

も同様に考えることができる．これは単純拡大を順次行なった体

$$K(\alpha_1) \ldots (\alpha_r)$$

と同じである．また，$K(\alpha_1, \ldots, \alpha_r)$ は Ω の中で，K と $\alpha_1, \ldots, \alpha_r$ を含む最小の体であることは明らかである．L が K 上有限次拡大であれば，L は明らかにこのような拡大であると考えてよい．実際 $\alpha_1, \ldots, \alpha_r$ としてはベクトル空間としての基底をとればよい．

体 K 上の方程式 $f(x) = 0$ が与えられたとき，定理 2.5.10 より $f(x) = 0$ のすべての解を含む体 Ω が存在する．Ω の中で $f(x) = 0$ のすべての解を含む最小の体を方程式 $f(x) = 0$ の分解体（90 頁）といった．Ω における方程式の解を $\alpha_1, \ldots, \alpha_r$ とするとき，分解体とは拡大体 $K(\alpha_1, \ldots, \alpha_r)$ に他ならない．

さて K の拡大体 Ω の元 α に対し，ある自然数 n があって
$$1, \alpha, \alpha^2, \ldots, \alpha^n$$
が体 K 上のベクトル空間の元として 1 次従属のとき，元 α は K 上，**代数的**であるという．このとき定義より自明でない 1 次関係式
$$a_n \alpha^n + \cdots + a_1 \alpha + a_0 = 0, \quad a_i \in K$$
が存在する．従って K 上の定数ではない多項式
$$f(x) = a_n x^n + \cdots + a_1 x + a_0$$
を考えるとき $f(\alpha) = 0$，つまり α は K 上の代数方程式 $f(x) = 0$ の解である．またこのような自然数 n が存在しないとき α は K 上**超越的**であるという．特に K が有理数体 $\boldsymbol{Q}$，Ω が複素数体のとき，$\boldsymbol{Q}$ 上代数的な元は単に**代数的数**といい，超越的な元は**超越数**という．円周率 π や自然対数の底 e は超越数であることが知られている．

α が与えられたとき，多項式環 $K[x]$ から Ω への写像
$$\varphi : K[x] \to \Omega$$
を $\varphi(f(x)) = f(\alpha)$ と定義する．つまり多項式に α を代入する写像である．これが環の準同型であることは明らかである．従って定理 2.4.2 より φ の核 $\mathrm{Ker}(\varphi)$ は多項式環 $K[x]$ のイデアルである．また明らかに「α が代数的である」ことと「φ が単射でないこと」は同値である．またこれは「$\mathrm{Ker}(\varphi)$ は 0 ではないこと」と同値，つまり
$$\mathrm{Ker}(\varphi) = \{f(x)\,;\, f(\alpha) = 0\} = \{\alpha \text{を根とする多項式たち}\}$$
である．定理 2.4.3 より $\mathrm{Ker}(\varphi)$ は単項イデアルであり，その生成元 $d(x)$ としては最小次数の多項式であって，最高次の係数が 1 のものがとれる．容易にわかるように，これは α を含む体 Ω のとり方によらず，α からただ 1 通

りに定まる．この多項式 $d(x)$ を α の**最小多項式**と呼ぶ．最小多項式は K 上既約な多項式である．実際 $d(x)$ が既約でないと仮定する，つまり定数でない多項式 $h_1(x), h_2(x)$ があって $d(x) = h_1(x)h_2(x)$ であるとする．このとき $h_1(\alpha)h_2(\alpha) = d(\alpha) = 0$ だから $h_1(\alpha) = 0$ あるいは $h_2(\alpha) = 0$ であるが，これは $d(x)$ の次数の最小性に反する．また α を根とする K 上既約多項式は本質的にただ1つであり，定数倍を除いて α の最小多項式に一致する．

さて体の間の写像 $\varphi: K_1 \to K_2$ は，環の準同型であって，写像としては同型つまり全単射のとき，**体の同型**であるという．このとき体 K に代数的元 α を付加して得られる単純拡大体 $K(\alpha)$ の構造は次の定理で与えられる．

定理 3.1.4 $\alpha \in \Omega$ は K 上代数的であるとする．このとき
(1) 体の同型 $K[x]/(d(x)) \to K(\alpha)$ が存在する．
(2) 拡大次数 $[K(\alpha) : K]$ は最小多項式 $d(x)$ の次数に等しい．

証明 (1) 写像 $\varphi: K[x] \to \Omega$ の像 $\{f(\alpha) \in \Omega ; f(x) \in K[x]\}$ は α の多項式で表わされる元の集合である．定理 2.4.2 より環の同型
$$K[x]/(d(x)) \to \{f(\alpha) \in \Omega ; f(x) \in K[x]\}$$
が存在するが，$d(x)$ が既約だから定理 2.5.9 より環 $K[x]/(d(x))$ は体になっている．従って $\{f(\alpha) \in \Omega ; f(x) \in K[x]\}$ も体になるが，これは体 K および α を含んでいるから $K(\alpha)$ に一致する．

(2) 最小多項式の次数を n とする．このとき最小多項式の定義から，$1, \alpha, \ldots, \alpha^{n-1}$ が K 上のベクトル空間としての基底であることは明らかである． □

この定理から，定義では α の分数式たちの集合である体 $K(\alpha)$ が α の多項式ですべて表わされることがわかる．またある意味で上の定理の逆が成り立つ．つまり $f(x)$ は K 上既約な多項式，α は適当な拡大体における $f(x) = 0$ の解とすると，体 $K[x]/(f(x))$ は単純拡大体 $K(\alpha)$ と同型である．

さて体 K の拡大体 Ω の元 α と α' は，K 上の同じ既約方程式 $f(x) = 0$ の解のとき，K 上で**共役**であるという．この関係は拡大体のとり方によらず成

り立つ．

> **定理 3.1.5** K 上代数的な元 α, α' が K 上で共役であるための必要十分条件は，K の元は動かさず，α を α' に写す体の同型
> $$\varphi : K(\alpha) \to K(\alpha')$$
> が存在することである．

証明 まず，α, α' が K 上共役とする．このとき α, α' は同じ最小多項式を持つ．従って定理 3.1.4 より，求める体の同型が存在することは明らかである．逆に，上のような同型があるとする．α の最小多項式を $f(x)$ とすると φ は体 K の元を動かさないから
$$0 = \varphi(f(\alpha)) = f(\varphi(\alpha)) = f(\alpha')$$
である．従って α' も $f(x)$ の根だから共役である． □

注 3.1.1 α と α' が共役であれば，大きな体 Ω のなかで $K(\alpha)$ と $K(\alpha')$ は同型であるが，一致するかどうかはわからない．例えば $\boldsymbol{Q}$ 上既約な方程式 $x^2 - 2 = 0$ と $x^3 - 2 = 0$ を考えよう．前者の場合は共役な 2 解 $\sqrt{2}, -\sqrt{2}$ に対し，明らかに $\boldsymbol{Q}(\sqrt{2}) = \boldsymbol{Q}(-\sqrt{2})$ である．一方，後者では共役な 2 解 $\sqrt[3]{2}, \omega\sqrt[3]{2}$ に対し $\boldsymbol{Q}(\sqrt[3]{2}) \neq \boldsymbol{Q}(\omega\sqrt[3]{2})$ である．ただし，ω は 1 の虚 3 乗根である．そこで $K = \boldsymbol{Q}(\omega)$ としよう．多項式 $x^3 - 2$ は K 上でも既約である．従って 3 根 $\sqrt[3]{2}, \omega\sqrt[3]{2}, \omega^2\sqrt[3]{2}$ は K 上共役であり，しかも 3 つの体 $K(\omega^i\sqrt[3]{2})$ はすべて同じ体である．次節のガロア理論はこのような拡大体を考えるのである．

■ **代数的拡大**

体 K の拡大体 L は，L のすべての元が K 上代数的であるとき**代数的拡大体**であるという．

> **定理 3.1.6**
> (1) L が K の有限次拡大であれば代数的拡大である．
> (2) L が K の有限次拡大であるための必要十分条件は，L が K に有限

個の代数的元を付加して得られることである．

証明　(1) 拡大次数を d とすると $\dim_K L = d$ である．従って L の任意の元 α に対し，$d+1$ 個の元 $1, \alpha, \ldots, \alpha^d$ は K 上 1 次従属である．

(2) L は K の有限次拡大とする．L の元 $\alpha_1, \ldots, \alpha_d$ を K 上のベクトル空間の基底とすると，(1) よりそれらは代数的で，明らかに $L = K(\alpha_1, \ldots, \alpha_d)$ である．逆に有限個の代数的元 β_i によって $L = K(\beta_1, \ldots, \beta_s)$ と表わされるとする．これは単純拡大の繰り返し
$$K(\beta_1, \ldots, \beta_s) = K(\beta_1)\cdots(\beta_s)$$
と考えてよいが，代数的元による単純拡大は明らかに有限次拡大だからその繰り返しとして L は有限次拡大である． □

さて 32 頁で代数学の基本定理を証明したが，これを拡大体の言葉でいうと次の定理となる．

定理 3.1.7　複素数体 $\boldsymbol{C}$ の代数的拡大体は自分自身に限る．

証明　K を $\boldsymbol{C}$ の代数的拡大とする．K の 0 でない任意の元 α の最小多項式を $f(x)$ とする．これは複素数係数の多項式だから，系 2.5.11 より 1 次式の積である．また 99 頁の議論より既約だから，$f(x)$ は 1 次式である．これは α 自身が複素数であることを意味する． □

系 3.1.8　実数体 $\boldsymbol{R}$ の自分自身と異なる代数的拡大は複素数体に限る．

証明　K を $\boldsymbol{R}$ の代数的拡大とする．K の実数ではない任意の元 β の最小多項式を $g(x)$ とする．これは実数係数の多項式だから，複素数の根は複素共役の対で現われる．従って $g(x)$ はいくつかの実数係数の 1 次式と 2 次式の積である．また既約性から $g(x)$ は 1 次式か 2 次式であるが，仮定より実数上既約な 2 次式である．このとき実数 $a, d > 0$ によって $g(x) = (x-a)^2 + d$ と表わせる．$j = (\beta - a)/\sqrt{d} \in K$ とおくと $g(\beta) = 0$ より
$$j^2 = (\beta - a)^2/d = -1$$

である.従って K の部分体 $\boldsymbol{R}(j)$ は複素数体と同型である.明らかに K は $\boldsymbol{R}(j)$ 上代数的だから,上の定理より K は複素数体と同型である. □

注 3.1.2 ハミルトンの4元数(23頁)の集合 H は斜体であり,$\boldsymbol{R}$ 上の4次元ベクトル空間である.従って $\boldsymbol{R}$ の非可換な拡大体である.実はこのような $\boldsymbol{R}$ の非可換な有限次拡大体は H に限ることが知られている.

■ 有限次拡大は単純拡大である

次は体の拡大を調べる上で大変便利な定理である.

> **定理 3.1.9** 体 K の標数は 0 と仮定する.このとき K のすべての有限次拡大は単純拡大である.

証明 L を K の有限次拡大とする.定理 3.1.6 の証明で見たように,代数的元 $a_1, \ldots, a_k$ があって
$$L = K(a_1, \ldots, a_k)$$
の形であると思ってよい.定理を示すには,2つの元を付加した体 $K(a, b)$ が単純拡大であることをいえば十分である.実際,そのとき帰納的に $a_1, \ldots, a_{k-1}$ が単純拡大 $K(\alpha)$ であることが示されれば
$$K(a_1, \ldots, a_k) = K(\alpha, a_k)$$
も単純拡大である.

さて拡大体 $K(a, b)$ を考えよう.a と b の K 上の最小多項式をそれぞれ $f(x), g(x)$ とする.既約方程式 $f(x) = 0$ および $g(x) = 0$ のすべての解を含む体 Ω (例えば方程式 $f(x)g(x) = 0$ の分解体)を考え,そのなかでそれぞれの方程式の解を
$$a = \alpha_1, \alpha_2, \ldots, \alpha_n \quad \text{および} \quad b = \beta_1, \beta_2, \ldots, \beta_m$$
としておく.$n(m-1)$ 個の自然数の対 (i, j),$1 \leq i \leq n$,$2 \leq j \leq m$ に対し Ω の元
$$-(\alpha_i - \alpha_1)/(\beta_j - \beta_1)$$

を考える．仮定より体 K の標数は 0 だから K は無限個の元を含む（有理数体を含んでいる）．従って上の $n(m-1)$ 個のすべての元と異なる K の元 c がとれる．このとき上のようなすべての対 (i,j) に対し

$$\alpha_i + c\beta_j \neq \alpha_1 + c\beta_1 = a + bc$$

が成り立つ．さて $\lambda = a + bc$ とおいて単純拡大体 $K(\lambda)$ を考えよう．これは明らかに $K(a,b)$ の部分体である．定理を示すには b が $K(\lambda)$ に属することをいえばよい．実際そのときは $a = \lambda - bc$ も $K(\lambda)$ に属するからである．さて

$$h(x) = f(\lambda - cx)$$

とおき，方程式 $g(x) = 0, h(x) = 0$ を考えよう．明らかに $b \in \Omega$ はこの 2 つの方程式の共通解である．$g(x)$ は標数 0 の体 K 上の既約多項式だから，定理 2.5.14 より $g(x) = 0$ は重解を持たない，つまり β_j たちはすべて異なる．$j \neq 1$ のとき

$$\lambda - c\beta_j = \alpha_1 + \beta_1 c - c\beta_j \neq \alpha_j$$

だから $\lambda - c\beta_j$ はどの α_i とも一致しない．つまり β_j たちは $h(x) = 0$ の解ではない．従って $g(x)h(x)$ の分解体 Ω のなかで b だけが上の 2 つの方程式の共通解である．さて多項式 $g(x)$ と $h(x)$ はいずれも $K(\lambda)$ 係数の多項式と思ってよい．多項式環 $K(\lambda)[x]$ とそれを含む環 $\Omega[x]$ を考えたとき，$\Omega[x]$ においては $g(x)$ と $h(x)$ の最大公約数は 1 次式 $x - b$ である．従って定理 2.5.1 より $g(x)$ と $h(x)$ の最大公約数は $K(\lambda)[x]$ においても $x - b$ でなければならない．従って $x - b$ は $K(\lambda)[x]$ に属し，b は $K(\lambda)$ の元である．従って $a = \lambda - bc$ もそうだから，$K(\lambda) = K(a,b)$ である． □

■標数が素数の場合

本節では拡大体を考えるのに，ここまでは体の標数が 0 である場合を主として考えた．しかし，ここで標数が素数の体に拡大に関するいくつかの結果を述べておこう．

p は素数とする．体 K の任意の元 a に対し $pa = 0$ が成り立つとき，K の標数は p であるといった．これは，単位元 1 に対し $p1 = 0$ が成り立つことと同じである．整数環 $\mathbf{Z}$ の p を法とする剰余環 $\mathbf{Z}/p\mathbf{Z}$ は標数 p の体である．

この体を $\boldsymbol{F}_p$ と表わした（定理 2.3.17 参照）．K が標数 p の体のとき，単位元 1 の整数倍全体は $\boldsymbol{F}_p$ と同型な体だから，$\boldsymbol{F}_p$ は標数 p の体の中で最も「小さい」体である．その意味で $\boldsymbol{F}_p$ を標数 p の**素体**であるという．

さて，素体 $\boldsymbol{F}_p$ 上で，方程式 $x^{p^n} - x = 0$ の分解体を L としよう．これは方程式 $x^{p^n} - x = 0$ のすべての解を含む最小の拡大体である．しかし，L のなかで方程式 $x^{p^n} - x = 0$ の解たちの部分集合はそれ自身体になるのである．実際，標数 p の体では
$$(a+b)^p = a^p + b^p$$
が成り立つことに注意しよう（94 頁）．従って α, β が解であれば
$$(\alpha + \beta)^{p^n} = \alpha^{p^n} + \beta^{p^n} = \alpha + \beta$$
$$(\alpha\beta)^{p^n} = \alpha^{p^n}\beta^{p^n} = \alpha\beta$$
である．つまり，α と β の和，積はまた方程式の解だから，解の集合は L の中で部分体になる．しかるに分解体の「最小性」から，分解体は方程式 $x^{p^n} - x = 0$ の解たちの集合に一致する．

次に解の個数を考えよう．$f(x) = x^{p^n} - x$ とすると $f'(x) = -1$ だから $f(x)$ と $f'(x)$ は共通根を持たない．従って補題 2.5.12 より，この方程式は重根を持たないから元の個数は p^n である．L は $\boldsymbol{F}_p$ 上のベクトル空間だからその次元を m とすると，L は m 次元数ベクトル空間 $(\boldsymbol{F}_p)^m$ とベクトル空間として同型である．従って元の個数を比べて $m = n$ であり，L は $\boldsymbol{F}_p$ の n 次拡大である．この体は $\boldsymbol{F}_{p^n}$ と表わされる．

逆に K は $\boldsymbol{F}_p$ の任意の n 次拡大体としよう．このとき K は $\boldsymbol{F}_p$ 上の n 次元ベクトル空間だから p^n 個の元を持つ．K の元はすべて方程式 $x^{p^n} - x = 0$ の解であることに注意しよう．実際，K から 0 元を取り除いた集合 $K^\times$ は体の乗法により位数 $p^n - 1$ のアーベル群である．従って $K^\times$ の元はすべて K における方程式
$$x^{p^n - 1} - 1 = 0$$
の解だからである．上に述べたように方程式 $x^{p^n} - x = 0$ は重根を持たないから，K の元とこの方程式の解たちは一致する．従って前段で述べた分解体 L と一致する．

以上のことから次の定理が得られた．

> **定理 3.1.10** 元の個数が p^n の体が同型を除いただ 1 つ存在する．それは方程式 $x^{p^n} - x = 0$ の解たちの集合である．

元の個数が有限の体，つまり有限体は上の定理の体に限ることも容易にわかる．実際，有限体の標数は 0 ではないから，標数は適当な素数 p であり上の議論が適用できるからである．

3.2 ガロア理論

■体の同型と延長

この節では議論を簡単にするため，考える体の標数は 0 であると仮定する．従って，体の代数拡大はすべて単純拡大である（定理 3.1.9）こと，あるいは既約方程式が重根を持たない（定理 2.5.14）ことが成り立つ．体の同型については前節でも触れたが改めて述べる．

> **定義 3.2.1** K, K' は体とする．体の同型写像とは，K から K' への写像
> $$\varphi : K \to K'$$
> であって，環の写像として同型写像（73 頁）となっているものである．特に $K = K'$ であるような同型を**自己同型写像**と呼ぶ．また K から K' へ何らかの同型写像があるとき，K と K' は**同型**であるという．
>
> $K \subset L$ および $K' \subset L'$ はともに体とその拡大体とする．このような対の同型写像とは，体の同型写像
> $$\varphi : K \to K', \quad \tilde{\varphi} : L \to L'$$
> の対であって，$\tilde{\varphi}$ を K に制限したとき φ に一致するものである．このとき同型写像 $\tilde{\varphi}$ は φ の L への**延長**であるという．特に $K = K'$ であって，φ が恒等写像のとき，その延長 $\tilde{\varphi} : L \to L'$ は単に K 上の同型であるという．さらに $L = L'$ のときは K 上の自己同型であるという．

例 3.2.1 有理数体 $\boldsymbol{Q}$ の自己同型は恒等写像のみである．$K = K' = \boldsymbol{C}$ を複素数体とするとき，共役複素数をとる対応 $\varphi(a+bi) = a - bi$ は明らかに自己同型である．

定理 3.2.2 体 $L = K(\alpha)$, $L' = K'(\alpha')$ はそれぞれ体 K, K' の単純拡大，$d(x), d'(x)$ はそれぞれ α, α' の最小多項式とする．このとき，同型
$$\varphi : K \to K'$$
が $\tilde\varphi(\alpha) = \alpha'$ をみたすような同型
$$\tilde\varphi : K(\alpha) \to K'(\alpha')$$
に延長できるための必要十分条件は，$d^\varphi(x) = d'(x)$ となることである．ただし，$d^\varphi(x)$ は $d(x)$ の係数を同型対応 φ で写して得られる K' 係数の多項式である．

証明 まず $d^\varphi(x)$ は K' 上同じ次数の既約多項式であることに注意しよう．実際 $d^\varphi(x)$ が可約なら φ の逆写像を考えて $d(x)$ が可約になるからである．

最初にこのような延長 $\tilde\varphi$ があるとしよう．定義より $d(\alpha) = 0$ であるから
$$0 = \tilde\varphi(d(\alpha)) = d^\varphi(\tilde\varphi(\alpha)) = d^\varphi(\alpha')$$
だから最小多項式の性質から $d'(x)$ は $d^\varphi(x)$ の約数であるが，$d^\varphi(x)$ が既約だから $d'(x) = d^\varphi(x)$ である．

逆を示そう．定理 3.1.4 より x をそれぞれ α, α' に写す同型
$$K[x]/(d(x)) \to K(\alpha), \quad K'[x]/(d'(x)) \to K'(\alpha')$$
が存在する．$d'(x) = d^\varphi(x)$ を仮定すると，多項式の係数を φ で写す写像 $K[x] \to K'[x]$ が同型 $K[x]/(d(x)) \to K'[x]/(d'(x))$ を定めることが容易にわかる．従って $\tilde\varphi(\alpha) = \alpha'$ をみたすような同型
$$\tilde\varphi : K(\alpha) \to K'(\alpha')$$
が存在する． □

例 3.2.2 $K = K'$ とし $L = K(\alpha), L' = K(\alpha')$ はそれぞれ単純拡大とする．このとき定理 7.5 より，α を α' に写すような K 上の同型

$$\tilde{\varphi} : K(\alpha) \to K(\alpha')$$

が存在するための必要十分条件は，α と α' が K 上で共役となることである．

定理 3.2.3　　L は K の有限次拡大とする．このとき与えられた体の同型写像 $\varphi : K \to K'$ に対し，K' の十分大きな拡大体 Ω' をとると，φ の L への相異なる延長

$$\tilde{\varphi} : L \to L' \subset \Omega'$$

が，ちょうど拡大次数 $[L : K]$ 個存在する．

証明　定理 3.1.9 より，体 L は K にある既約方程式 $f(x) = 0$ の 1 つの解 α を付加した体 $K(\alpha)$ であると考えてよい．多項式 $f(x)$ の係数を同型対応 φ で写して得られる K' 係数の既約多項式 $f^{\varphi}(x)$ の分解体を Ω' としよう．

まず，1 つの延長 $\tilde{\varphi} : L \to L' \subset \Omega$ があるとする．$L = K(\alpha)$ だからこのような写像は α の像 $\alpha' = \tilde{\varphi}(\alpha)$ で一意的に定まる．また

$$0 = \tilde{\varphi}(f(\alpha)) = f^{\varphi}(\tilde{\varphi}(\alpha)) = f^{\varphi}(\alpha')$$

だから α' は既約方程式 $f^{\varphi}(x) = 0$ の解でなければならない．

逆に既約方程式 $f^{\varphi}(x) = 0$ の 1 つの解 α' を選び $L' = K'(\alpha')$ とおく．このとき定理 3.2.2 より $\tilde{\varphi}(\alpha) = \alpha'$ をみたす延長が存在する．従って相異なる延長は相異なる解の個数だけあるが，体の標数が 0 だから定理 2.5.14 より既約方程式は重解を持たない．従ってそれは既約方程式の次数，つまり定理 3.1.4 より拡大次数 $[L : K]$ に等しい． □

ここで多項式の分解体の一意性を示しておこう．90 頁で述べたように体 K 上の多項式 $f(x)$ の分解体は，それを含む大きな体 Ω のとり方に依存する．

定理 3.2.4　体 K 上の多項式 $f(x)$ の分解体はすべて K 上同型である．つまり

$$L = K(\alpha_1, \ldots, \alpha_n), \quad M = K(\alpha'_1, \ldots, \alpha'_n)$$

を十分大きな 2 つの体 Ω, Ω' の中で定義される分解体とするとき,α_i を適当な j に対する α'_j に写すような K 上の同型が存在する.

証明 定理 3.2.3 を $K' = K$,φ は恒等写像に対し適用する.このとき K の恒等写像の延長 $\tilde{\varphi} : L \to L'$ が存在する.$\tilde{\varphi}(\alpha_i) = \beta_i$ とおくと $L' = K(\beta_1, \ldots, \beta_n)$ である.また φ は恒等写像だから
$$0 = \tilde{\varphi}(f(\alpha_i)) = f(\tilde{\varphi}(\alpha_i)) = f(\beta_i)$$
である.従って β_i は方程式 $f(x) = 0$ の解だから,適当な j があって $\beta_i = \alpha'_j$ であり,$L' = M$ が成り立つ.□

■ガロア拡大

さてガロア拡大の定義をしよう.話を簡単にするため,考える体の標数はこれまで通り 0 とする.体 K の十分大きな拡大体 Ω を**固定**して,そのなかで K の有限次拡大を考える.K の 2 つの拡大体 L, L' は,K 上の同型写像があるとき K 上で**共役**であるという.例 3.2.2 で述べたように,単純拡大 $L = K(\alpha)$,$L' = K(\alpha')$ のときは,元 α, α' が共役であれば,L, L' は共役である.注 3.1.1 で見たように,K の拡大体で等しくはないが共役なものが存在する.そこで次の定義をしよう.

定義 3.2.5 L を体 K の有限次拡大体とする.L と K 上で共役な体は L 自身に限るとき,L を K の**ガロア拡大**であるという.

L が K のガロア拡大のとき,L の K 上の自己同型(L の自己同型であって K の元は動かさない)たちの集合は群である.実際,積は 2 つの自己同型の合成とすればよく,単位元は恒等写像,逆元は逆対応をとればよい.この群を**ガロア群**といい,$\mathrm{Gal}(L/K)$ と表わす.定理 3.2.3 より,このような同型は拡大次数個あるから,ガロア群は位数 $[L : K]$ の有限群である.

定理 3.2.6 $f(x)$ は体 K 上の多項式とする．このとき方程式 $f(x) = 0$ の分解体はガロア拡大である．またそのガロア群の元は，方程式の解たちの置換で与えられる．

証明 $L = K(\alpha_1, \ldots, \alpha_n)$ を十分大きな体 Ω で定義された $f(x) = 0$ の分解体とする．L' を L と共役な体，つまり Ω の部分体であって，K 上の同型 $\varphi : L \to L'$ が存在するとする．このとき明らかに L' は $f(x) = 0$ のすべての解を含むが，L と同じ体 Ω に含まれるから $L = L'$ であり，L はガロア拡大である．ガロア群については定理 3.2.4 で $\Omega = \Omega'$ のときを考えれば明らかである． □

補題 3.2.7 L は K のガロア拡大，K' は L と K の中間体 ($K \subset K' \subset L$) とする．このとき L は K' のガロア拡大である．

証明 K' 上で L と共役な体 L' を考える．つまり K' 上の同型 $\varphi : L \to L'$ が存在するが，これは明らかに K 上の同型である．仮定より L は K のガロア拡大だから $L = L'$ である． □

補題 3.2.8
 (1) K の有限次拡大体 $L = K(\alpha_1, \ldots, \alpha_k)$ は，α_i たちのすべての K 上の共役元が L に属するとする．このとき L は K のガロア拡大である．
 (2) L は K のガロア拡大とする．このとき L の任意の元の K 上の共役元も L に属する．
 (3) L は K のガロア拡大とする．このとき，L の 2 元 β, β' が K 上で共役であるための必要十分条件は，$\gamma(\beta) = \beta'$ となるガロア群の元 $\gamma \in \mathrm{Gal}(L/K)$ が存在することである．

証明 (1) L' を L と共役な拡大体とし，$\varphi : L \to L'$ を K 上の同型とする．L の元 α_i に対し，$f_i(x)$ を α_i の最小多項式 (99 頁) とする．このとき
$$0 = \varphi(f_i(\alpha_i)) = f_i^{\varphi}(\varphi(\alpha_i)) = f_i(\varphi(\alpha_i))$$

より $\varphi(\alpha_i)$ は α_i の共役元である．従って仮定より $\varphi(\alpha_i)$ は L に属するが，φ は同型だから $\varphi(\alpha_i)$ たちは L' を生成するから $L = L'$ であり L はガロア拡大である．

(2) L の元 β の共役元 β' を考える．このとき例 3.2.2 より K 上の同型 $\psi : K(\beta) \to K(\beta')$ が存在する．このとき定理 3.2.3 より，$K(\beta')$ の拡大体 L' と同型の延長 $L \to L'$ が得られるが，これは K 上の同型だから，仮定より $L = L'$ である．従って β' は L に属する．

(3) まず β, β' が K 上で共役であるとする．このとき例 3.2.2 より β を β' に写す K 上の同型 $\psi : K(\beta) \to K(\beta')$ が存在する．(1) の後半と同様に ψ は L の自己同型，つまりガロア群の元に延長できるから求める結果が得られる．

逆に $\gamma(\beta) = \beta'$ となるガロア群の元があるとする．γ は K 上の L の自己同型だから，(1) の前半の議論と同様に β と β' は共役である． □

系 3.2.9 体 L は K のガロア拡大とする．ガロア群 $\mathrm{Gal}(L/K)$ のすべての元 γ に対し $\gamma(\alpha) = \alpha$ をみたす元 α は体 K に属する．

証明 上の補題 (3) より，このような仮定のもとでは，α と共役な元は α に限るが，これは α がみたす既約方程式が 1 次方程式であることを意味する．従って α は体 K に属する． □

例 3.2.3 2 次拡大はすべてガロア拡大である．実際 $L = K(\alpha)$ を 2 次拡大とする．このとき α はある 2 次方程式 $x^2 + ax + b = 0$ の 1 つの解である．このとき α の共役元とは残りの解 β のことであるが，解と係数の関係 $\alpha + \beta = -a$ より，$\beta \in L$ だから L は方程式の分解体である．3 次拡大ではこのことは必ずしも成り立たない．注 3.1.1 の有理数体 $\boldsymbol{Q}$ 上の方程式 $x^3 - 2 = 0$ を考えよう．このとき $\boldsymbol{Q}(\sqrt[3]{2})$ はガロア拡大ではない．一方 ω を 1 の虚 3 乗根，$K = \boldsymbol{Q}(\omega)$ とすると，K の拡大体 $K(\sqrt[3]{2})$ は方程式 $x^3 - 2 = 0$ の分解体であり，ガロア拡大である．

例 3.2.4 体 K の単純拡大 $K(\alpha)$ がガロア拡大であるとする．補題 3.2.8 の (3) から，φ を $K(\alpha)$ の K 上の自己同型とすると，$\varphi(\alpha)$ は α の共役元で

あり，逆に任意の共役元 α' に対し，$\varphi(\alpha) = \alpha'$ となる K 上の自己同型 φ が存在する．$K(\alpha)$ は単純拡大だからこのような自己同型は α の像で一意的に定まる．従ってこの対応で，自己同型つまりガロア群の元と，α の共役元たちは一対一に対応する．

例 3.2.5 L は K のガロア拡大とする．L の元 a が与えられたとき，a のすべての共役元の平方根を L に付加した体は K のガロア拡大である．実際 a がみたす K 上の既約方程式を $f(x) = 0$ とすると，a のすべての共役元の平方根たちは，K 上の方程式 $f(x^2) = 0$ のすべての解である．従ってそれらをすべて付加した体はガロア拡大である．

同じことを奇素数 p で考えよう．L は K のガロア拡大で，さらに L は 1 の p 乗根をすべて含んでいるとする．L の元 a が与えられたとき，a のすべての共役元の p 乗根を L に付加した体は K のガロア拡大である．仮定より，この場合は 1 つの p 乗根を付加することと，**すべての** p 乗根を付加することは同値である．このとき a がみたす K 上の既約方程式を $f(x) = 0$ とすると，a のすべての共役元の p 乗根たちは，K 上の方程式 $f(x^p) = 0$ のすべての解である．

■ガロアの基本定理

L は K のガロア拡大，$\mathrm{Gal}(L/K)$ をそのガロア群とする．H を $\mathrm{Gal}(L/K)$ の部分群とするとき，次の集合

$$L^H = \{a \in L;\ H \text{ の任意の元 } h \text{ に対し } h(a) = a \text{ が成り立つ}\}$$

を考える．これが K と L の中間体であることは，体の自己同型の性質から容易に確かめられる．これを H **不変な部分体**という．

次の定理をガロアの基本定理という．

定理 3.2.10 L は K のガロア拡大，$\mathrm{Gal}(L/K)$ をそのガロア群とする．このとき群 $\mathrm{Gal}(L/K)$ の部分群たちと，L と K の中間体たちは，部分群 H に対し，L^H を対応させることにより，一対一に対応する．

証明 上の対応とは逆に，L と K の中間体 K' が与えられたとする．K'

の元をすべて動かさないようなガロア群の元 γ たちの集合 H' は明らかにガロア群の部分群である．これを中間体 K' の**固定化部分群**と呼ぼう．上のような γ は L の K' 上の自己同型に他ならない．補題 3.2.7 から L は K' のガロア拡大であるが，定義よりそのガロア群とは H' である．一方，系 3.2.9 より，$L^{H'} = K'$ が成り立つ．これは「中間体」→「固定化部分群」→「不変部分体」の対応が元に戻ることを示している．次にガロア群の「部分群」→「不変部分体」→「固定化部分群」はまったく同じものである．従って「不変部分体」を考えることと，「固定化部分群」を考えることは互いに逆対応になっている． □

さて，L は K のガロア拡大，K' は中間体とする．このとき L は K' のガロア拡大であるが，K' が K のガロア拡大であるかどうかは一般にはわからない．これについては次の定理が成り立つ．

定理 3.2.11 K' が K のガロア拡大であるための必要十分条件はガロア群 $\mathrm{Gal}(L/K')$ がガロア群 $\mathrm{Gal}(L/K)$ の正規部分群となることである．またこのときガロア群 $\mathrm{Gal}(K'/K)$ は剰余群 $\mathrm{Gal}(L/K)/\mathrm{Gal}(L/K')$ と同型である．

証明 K'' を K 上で K' と共役な体，$\varphi : K' \to K''$ を K 上の同型とする．L がガロア拡大だから，定理 3.2.3 よりこの同型を L 上に延長したものは L の自己同型，つまりガロア群の元 γ を定める．従って $\gamma(K') = K''$ は L の部分体である．K' の固定化部分群を H'，K'' の固定化部分群を H'' とする．H' はガロア群 $\mathrm{Gal}(L/K')$ に他ならない．H'' を調べてみよう．K'' の元は，$\gamma(a), a \in K'$ の形であるから

$$h'' \in H'' \iff h''\gamma(a) = \gamma(a) \quad \forall a \in K'$$

である．K' の固定化部分群が H' であったから，これは $\gamma^{-1} H'' \gamma = H'$ を意味する．$K'' = K'$ つまり K' が K のガロア拡大であるための必要十分条件は，固定化部分群について $H' = H''$ が成り立つことであるが，正規部分群の定義から，これは $H' = \mathrm{Gal}(L/K')$ が $\mathrm{Gal}(L/K)$ の正規部分群とな

ることである.またこのとき K' は K のガロア拡大だから,$\mathrm{Gal}(L/K)$ の元 g,つまり L の K 上の自己同型は,K' に制限することで K' の自己同型,つまり $\mathrm{Gal}(K'/K)$ の元を定める.これを $\lambda(g)$ と表わすと,群の準同型 $\lambda : \mathrm{Gal}(L/K) \to \mathrm{Gal}(K'/K)$ が得られる.定理 3.2.3 より $\mathrm{Gal}(K'/K)$ の元は $\mathrm{Gal}(L/K)$ の元に延長できるから,λ は全射である.$\lambda(g) = e$ とは $g \in \mathrm{Gal}(L/K')$ のことであるから,第 1 準同型定理より求める同型が得られる. □

例 3.2.6 $K \subset L \subset L'$ は体の拡大とする.L が K のガロア拡大で,L' が L のガロア拡大であっても,L' が K のガロア拡大であるとは限らない.特に 2 次拡大は常にガロア拡大(例 3.2.3)であるが,2 次拡大の 2 次拡大は必ずしもガロア拡大ではない.例えば $K = \boldsymbol{Q}$, $L = \boldsymbol{Q}(\sqrt{2})$, $L' = \boldsymbol{Q}(\sqrt[4]{2})$ とする.ただし $\sqrt[4]{2}$ は正の実数をとっておく.このとき L' は $\sqrt[4]{2}$ の $\boldsymbol{Q}$ 上の共役元 $i\sqrt[4]{2}$ を含まないから $\boldsymbol{Q}$ 上ガロア拡大ではない.

定理 3.2.12 体 L は体 K のガロア拡大とする.このときガロア群 $\mathrm{Gal}(L/K)$ が可解群であるための必要十分条件は,中間体 K_i の列
$$K = K_0 \subset K_1 \subset \cdots \subset K_r = L$$
があって,各 $0 < i$ に対し $K_{i-1} \subset K_i$ が素数次の巡回拡大となることである.

証明 まずガロア群 $\mathrm{Gal}(L/K)$ が可解群であると仮定する.このとき $\mathrm{Gal}(L/K)$ の部分群の列
$$\mathrm{Gal}(L/K) = G_0 \supset G_1 \supset \cdots \supset G_{k-1} \supset G_r = \{e\}$$
であって,各 G_i は G_{i-1} の正規部分群であり,剰余群 G_{i-1}/G_i が素数位数の巡回群となるものが存在する.このとき,対応して L の部分体の列
$$K = L^{G_0} \subset L^{G_1} \subset \cdots \subset L^{G_{r-1}} \subset L^{G_r} = L$$
が得られる.定理 3.2.10 より L は L^{G_i} のガロア拡大でガロア群は G_i である.拡大 $L^{G_{i-1}} \subset L^{G_i} \subset L$ に対し,定理 3.2.11 より $L^{G_{i-1}} \subset L^{G_i}$ は素数次の巡回拡大である.

逆に，中間体 K_i の列
$$K = K_0 \subset K_1 \subset \cdots \subset K_r = L$$
があって，各 $0 < i$ に対し $K_{i-1} \subset K_i$ が素数次の巡回拡大であるとする．$K \subset L$ はガロア拡大だから，各 i に対し $K_i \subset L$ もガロア拡大である．このとき K_i の固定化部分群を $G_i \subset \mathrm{Gal}(L/K)$ とすると，$K_{i-1} \subset K_i \subset L$ に定理 3.2.11 を適用して G_i は G_{i-1} の正規部分群で，剰余群 G_{i-1}/G_i は素数次の巡回群である．従って $\mathrm{Gal}(L/K)$ は可解群である． □

さて，K' は体 K の拡大体とする．単純拡大 $K'(\alpha)$, $K(\alpha)$ について考える．このとき $K'(\alpha)$ は $K(\alpha)$ から基礎体を拡大して得られるという．

定理 3.2.13 $K(\alpha)$ は K のガロア拡大とする．このとき $K'(\alpha)$ は K' のガロア拡大で，ガロア群 $\mathrm{Gal}(K'(\alpha)/K')$ は $\mathrm{Gal}(K(\alpha)/K)$ の部分群である．

証明 仮定から α がみたす既約方程式 $f(x) = 0$ の解はすべて $K(\alpha)$ に含まれる．方程式 $f(x) = 0$ は K' 上可約かもしれないが，α と K' 上共役な元は K 上でも共役だから $K(\alpha)$ に属し，従って $K'(\alpha)$ に属する．従って補題 3.2.8 からガロア拡大である．またガロア群は α と K' 上で共役な元の集合と一対一に対応するから元のガロア群の部分群である． □

3.3 対称式と対称群

■多変数多項式

R は可換な整域（整数環 $\boldsymbol{Z}$ あるいは体 K と思ってもかまわない）とする．n 個の変数 $x_1, \ldots, x_n$ と R の元 a に対し
$$ax_1^{i_1} \cdots x_n^{i_n} \qquad (i_s \text{ は非負の整数})$$
の形の式を単項式といい，単項式たちの有限和
$$\sum a_{(i_1,\ldots,i_n)} x_1^{i_1} \cdots x_n^{i_n} \qquad (a_{(i_1,\ldots,i_n)} \in R)$$

を R の元を係数とする n 変数多項式という．以下，単に n 変数多項式という場合はこのようなものを意味する．単項式 $ax_1^{i_1}\cdots x_n^{i_n}$ に対し $i_1+\cdots+i_n$ をその次数という．0 でない単項式の次数の最大値をその多項式の次数と呼ぶ．また，すべての単項式の次数が等しく k であるような多項式を k 次の斉次多項式という．

n 変数多項式 $f(x_1,\ldots,x_n)$ たちの集合（$R[x_1,\ldots,x_n]$ と表わされる）には加法や乗法が 1 変数多項式と同様に定義され，可換環になることは容易に確かめられる．これを n 変数多項式環と呼ぶ．

R を可換な整域，S を R を含む可換環とする．S の n 個の元 $u_1,\ldots,u_n$ が与えられたとき，n 変数多項式環から S への環準同型
$$\varphi: R[x_1,\ldots,x_n] \to S$$
を $\varphi(a)=a$, $a\in R$ および $\varphi(x_i)=u_i$ によって定義することができる．この写像が全射であることは，S が $u_1,\ldots,u_n$ によって R 上の環として生成されることと同値である．このとき，元 $u_1,\ldots,u_n$ は環 S の環生成元あるいは代数的生成元であるという．次に，準同型 φ が単射でないとする．このとき 0 でない n 変数多項式 $f(x_1,\ldots,x_n)$ があって，x_i に u_i を**代入**すると $f(u_1,\ldots,u_n)=0\in S$ が成り立つ．このような関係式を自明でない代数的関係式といい，元 $u_1,\ldots,u_n$ は代数的に従属しているという．これの否定，つまり $f(u_1,\ldots,u_n)=0\in S$ となるような n 変数多項式 $f(x_1,\ldots,x_n)$ は 0 多項式に限るとき，元 $u_1,\ldots,u_n$ は**代数的に独立**であるという．従って

$$\varphi \text{ が単射} \iff u_1,\ldots,u_n \text{ が代数的に独立}$$

である．φ が単射であれば，環準同型 φ の像，つまり $u_1,\ldots,u_n$ で生成された S の部分環は多項式環 $R[x_1,\ldots,x_n]$ と同型である．

n 変数多項式環の部分環は必ずしも多項式環と同型になるとは限らないことに注意しよう．例えば 2 変数多項式環 $R[t_1,t_2]$ において $u_1=(t_1t_2)^2$, $u_2=(t_1t_2)^3$ とすると，$u_1^3-u_2^2=0$ という代数的関係があり，u_1,u_2 で代数的に生成された部分環は 2 変数多項式環ではない．

n 変数多項式環 $R[x_1,\ldots,x_n]$ は整域である．これは単項式 $x_1^{i_1}\cdots x_n^{i_n}$ たちに，その指数 $(i_1,\ldots,i_n)$ の左からの辞書式順序で順序を与えれば，

$f(x_1,\ldots,x_n)g(x_1,\ldots,x_n) = 0$ かつ $g(x_1,\ldots,x_n) \neq 0$ のとき f の最大の単項式から順次見ていけば明らかにわかるように $f = 0$ である．従って分数式 $f(x_1,\ldots,x_n)/g(x_1,\ldots,x_n)$ を考えることにより，その商体を考えることができる．R が体 K の場合，これを $K(x_1,\ldots,x_n)$ と表わし，n 変数有理関数体と呼ぶ．これを関数体と呼ぶのは，分数式を，分母，分子に共通因子があれば通分しておくとき，分母の零点を除いた体 K の元上の関数と考えられるからである．またこの記号は，体 K に代数的に独立な不定元 $x_1,\ldots,x_n$ を付加して得られた体であることを表わしている．

■対称式

1 から n までの自然数たちの集合からそれ自身への一対一の対応を n 次の置換といった (51頁)．n 次の置換たちの集合 Σ_n は n 次対称群という位数が $n!$ の群である．γ を n 次の置換とする．$f(t_1,\ldots,t_n)$ を変数 $t_1,\ldots,t_n$ たちの n 変数多項式とするとき，変数 t_i を $t_{\gamma(i)}$ に書き換えて得られる多項式を γf と表わす．つまり

$$(\gamma f)(t_1,\ldots,t_n) = f(t_{\gamma(1)},\ldots,t_{\gamma(n)})$$

で定義される．例えば $f(t_1,t_2,t_3) = t_1^2 - t_2^2 + t_3$ で，$\gamma = (1,3)$ が 1 と 3 の互換のとき $(\gamma f)(t_1,t_2,t_3) = t_3^2 - t_2^2 + t_1$ である．

> **補題 3.3.1** γ, τ は n 次の置換とし，f は n 変数多項式とする．このとき多項式として $\tau(\gamma f) = (\tau\gamma)f$ が成り立つ．

証明 定義より $(\tau(\gamma f))(t_1,\ldots,t_n) = (\gamma f)(t_{\tau(1)},\ldots t_{\tau(n)})$ である．ここで変数を $t_{\tau(i)} = u_i$ と書き換えよう．このとき

$$(\tau(\gamma f))(t_1,\ldots,t_n) = (\gamma f)(u_1,\ldots u_n) = f(u_{\gamma(1)},\ldots,u_{\gamma(n)})$$

である．しかし $u_{\gamma(i)} = t_{\tau(\gamma(i))} = t_{(\tau\gamma)(i)}$ に注意すれば求める結果を得る．□

> **補題 3.3.2** γ は n 次の置換，f, g は n 変数多項式とする．このとき n 変数多項式の和と積について
> $$\gamma(f+g) = \gamma f + \gamma g, \quad \gamma(fg) = (\gamma f)(\sigma g)$$

が成り立つ.

証明は明らかである.

さて,すべての n 次の置換 γ に対し,$\gamma f = f$ をみたす n 変数多項式を n 変数**対称多項式**という.まず n 変数基本対称式を定義しよう.変数 x と変数 $t_1, \ldots, t_n$ に関する多項式 $(x-t_1)\cdots(x-t_n)$ を考える.これを x の多項式として展開したものを

$$(x-t_1)\cdots(x-t_n) = x^n - \sigma_1 x^{n-1} + \cdots + (-1)^i \sigma_i x^{n-i} + \cdots + (-1)^n \sigma_n$$

とすれば,変数 $t_1, \ldots, t_n$ たちの多項式 $\sigma_i = \sigma_i(t_1, \ldots, t_n)$ が定義される.容易にわかるように

$$\sigma_k(t_1, \ldots, t_n) = \sum_{i_1 < \cdots < i_k} t_{i_1} \cdots t_{i_k}$$

である.例えば $n=3, k=2$ のとき

$$\sigma_2(t_1, t_2, t_3) = \sum_{i_1 < i_2} t_{i_1} t_{i_2} = t_1 t_2 + t_1 t_3 + t_2 t_3$$

である.このように定義された多項式 $\sigma_i(t_1, \ldots, t_n)$ は明らかに n 変数対称多項式である.これを i 次**基本対称式**と呼ぶ.$n=2$ のとき,$\sigma_1 = t_1 + t_2$,$\sigma_2 = t_1 t_2$ である.基本対称式たちの多項式 $h(\sigma_1, \ldots, \sigma_n)$ は明らかに対称多項式である.逆に,例えば 2 変数の対称多項式 $t_1^2 + t_2^2$ は $\sigma_1^2 - 2\sigma_2$ のように基本対称式の多項式で表わすことができる.このことは次の定理(**対称式の基本定理**という)で示されるように一般に成り立つ.

定理 3.3.3 すべての n 変数対称多項式は基本対称式 $\sigma_1, \ldots, \sigma_n$ たちの多項式に一意的に表わされる.

証明 まず,すべての n 変数対称多項式 $f(t_1, \ldots, t_n)$ は基本対称式 $\sigma_1, \ldots, \sigma_n$ たちの多項式として表わされることを示そう.変数 t_i の単項式 $t_1^{i_1} \cdots t_n^{i_n}$ たちに左からの辞書式順序を与える.つまり,そのベキ指数 $i_1, \ldots, i_n$ が左のほうから順次等しいか,あるいは大きいものを大きいと定める.このとき,対称多項式 $\sigma_1^{k_1} \cdots \sigma_n^{k_n}$ のなかに現われる最大の単項式は

$$t_1^{k_1 + \cdots + k_n} t_2^{k_2 + \cdots + k_n} \cdots t_n^{k_n}$$

であり，その係数は 1 であることは基本対称式に現われる単項式の形から容易にわかる．
$$i_1 = k_1 + \cdots + k_n, \quad i_2 = k_2 + \cdots + k_n, \quad \ldots, \quad i_n = k_n$$
とおけば，非負整数列 $(k_1, \ldots, k_n)$ たちと単調減少列
$$(i_1, \ldots, i_n), \quad i_1 \geq \cdots \geq i_n$$
たちは一対一に対応する．さて，$f(t_1, \ldots, t_n)$ は対称多項式とする．f に現われる 0 でない係数を持つ最大の単項式を $at_1^{i_1} \cdots t_n^{i_n}$ とすると，単項式の現われ方の対称性より $i_1 \geq \cdots \geq i_n$ と仮定してよい．このとき対応する非負整数列を $(k_1, \ldots, k_n)$ とすれば
$$f(t_1, \ldots, t_n) - a\sigma_1^{k_1} \cdots \sigma_n^{k_n}$$
において，最大の単項式は消去される．これを繰り返せば基本対称式 $\sigma_1, \ldots, \sigma_n$ たちの多項式 $h(\sigma_1, \ldots, \sigma_n)$ があって
$$f(t_1, \ldots, t_n) = h(\sigma_1, \ldots, \sigma_n)$$
と表わされることがわかる．

次にこのような $\sigma_1, \ldots, \sigma_n$ たちの多項式としての表わし方が一意的であることを示そう．$R[z_1, \ldots, z_n]$ を多項式環とし，前項で定義したように，環準同型
$$\lambda : R[z_1, \ldots, z_n] \to R[t_1, \ldots, t_n]$$
を $\lambda(z_i) = \sigma_i$ によって定める．前段で示したことは，$R[t_1, \ldots, t_n]$ の任意の対称多項式が λ の像になっていることであった．一意性を示すために証明すべきことは上の準同型 λ が単射となることである．このことを変数の数 n に関する数学的帰納法で示そう．$n = 1$ のときは明らかである．$1, \ldots, n-1$ まで正しいとして，n のときを考える．変数の数を明示するため
$$\sigma_i(t_1, \ldots, t_n) = \sigma_i^{(n)}(t_1, \ldots, t_n)$$
と表わそう．このとき $i < n$ に対し
$$\sigma_i^{(n)}(t_1, \ldots, t_{n-1}, 0) = \sigma_i^{(n-1)}(t_1, \ldots, t_{n-1})$$
および

$$\sigma_n^{(n)}(t_1, \ldots, t_{n-1}, 0) = 0$$

であることに注意する．さて2つの環準同型

$$\pi : R[t_1, \ldots, t_n] \to R[t_1, \ldots, t_{n-1}]$$
$$\pi' : R[z_1, \ldots, z_n] \to R[z_1, \ldots, z_{n-1}]$$

をそれぞれ $i < n$ のときは $\pi(t_i) = t_i$，および $\pi'(z_i) = z_i$，また $i = n$ のときは $\pi(t_n) = 0$ および $\pi'(z_n) = 0$ によって定める．また変数の数が $n-1$ のときも環準同型

$$\lambda' : R[z_1, \ldots, z_{n-1}] \to R[t_1, \ldots, t_{n-1}]$$

を λ と同様に定義しておく．このとき次のような準同型の図式

$$\begin{array}{ccc} R[z_1, \ldots, z_n] & \xrightarrow{\lambda} & R[t_1, \ldots, t_n] \\ \pi \downarrow & & \downarrow \pi' \\ R[z_1, \ldots, z_{n-1}] & \xrightarrow{\lambda'} & R[t_1, \ldots, t_{n-1}] \end{array}$$

が得られる．上に述べた注意から

$$\pi(\sigma_i^{(n)}) = \sigma_i^{(n-1)}, \quad i < n$$
$$\pi(\sigma_n^{(n)}) = 0$$

である．これは環準同型の合成について

$$\pi \circ \lambda = \lambda' \circ \pi' : R[z_1, \ldots, z_n] \to R[t_1, \ldots, t_{n-1}]$$

が成り立つことを意味する．さて帰納法の仮定から変数の数が $n-1$ のとき，λ' が単射であるとする．いま，多項式 $h(z_1, \ldots, z_n)$ が $\lambda(h(z_1, \ldots, z_n)) = 0$ をみたすとする．このとき $\lambda' \circ \pi(h(z_1, \ldots, z_n)) = 0$ であるが，λ' が単射だから $\pi(h(z_1, \ldots, z_n)) = 0$ が成り立つ．従って多項式 $h(z_1, \ldots, z_n)$ は z_n で割り切れ

$$h(z_1, \ldots, z_n) = k(z_1, \ldots, z_n) z_n$$

と書ける．

$$\lambda(h(z_1, \ldots, z_n)) = \lambda(k(z_1, \ldots, z_n)) \lambda(z_n)$$
$$= \lambda(k(z_1, \ldots, z_n)) \sigma_n = 0$$

であるが，考えている環は整域だから $\lambda(k(z_1,\ldots,z_n)) = 0$ が成り立つ．従って多項式 $k(z_1,\ldots,z_n)$ に対しても同じ議論ができ，これを繰り返すと $h(z_1,\ldots,z_n)$ は z_n で何度でも割り切れるが，これは $h(z_1,\ldots,z_n) = 0$ を意味する．従って λ は n のときも単射である． □

n 変数 $t_1,\ldots,t_n$ の対称多項式たちは，多項式環 $R[t_1,\ldots,t_n]$ の部分環であるが，上の定理は，この環が形式的な多項式環 $R[z_1,\ldots,z_n]$ と同型であるといっている．つまり次が成り立つ．

系 3.3.4 R 係数の n 変数対称多項式たちの環は基本対称式 $\sigma_1,\ldots,\sigma_n$ で生成される多項式環 $R[\sigma_1,\ldots,\sigma_n]$ である．

さて，基本対称式の定義から次が直ちに得られる．

定理 3.3.5 （解と係数の関係）体 K 上の n 次方程式
$$f(x) = x^n - a_1 x^{n-1} + \cdots + (-1)^{n-1} a_{n-1} x + (-1)^n a_n = 0$$
が K の拡大体 L において重複を含め n 個の解 $\alpha_1,\ldots,\alpha_n$ を持つとする．このとき
$$a_1 = \sigma_1(\alpha_1,\ldots,\alpha_n), \quad \ldots, \quad a_n = \sigma_n(\alpha_1,\ldots,\alpha_n)$$
が成り立つ．

証明 因数定理より
$$f(x) = x^n - a_1 x^{n-1} + \cdots + (-1)^{n-1} a_{n-1} x + (-1)^n a_n = (x - \alpha_1) \cdots (x - \alpha_n)$$
が成り立つ．右辺を x の降ベキに展開して係数比較をすればよい． □

次の n 変数多項式
$$\Delta(t_1,\ldots,t_n) = \prod_{i>j}(t_i - t_j)$$
を**差積**と呼ぶ．

補題 3.3.6 γ が n 次の置換のとき，$\gamma\Delta = \Delta$ あるいは $\gamma\Delta = -\Delta$ のいずれかが成り立つ．

証明 定義より
$$\gamma\Delta = \prod_{i>j}(t_{\gamma(i)} - t_{\gamma(j)})$$
である．このとき右辺の 1 次因子は，すべての $k > l$ に対し，$t_k - t_l$ が $\pm$ を除いてちょうど 1 回ずつ現われる．従って
$$\prod_{i>j}(t_{\gamma(i)} - t_{\gamma(j)}) = \pm \prod_{i>j}(t_i - t_j)$$
である． □

この補題より Δ^2 は対称多項式である．従って定理 3.3.3 から基本対称式たちの多項式で表わせる．これを $D = D(\sigma_1, \ldots, \sigma_n)$ と表わす．例えば $n = 2$ のとき
$$D = (t_1 - t_2)^2 = (t_1 + t_2)^2 - 4t_1 t_2 = \sigma_1^2 - 4\sigma_2$$
である．

定理 3.3.7 体 K 上の n 次方程式
$$f(x) = x^n - a_1 x^{n-1} + \cdots + (-1)^{n-1} a_{n-1} x + (-1)^n a_n = 0$$
が（その分解体において）重解を持つための必要十分条件は
$$D(a_1, \ldots, a_n) = 0$$
が成り立つことである．

証明は定義から明らかである．式 D は方程式の**判別式**という．カルダノの公式における $x^3 + 3px + q = 0$ の形の 3 次方程式の場合，重解を持つ条件は $q^2 + 4p^3 = 0$ であった．これが上の定義で与えられた判別式と一致することは，定義に従って計算すれば確かめられる．

次に n 変数の分数式に対する対称群の作用を考えよう．$\gamma \in \Sigma_n$ を n 次の置換とする．$f(t_1, \ldots, t_n), g(t_1, \ldots, t_n)$ を体 K 上の n 変数多項式とする．このとき分数式 $u(t_1, \ldots, t_n) = f(t_1, \ldots, t_n)/g(t_1, \ldots, t_n)$ に対して γu を

121

$$(\gamma u)(t_1,\ldots,t_n) = \frac{(\gamma f)(t_1,\ldots,t_n)}{(\gamma g)(t_1,\ldots,t_n)}$$

と定義する．これが分数式の表示のしかたによらないことは明らかである．この操作が多項式や分数式の和や積について次の性質

$$\gamma(\frac{f_1}{g_1}+\frac{f_2}{g_2}) = \gamma(\frac{f_1}{g_1})+\gamma(\frac{f_2}{g_2}),\quad \gamma(\frac{f_1}{g_1}\times\frac{f_2}{g_2}) = \gamma(\frac{f_1}{g_1})\times\gamma(\frac{f_2}{g_2})$$

をみたすことも明らかである．従って次の結果を得る．

補題 3.3.8 $\gamma \in \Sigma_n$ は n 変数有理関数体の自己同型を定める．

さて分数式 $u(t_1,\ldots,t_n)$ は，すべての置換 γ に対し $\gamma u = u$ をみたすとき対称分数式であるという．f,g を n 変数多項式とし，分数式 f/g を考えよう．$g' = \prod_{\gamma \neq e}(\gamma g)$ とすると，有理関数としては $f/g = (fg')/(gg')$ だから，分母としては対称な多項式にとれる．このとき，この分数式が対称式であるためには，分子 fg' も対称多項式であればよい．つまり対称な分数式とは，分母，分子がともに対称多項式であると考えてよい．また，K 係数有理関数体 $K(t_1,\ldots,t_n)$ のなかで対称な有理関数たちは部分体をなすが，このとき定理 3.3.3 より次の結果を得る．

定理 3.3.9 対称有理関数の集合は，基本対称式 $\sigma_1,\ldots,\sigma_n$ たちの有理関数体 $K(\sigma_1,\ldots,\sigma_n)$ である．

■ラプラスによる代数学の基本定理の証明

対称式の基本定理が証明できたので，32 頁で述べた代数学の基本定理
「$f(z)$ は定数でない複素係数多項式とする．このとき方程式 $f(z) = 0$ は複素数の解を持つ」
のラプラスによる別証を紹介しよう．証明には，よく知られた，あるいは本書で証明されている次の事実を用いる．
(1) 複素係数の 2 次方程式は複素数の解を持つ．(26 頁)
(2) 実係数の奇数次方程式は実数の解を持つ．(定理 1.2)

(3)（複素数かどうかはわからないが）方程式 $f(z) = 0$ のすべての解を含む体が存在する．（定理 2.5.10）

(4) 対称式の基本定理（定理 3.3.3）

(5) 実数は無数にあること．

定理の最初の証明のところ（32頁）で述べたように，多項式 $f(z)$ は実数係数であると仮定してよい．そこで，実数係数の多項式 $f(z)$ の次数 n を奇数と 2 のベキの積 $n = 2^r q$ に表わし，ベキ指数 $r \geq 0$ に関する帰納法で定理を示そう．$r = 0$ のときは $f(z)$ は奇数次の多項式であるから，上の (2) より定理は成り立つ．そこで順次 $r = k-1$ まで成り立つと仮定し，$r = k > 0$ の場合を考えよう．(3) より $f(z) = 0$ のすべての解を含む体 L が存在する．つまり L の元

$$u_1, \ldots, u_n$$

があって

$$f(z) = z^n + a_1 z^{n-1} + \cdots + a_n = (z - u_1) \cdots (z - u_n)$$

が成り立つ．このとき解と係数の関係，つまり両辺の係数比較から，$u_1, \ldots, u_n$ たちの基本対称式は $\pm a_i$ に等しくすべて実数である．次に t は実数とし，$1 \leq i < j \leq n$ となるすべての組に対し $n(n-1)/2$ 個の L の元

$$u_i + u_j + t u_i u_j$$

を考える．さらに L 係数の $n(n-1)/2$ 次多項式

$$F(z) = \prod_{i<j}(z - (u_i + u_j + t u_i u_j))$$

を考えよう．この多項式に u_1 から u_n のどんな置換を行なっても，それは $u_i + u_j + t u_i u_j$ たちを入れ替えるだけだから，多項式の形は変わらない．従ってこの多項式を z の降ベキに整理したとき，各係数は実数を係数とする $u_1, \ldots, u_n$ の対称式である．従って (4) よりそれらはすべて実数であり，$F(z)$ は実係数の多項式である．n は偶数であると思ってよいから，$F(z)$ の次数 $n(n-1)/2$ の 2 のベキ指数は n のそれより 1 つ小さくなる．従って帰納法の仮定より $F(z) = 0$ は複素数解を持つ，つまり各実数 t に対し，ある番号 i, j があって

$$u_i + u_j + tu_iu_j$$

は複素数である．実数 t が変われば，この番号の組 i, j は変わるかも知れないが，実数は無数にあるので $n(n-1)/2$ より大きな数だけ相異なる実数

$$t_1, t_2, \ldots$$

をとれば，そのうちの 2 つ（t_p, t_q としよう）について上の i, j は同じでなければならない．従ってその番号 i, j に対し，2 つの複素数 α, β があって連立方程式

$$u_i + u_j + t_p u_i u_j = \alpha$$
$$u_i + u_j + t_q u_i u_j = \beta$$

が成り立つ．従って

$$u_i + u_j = \frac{t_p \beta - t_q \alpha}{t_p - t_q}, \quad u_i u_j = \frac{\alpha - \beta}{t_p - t_q}$$

が成り立つが，これは u_i, u_j は複素数係数の 2 次方程式の解であることを意味する．従って (1) より u_i, u_j は複素数であり，方程式 $f(z) = 0$ の解のなかに複素数が存在することが示された． □

■対称群の非可解性

ここで n 次の置換たちのなす対称群 Σ_n について少し詳しく調べておこう．これは，5 次以上の方程式の非可解性の証明に必要となる．

まず基本的な形の置換を定義しよう．自然数 n を固定し，n 次の置換の群 Σ_n について考える．$i_1, \ldots, i_k$ を，1 から n までの自然数 k 個の重複のない順列とする．i_1 を i_2 に，i_2 を i_3 に順次移し，i_k を i_1 に移し，残りの数は動かさないような置換を長さ k の**巡回置換**，あるいは単に k **巡換**と呼び

$$(i_1 \ldots i_k)$$

と表わす．特に 2 次の巡回置換は**互換**と呼ばれる．ここで長さ 1 の巡回置換 (i) とは，i を i に移し，残りは動かさない，つまり全体として恒等置換のことと約束する．このとき

補題 3.3.10　(1) γ は長さ k の巡回置換とすると，その k 回の積（合成）γ^k は恒等置換である．

(2) $i_1, \ldots, i_k$ と $j_1, \ldots, j_l$ は互いに共通の数を持たない順列とする．このとき 2 つの巡回置換の積は交換可能である．つまり
$$(i_1 \ldots i_k)(j_1 \ldots j_l) = (j_1 \ldots j_l)(i_1 \ldots i_k)$$
が成り立つ．

証明は明らかである．

補題 3.3.11　すべての置換は互いに共通部分のないいくつかの巡回置換の積 $\gamma_1 \cdots \gamma_s$ の形にただ 1 通りに表わされる．ここで，ただ 1 通りにとは，そのような表わし方が 2 つあれば，積の順序を取り替えれば一致することである．

証明　σ を n 次の置換とする．1 を $\sigma, \sigma^2, \ldots$ で動かしていけば，$\sigma^k(1) = 1$ となる最小の自然数 $k \geq 1$ がある．このとき
$$(1, \sigma(1), \ldots, \sigma^{k-1}(1))$$
は長さ k の巡回置換である．この順列が $1, 2, \ldots, n$ を尽くしていなければ，この順列に含まれない数に対し同じことを考えれば，始めの順列と共通部分のない巡回置換が得られる．これを繰り返せば σ が共通部分のないいくつかの巡回置換の積に表わせる．一意性は明らかである．　□

例えば
$$\sigma = \begin{pmatrix} 1 & 2 & 3 & 4 & 5 & 6 & 7 \\ 3 & 2 & 4 & 1 & 6 & 5 & 7 \end{pmatrix}$$
のとき，$\sigma = (1\ 3\ 4)(2)(5\ 6)(7) = (1\ 3\ 4)(5\ 6)(2)(7)$ のように表わせる．後の表わし方のように，巡回置換の長さを大きなものから順に並べたものを，置換の**型**と呼ぶ．上の場合であれば，$(3, 2, 1, 1)$ である．長さが 1 の巡回置換はいくつあっても恒等置換であるから，型を表わすとき省略してもかまわない．

置換をこのような形で表わすということは，1 から n までの番号付けを一旦忘れてしまえば，互いに順次移りあうものをまとめ上げて考えることを意味する．従って置換の型が同じということは，番号の付け方を取り換えれば同じ置換と考えることができる．2 つの置換 σ, σ' は別の置換 γ があって $\sigma' = \gamma^{-1}\sigma\gamma$ となるとき，共役であるという．このとき σ と σ' の関係は，$1,\ldots,n$ の番号の付け方を γ で入れ換えて書いものになっている．従って次の補題が得られる．

補題 3.3.12 2 つの置換が共役であることと，型が同じであることは同値である．

例えば σ が上の置換で，$\gamma = (4\ 5)$ とすると
$$\sigma' = \begin{pmatrix} 1 & 2 & 3 & 5 & 4 & 6 & 7 \\ 3 & 2 & 5 & 1 & 6 & 4 & 7 \end{pmatrix} = (1\ 3\ 5)(4\ 6)(2)(7)$$
である．

上のような表わし方で，一意性を考えなくてもよければ次の結果が成り立つ．

補題 3.3.13 すべての置換はいくつかの互換の積に表わされる．

証明 置換の次数に関する帰納法で証明する．$n-1$ 次までの置換について補題が成り立つと仮定する．σ を n 次の置換とする．$\sigma(n) = k$ とすると，$\pi = (k, n)\sigma$ は n を動かさない．従って $n-1$ 次の置換と思ってよいから，仮定より互換の積である．このとき $\sigma = (k, n)\pi$ も互換の積である． □

さて対称群の重要な部分群である交代群を定義しよう．Δ は 120 頁で定義した差積とする．補題 3.3.6 から，任意の置換 γ に対し $(\gamma\Delta)/\Delta$ は 1 あるいは -1 である．$(\gamma\Delta)/\Delta$ を置換 γ の**符号数**といい，$\mathrm{sgn}(\gamma)$ と表わす．

補題 3.3.14 置換の符号数について次が成り立つ．
 (1) 2 つの置換の積について $\mathrm{sgn}(\gamma\tau) = \mathrm{sgn}(\gamma)\mathrm{sgn}(\tau)$ が成り立つ．
 (2) τ が互換であれば $\mathrm{sgn}(\tau) = -1$ である．

証明 (1) 補題 3.3.1 を用いて次の式変形から得られる.

$$((\gamma\tau)\Delta)/\Delta = (\gamma(\tau\Delta))/\Delta = \{(\gamma(\tau\Delta))/(\tau\Delta)\}\{(\tau\Delta)/\Delta\}$$
$$= \{(\gamma\Delta)/\Delta\}\{(\tau\Delta)/\Delta\}$$

(2) 補題 3.3.12 より任意の互換 τ は互換 $(n-1, n)$ と共役である.つまり置換 σ があって $\tau = \sigma^{-1}(n-1, n)\sigma$ である.このとき (1) より

$$\mathrm{sgn}(\tau) = \mathrm{sgn}(\sigma^{-1}(n-1, n)\sigma)$$
$$= \mathrm{sgn}(\sigma)^{-1}\mathrm{sgn}(n-1, n)\mathrm{sgn}(\sigma) = \mathrm{sgn}(n-1, n)$$

である.$\mathrm{sgn}(n-1, n) = -1$ であることは定義から容易にわかる. □

さて,符号数 $\mathrm{sgn}(\gamma)$ が 1 あるいは -1 である置換を,それぞれ偶置換,および奇置換と呼ぶ.n 次の偶置換全体の集合を n 次**交代群**と呼び A_n と表わす.

補題 3.3.15 A_n は n 次対称群 Σ_n の正規部分群である.A_n の位数は Σ_n の半分 $n!/2$ である.また剰余群 Σ_n/A_n は符号数を対応させることにより,$\{1, -1\}$ の 2 元からなる巡回群に同型である.

証明は定理 2.3.3 を用いて簡単に示すことができる.

ここで n が小さいときの Σ_n の構造について考えよう.Σ_2 は単位元以外にただ 1 つの互換 $(1, 2)$ からなる位数 2 の群である.Σ_3 は位数 6 だから,交代群 A_3 は位数が 3 であり,従って巡回群である.つまり Σ_3 は可解群である.次に Σ_4 を考えよう.これは位数は 24,従って交代群 A_4 は位数 12 である.A_4 に含まれる 4 つの元 1 (単位元),$(12)(34)$, $(13)(24)$, $(14)(23)$ からなる集合 V_4 は容易にわかるように A_4 の正規部分群である.これをクラインの 4 元群と呼ぶ.これはアーベル群であり,剰余群 A_4/V_4 は位数 3 だから巡回群である.従って部分群の列 $\{1\} \subset V_4 \subset A_4 \subset \Sigma_4$ を考えればわかるように Σ_4 は可解群である.

一方 $n \geq 5$ のとき,対称群 Σ_n は可解ではないことを示そう.以下の補題では n は 5 以上であるとする.

補題 3.3.16 すべての $(2,2)$ 型の置換たち，あるいはすべての長さ 3 の巡回置換たちは，いずれも交代群 A_n を生成する．

証明 まず異なる 2 つの互換の積について
$$(a\ c)(a\ b) = (a\ b\ c), \quad (a\ b)(c\ d) = (a\ c\ b)(a\ c\ d)$$
が成り立つ．ただし異なる文字は異なる数を表わすとする．補題 3.3.13 より任意の偶置換は偶数個の互換の積だから後半が成り立つ．次に $n \geq 5$ だから異なる 5 つの数に対し
$$(a\ b\ c) = (a\ c)(d\ e)(d\ e)(a\ b)$$
が成り立つ．従って後半より前半も成り立つ． □

補題 3.3.17 対称群 Σ_n の正規部分群は交代群 A_n を含むか，または自明な群 $\{1\}$ である．

証明 N を Σ_n の自明でない正規部分群とする．N の元 $\sigma \neq 1$ に対し，σ と可換でない互換 τ が存在する．例えば，$\sigma(i) \neq i$ となる i があるから，$i \neq j$ となる j をとり，$\tau = (i\ j)$ とおけばよい．置換 $\gamma = \tau^{-1}\sigma^{-1}\tau\sigma$ を考えよう．σ と τ は可換でないから $\gamma \neq 1$ である．N は Σ_n の正規部分群だから，$\gamma \in N$ である．一方 $\gamma = \tau^{-1}(\sigma^{-1}\tau\sigma)$ と見れば，互換の 2 つの積だから，3 巡換であるか，$(2,2)$ 型である．同じ型の置換はすべて共役であり（補題 3.3.12），N は正規部分群だから，N はすべての長さ 3 の巡回置換，あるいは $(2,2)$ 型のすべての置換を含む．従って補題 3.3.16 より N は交代群 A_n を含む． □

有限群 G は，G 自身か自明な群 $\{1\}$ 以外の正規部分群が存在しないとき，**単純群**という．アーベル群が単純群であるのは，素数位数の巡回群に限ることは容易にわかる．最も基本的な非可換単純群として次の結果がある．

定理 3.3.18 $n \geq 5$ のとき，交代群 A_n は単純群である．

証明 M は A_n の自明でない正規部分群とする．$M = A_n$ をいえばよい．M が 3 巡換（例えば $(1\ 2\ 3)$）を含めば，$M = A_n$ であることをまず示そう．明らかに $(1\ 2\ 3)^2 \in M$ である．$k > 3$ のとき，$(1\ 2\ k) = (2\ k\ 3)^{-1}(1\ 2\ 3)(2\ k\ 3) \in M$ である．また $k, l > 3$ のとき，$\tau = (2\ k)(3\ l)$ とすれば，$(1\ k\ l) = \tau^{-1}(1\ 2\ 3)\tau \in M$ である．同様の議論から，すべての 3 巡換は M に含まれる．従って補題 3.3.16 より $M = A_n$ である．

次に M の任意の元 $\sigma \neq e$ を考える．$1, 2, \ldots, n$ の中で σ によって動くものの数を k とする．σ は偶置換だから $k \neq 2$ である．$k = 3$ のときは，σ は 3 巡換である．k が 4 または 5 のとき，σ は $(2, 2)$ 型，もしくは (5) 型である．$\sigma_1 = (1\ 2)(3\ 4)$，$\sigma_2 = (1\ 2\ 3\ 4\ 5)$ とする．$n \geq 5$ だから $\tau = (3\ 4\ 5)$ とすると，$\sigma_1^{-1}\tau^{-1}\sigma_1\tau \in M$ は $1, 2$ を動かさず，3 巡換である．また $\sigma_2^{-1}\tau^{-1}\sigma_2\tau \in M$ は 1 を動かさず $(2, 2)$ 型である．$k > 5$ のとき，σ はいくつかの型に分かれるが，例えば $\sigma = (1\ 2\ 3)(4\ 5\ \cdots m)\cdots$ の場合，$\sigma^{-1}\tau^{-1}\sigma\tau$ は $2, 3, 4, 5, m$ の置換であり，$k \leq 5$ の場合に帰着する．他の場合も同様である．以上から，M が 3 巡換を含むことが示される．□

系 3.3.19 $n \geq 5$ のとき対称群 Σ_n は可解ではない．

証明 対称群 Σ_n の自明でない正規部分群は交代群 A_n のみで，A_n には自明でない正規部分群は存在しない．A_n 自身はアーベル群でないから求める結果を得る．□

3.4 円分体と 1 の n 乗根

■円周を等分する

複素数のなかで方程式 $x^n - 1 = 0$ を考えよう．この方程式の解とは 1 の n 乗根たちである．ガウス平面の上で x の極表示

$$x = r(\cos\theta + i\sin\theta)$$

をとると，ドモアブルの公式からわかるように $r=1$ で $n\theta = 2\pi$ となるもの，つまり
$$\cos(2k\pi/n) + i\sin(2k\pi/n), \quad k = 0, 1, \ldots, n-1$$
たちが解である．これは単位円の円周を 1 から始めてちょうど n 等分した点たちである．a, b が方程式 $x^n - 1 = 0$ の解であれば，$(ab)^n = a^n b^n = 1$ だから，積 ab も解であり，逆元 a^{-1} も解である．従って解たちの集合は積によって群となる．これを 1 の n 乗根の群と呼び，ζ_n と表わそう．この群の元の個数（位数）は n であり，特に
$$\xi = \cos(2\pi/n) + i\sin(2\pi/n)$$
とおくと，$1, \xi, \xi^2, \ldots, \xi^{n-1}$ たちが群の元たちを尽くしている．つまり次の結果が得られた．

定理 3.4.1 複素数体における 1 の n 乗根の乗法群 ζ_n は位数 n の巡回群である．

多項式 $x^n - 1$ は明らかに $x-1$ を因数に持つから，有理数体 $\boldsymbol{Q}$ 上既約でない．n が小さいとき，$x^n - 1$ に対し次のような $\boldsymbol{Q}$ 上の因数分解が得られる．

$$\begin{aligned}
x^2 - 1 &= (x-1)(x+1) \\
x^3 - 1 &= (x-1)(x^2 + x + 1) \\
x^4 - 1 &= (x-1)(x+1)(x^2 + 1) \\
x^5 - 1 &= (x-1)(x^4 + x^3 + x^2 + x + 1) \\
x^6 - 1 &= (x-1)(x+1)(x^2 + x + 1)(x^2 - x + 1)
\end{aligned}$$

このような分解は一般にどうなっているであろうか？ 一般に 1 の n 乗根 a が巡回群 ζ_n を生成する，つまり
$$1 = a^0, a, a^2, \ldots$$
たちが巡回群 ζ_n のすべての元を尽くすとき，a を**原始 n 乗根**であるという．例えば $n = 6$ のとき，ξ と ξ^5 が原始 6 乗根である．各自然数 h に対し，すべての原始 h 乗根 $\chi_1, \ldots, \chi_s$ を考え，それらを根とする多項式

$$\Phi_h(x) = (x - \chi_1) \cdots (x - \chi_s)$$

を考えよう.例えば

$\Phi_1(x) = x - 1, \Phi_2(x) = x + 1, \Phi_3(x) = (x - \omega)(x - \omega^2) = x^2 + x + 1, \ldots$

である.すべての 1 の n 乗根は,原始 n 乗根でなければ,n のある約数 h がただ 1 つあって 1 の原始 h 乗根になっている.従って次の分解

$$x^n - 1 = \prod_{h|n} \Phi_h(x)$$

が得られる.ここで h は 1 と n も含めた n の約数を動く.このとき $\Phi_n(x)$ は最高次の係数が 1 である整数係数の多項式である.実際,帰納的に n より小さい自然数に対してこのことが示されたとする.このとき $\prod_{h|n, h \neq n} \Phi_h(x)$ も最高次の係数が 1 である整数係数の多項式である.しかし

$$\Phi_n(x) = (x^n - 1) / (\prod_{h|n, h \neq n} \Phi_h(x))$$

の割り算は,整数係数の範囲内で行なえるから $\Phi_n(x)$ についても同じことがいえる.$\Phi_n(x)$ は (n 次) **円分多項式**と呼ばれる.

さて,$n = p_1^{a_1} \cdots p_r^{a_r}$, $a_i > 0$ を自然数 n の素因数分解とする.このとき位数 n の巡回群の生成元の個数は,n を法とする既約剰余類の個数,つまりオイラーの関数 $\varphi(n)$ である.またこれは系 2.4.10 より

$$(p_1^{a_1} - p_1^{a_1 - 1}) \cdots (p_r^{a_r} - p_r^{a_r - 1})$$

で与えられた.1 の n 乗根たちのなす巡回群の言葉でいえば,生成元とは原始 n 乗根であるから次の定理が得られる.

定理 3.4.2 $n = p_1^{a_1} \cdots p_r^{a_r}$ を素因数分解とする.このとき円分多項式 $\Phi_n(x)$ の次数は

$$\varphi(n) = (p_1^{a_1} - p_1^{a_1 - 1}) \cdots (p_r^{a_r} - p_r^{a_r - 1})$$

で与えられる.

■**円分多項式の既約性**

次は正多角形の作図,つまり円(周等)分問題を考えるとき鍵となる定理である.

第 3 章　ガロア理論

> **定理 3.4.3**　円分多項式 $\Phi_n(x)$ は有理数体上既約多項式である．

証明　多項式 $x^n - 1$ をいくつかの $\boldsymbol{Q}$ 上既約な多項式の積に分解したとする．定理 2.5.4 より，このような分解は $\boldsymbol{Z}$ 係数の多項式による分解と考えてよい．またそれぞれの既約多項式の最高次の係数は 1 であるとしてよい．そのような既約多項式 $f(x)$ であって，原始 n 乗根を（適当な拡大体の中で）1 つの根として持つものを考える．定理を示すには，そのような $f(x)$ はすべての原始 n 乗根を根として持つことをいえばよい．実際もし $\Phi_n(x)$ が可約であれば，その 1 つの既約因子 $f(x)$ はすべての原始 n 乗根を根として持たず矛盾である．

さて，ξ を $f(x)$ の根に含まれる原始 n 乗根とし，p を n と素な素数とすると，ξ^p は明らかに原始 n 乗根である．このとき ξ^p はまた $f(x)$ の根であることを示そう．もしそうでなければ，ξ^p を 1 つの根とする他の既約な $\boldsymbol{Z}$ 係数多項式 $g(x)$ がある．多項式 $u(x) = g(x^p)$ を考えると，$f(x)$ と $u(x)$ は共通根 ξ を持つ．従って補題 2.5.13 より，$u(x)$ は有理数係数多項式としては $f(x)$ で割り切れる．しかし $f(x)$ の最高次の係数が 1 なので，この割り算は整数係数のなかでできる．従って適当な $\boldsymbol{Z}$ 係数多項式 $v(x)$ によって $u(x) = f(x)v(x)$ の形に書ける．ここで考えている多項式たちは $\boldsymbol{Z}$ 係数であるが，係数を p を法とする剰余環 $\boldsymbol{Z}/p\boldsymbol{Z}$ で考えたものを $\overline{f}(x)$ のように表わそう．このとき補題 2.5.15 より，$\overline{u}(x) = (\overline{g}(x))^p$ であり，従って

$$(\overline{g}(x))^p = \overline{f}(x)\overline{v}(x)$$

が成り立つ．ここで $\boldsymbol{Z}/p\boldsymbol{Z}$ は体だから，$\boldsymbol{Z}/p\boldsymbol{Z}$ 係数多項式についても，一意的素因数分解が成り立つ（定理 2.5.3）ことに注意しよう．$\overline{f}(x)$ の各素因数は $(\overline{g}(x))^p$ の約数だから，$\overline{g}(x)$ の約数にもなっている．従って $\overline{f}(x)$ 全体が $\overline{g}(x)$ の約数になっている．元に戻って $f(x), g(x)$ の定義から，適当な $\boldsymbol{Z}$ 係数多項式 $h(x)$ があって

$$x^n - 1 = f(x)g(x)h(x)$$

と表わされる．これを $\boldsymbol{Z}/p\boldsymbol{Z}$ 係数で考えても同じことが成り立つが，上に述べたことから $\boldsymbol{Z}/p\boldsymbol{Z}[x]$ において $x^n - 1$ は $\overline{f}(x)^2$ で割り切れ，重根を持つこ

とになるが，n と p が素であるから補題 2.5.12 より矛盾である．

以上より ξ が $f(x)$ の根であれば，n と素なすべての素数 p に対し ξ^p も根になる．n と素な自然数はこのような素数の積に表わせるから，この結果を繰り返し用いると，すべての原始 n 乗根が $f(x)$ の根となる． □

注 3.4.1 n が素数 p の場合は次のような簡単な証明がある．p が素数のときは，
$$\Phi_p(x) = (x^p - 1)/(x - 1) = x^{p-1} + \cdots + x + 1$$
である．一般に多項式 $f(x)$ が可約であれば，$f(x+1)$ も可約である．
$$\Phi_p(x+1) = ((x+1)^p - 1)/x = x^{p-1} + pg(x) + p$$
の形であるが，アイゼンシュタインの判定法（定理 2.5.6）より，$\boldsymbol{Q}$ 上既約であるから，元の円分多項式もそうである．

さて方程式 $x^n - 1 = 0$ の有理数体 $\boldsymbol{Q}$ 上の分解体を考えよう．これは明らかに $\boldsymbol{Q}$ の単純拡大体 $\boldsymbol{Q}(\xi)$ に他ならない．従って $\boldsymbol{Q}$ 上既約な円分多項式 $\Phi_n(x)$ の 1 つの解を付加したものであるから，拡大次数はオイラーの関数 $\varphi(n)$ で与えられる．$x^n - 1 = 0$ の分解体を n 次円分体と呼ぶ．

さて単純拡大体 $\boldsymbol{Q}(\xi)$ は方程式 $x^n - 1 = 0$ の有理数体 $\boldsymbol{Q}$ 上の分解体だからガロア拡大である．$\boldsymbol{Q}(\xi)$ の体の $\boldsymbol{Q}$ 上の自己同型 ψ は，ξ を共役元，つまり原始 n 乗根に写す対応としてただ 1 通りに定まる（例 3.2.4）．つまり n と互いに素な自然数 k があって
$$\psi(\xi) = \xi^k$$
で与えられる．このような自己同型を，ψ_k と表わそう．このとき 2 つの自己同型 ψ_k, ψ_l に対して
$$\psi_k(\psi_l(\xi)) = \psi_k(\xi^l) = \xi^{kl} = \psi_l(\psi_k(\xi))$$
だから，ψ_k, ψ_l は交換可能，つまりほどこす順序によらないことは明らかである．従ってガロア群は位数 $\varphi(n)$ のアーベル群である．また任意の整数 a に対し，$\xi^k = \xi^{k+an}$ であるから，自己同型 ψ_k は k の剰余類にのみ依存する．この対応により，円分拡大のガロア群は既約剰余類の乗法群 $(\boldsymbol{Z}/n\boldsymbol{Z})^\times$ と同型である．従って次の結果が得られた．

定理 3.4.4 $\boldsymbol{Q}$ 上の方程式 $x^n - 1 = 0$ の分解体のガロア群は，位数 $\varphi(n)$ のアーベル群である．

さて K は標数 0 の体，ξ は 1 の原始 n 乗根とする．このとき基礎体の拡大に関する定理 3.2.13 より次の系を得る．

系 3.4.5 K に 1 のベキ根を付加した単純拡大 $K(\xi)$ は K のガロア拡大で，ガロア群はアーベル群である．

■**標数 p の場合**

さてここで標数 p の素体 $\boldsymbol{F}_p$ を基礎体として方程式 $x^n - 1 = 0$ を考えよう．例えば p が奇素数で $p = n$ のとき，$(x-1)^p = x^p - 1$ だから方程式 $x^p - 1 = 0$ の解は 1 だけ（p 重解）である．逆に n は p と素であるとすると，補題 2.5.12 で述べたように方程式 $x^n - 1 = 0$ は重解を持たない．この方程式の分解体のなかで，1 の n 乗根はやはり n 個あり，それらは積に関して位数 n のアーベル群をなしている．複素数体の場合と同様に，1 の原始 n 乗根の存在が次のように示される．

定理 3.4.6 n は p と素とする．このとき $\boldsymbol{F}_p$ 上の 1 の n 乗根たちのなす乗法群 ζ_n は巡回群である．

証明 方程式 $x^n - 1 = 0$ が重根を持たないことから，アーベル群 ζ_n は，n の任意の約数 d に対し，$x^d = e$ となる元がちょうど d 個あるという性質を持つ．$n = q_1^{a_1} \cdots q_k^{a_k}$ を素因数分解とする．$A_i = \{u \in \zeta_n \, ; \, u^{q_i^{a_i}} = 1\}$ は位数が素数ベキ $q_i^{a_i}$ の部分群であるが，ζ_n と同じ性質を持つ．このとき A_i は位数がちょうど $q_i^{a_i}$ の元を持つことが容易にわかる．従って A_i は巡回群であり，系 2.4.9 より A も巡回群である． □

$\boldsymbol{F}_p$ 上の方程式 $x^{p^n} - x = 0$ の解の集合 $\boldsymbol{F}_{p^n}$ は体であった（定理 3.1.10）．従って上から次の系を得る．

> **系 3.4.7** 体 $\boldsymbol{F}_{p^n}$ の乗法群 $(\boldsymbol{F}_{p^n})^\times$ は巡回群である.

これから初等整数論のよく知られた結果が得られる.まず $\boldsymbol{F}_p = \boldsymbol{Z}/p\boldsymbol{Z}$ に注意しよう.方程式 $x^{p-1} - 1 = 0$ を $\boldsymbol{Z}/p\boldsymbol{Z}$ の中で解くことを考える.このとき剰余類 $[1], [2], \ldots, [p-1]$ はこの方程式のすべての解を尽くしている.従って解と係数の関係,つまり

$$x^{p-1} - [1] = (x - [1]) \cdots (x - [p-1])$$

の定数項を比較すると,次のウィルソンの定理を得る.

> **定理 3.4.8** p は奇素数とする.このとき
> $$(p-1)! \equiv -1 \pmod{p}$$
> が成り立つ.

■**方程式** $x^n - a = 0$ と n 乗根

a を基礎体 K の元とするとき,$x^n - a = 0$ の形の方程式を 2 項方程式という.ただし,$a = 1$ の場合は前項で扱ったし,また様相がかなり異なるので,ここでは $a \neq 1$ と仮定する.上のような方程式の解とは,a の n 乗根 $\sqrt[n]{a}$ のことである.ただし,この記号には注意が必要である.a が複素数であれば,25 頁で述べたように n 個ある解のうち,特定のもの(偏角が非負で最小となるもの)を $\sqrt[n]{a}$ と表わすことができたが,a が不定元であれば,一般的な方法で n 個ある解から特定のものを指定することはできない.従ってここでは,$\sqrt[n]{a}$ と表わした場合,それぞれの状況で 1 つの解を選んであるものとする.その際,1 つの式のなかに同じ記号 $\sqrt[n]{a}$ が複数回現われるときは,それらは同じものを表わすとする.

さて,基礎体 K は係数 a を含む標数 0 の体とし,K に a の 1 つの n 乗根 $\sqrt[n]{a}$ を付加した体 $K(\sqrt[n]{a})$ を考えよう.これは一般には $\sqrt[n]{a}$ の選び方によって異なる.例えば,$x^3 - 2 = 0$ の解は,ω を 1 の原始 3 乗根とするとき $\sqrt[3]{2}, \sqrt[3]{2}\omega, \sqrt[3]{2}\omega^2$ の 3 つである.K が有理数体のとき方程式は既約だから $\boldsymbol{Q}(\sqrt[3]{2})$ と $\boldsymbol{Q}(\sqrt[3]{2}\omega)$ は共役ではあるが異なっている.また,$x^3 - 8 = 0$ の場

合方程式は可約で, 2つの体 $Q(2) = Q$ と $Q(2\omega)$ は同型でもない. しかし, 基礎体 K が 1 の n 乗根をすべて含む (原始 n 乗根を 1 つ含んでいればよい) ときは, $K(\sqrt[n]{a})$ は $\sqrt[n]{a}$ の選び方によらない. 実際次の補題が成り立つ.

補題 3.4.9 基礎体 K が 1 の n 乗根をすべて含むとする. このとき方程式 $x^n - a = 0$ の 1 つの解を付加した単純拡大体 $K(\sqrt[n]{a})$ はそれ自身で方程式の分解体である.

証明 ξ を 1 の原始 n 乗根とする. このとき方程式のすべての解は
$$\sqrt[n]{a}, \xi\sqrt[n]{a}, \ldots, \xi^{n-1}\sqrt[n]{a}$$
で与えられるが, これらはすべて体 $K(\sqrt[n]{a})$ に属しているからである. □

さて定理 3.2.6 より方程式の分解体はガロア拡大であった. 従って基礎体 K が 1 の n 乗根をすべて含むとき, $K(\sqrt[n]{a})$ は K 上ガロア拡大である. そのガロア群を求めよう. まず, 方程式 $x^n - a = 0$ は K 上既約であるとする. このときすべての解は共役である. 例 3.2.4 より, $\sqrt[n]{a}$ をその共役元 $\xi^k \sqrt[n]{a}$ に写す K 上の自己同型がただ 1 つ存在する. これを g_k と表わすと, ガロア群は $g_0, \ldots, g_{n-1}$ の n 個の元からなる.
$$g_l(g_k(\sqrt[n]{a})) = g_l(\xi^k \sqrt[n]{a}) = \xi^k(\xi^l \sqrt[n]{a}) = \xi^{k+l} \sqrt[n]{a}$$
であり, 自己同型は $\sqrt[n]{a}$ の行先で決まるから $g_l g_k = g_{k+l}$ が成り立つ. 従って $(g_1)^j = g_j$ である. g_n は恒等写像であり, 逆に $0 < k < n$ であれば g_k は恒等写像ではない. 従ってガロア群は g_1 で生成された位数 n の巡回群である. 次に方程式 $x^n - a = 0$ が K 上既約でなければ, $\sqrt[n]{a}$ と共役な解は全体の一部となる. 従ってガロア群は位数 n の巡回群の部分群だから, 定理 2.4.11 よりやはり巡回群である.

さて, 基礎体 K が 1 の原始 n 乗根を含まない場合を考えよう. K に 1 の原始 n 乗根 ξ を付加した体 $K(\xi)$ を K' と表わす. 系 3.4.5 より K' は K のガロア拡大でガロア群はアーベル群であった. また上に述べたことから, 単純拡大体 $K'(\sqrt[n]{a})$ は K' のガロア拡大で, ガロア群は巡回群である. さらに $K'(\sqrt[n]{a}) = K(\xi, \sqrt[n]{a})$ において, ξ と $\sqrt[n]{a}$ の K 上の共役元はす

てまた $K(\xi, \sqrt[n]{a})$ に属していることは明らかである.従って補題 3.2.8 より,$K(\xi, \sqrt[n]{a})$ は基礎体 K のガロア拡大である.

以上から n 乗根を付加した体の構造定理が得られた.

定理 3.4.10 体 K の元 a の n 乗根の 1 つを $\sqrt[n]{a}$ とする.$K' = K(\xi)$ は K に 1 の原始 n 乗根 ξ を付加した体とする.また $K'' = K(\xi, \sqrt[n]{a}) = K'(\sqrt[n]{a})$ とする.このとき
$$K \subset K', \quad K \subset K'', \quad K' \subset K''$$
はすべてガロア拡大である.ガロア群 $A = \mathrm{Gal}(K'/K)$ はアーベル群,$G' = \mathrm{Gal}(K''/K')$ は巡回群である.$A = \mathrm{Gal}(K'/K)$ は $G = \mathrm{Gal}(K''/K)$ の正規部分群で,剰余群 G/N は G' と同型である.特に G は可解群である.$G' = \mathrm{Gal}(K''/K')$ の位数は n の約数で,位数がちょうど n となるための必要十分条件は,方程式 $x^n - a = 0$ が K 上既約であることである.

■巡回拡大と 2 項方程式

さて,基礎体 K のガロア拡大 L は,そのガロア群が巡回群,あるいはアーベル群のとき,それぞれ巡回拡大,あるいはアーベル拡大であるという.例えば,$\mathbf{Q}$ 上の n 次円分体はアーベル拡大である.

補題 3.4.11 L は基礎体 K のガロア拡大とする.K と L の中間体の列
$$K = K_0 \subset K_1 \subset \cdots \subset K_{m-1} \subset K_m = L$$
があって,各 i に対し K_i が K_{i-1} の巡回拡大となるとき,ガロア群 $\mathrm{Gal}(L/K)$ は可解群である.

証明 $G = \mathrm{Gal}(L/K)$ の部分群 $\mathrm{Gal}(L/K_i)$ を G_i とする.このとき部分群の列
$$G = G_0 \supset G_1 \supset \cdots \supset G_{m-1} \supset G_m = \{e\}$$
が得られる.体の拡大 $K_{i-1} \subset K_i \subset K_m = L$ に定理 3.2.11 を適用すると,G_i は G_{i-1} の正規部分群で,剰余群は巡回群である.従って系 2.3.23 より G

は可解群である. □

基礎体 K 上既約な方程式 $f(x) = 0$ の分解体のガロア群を，方程式 $f(x) = 0$ のガロア群と呼ぶが，一般には，まったく異なる方程式から同じガロア群が得られることがあり，ガロア群から方程式を定めることはできない．しかし，ガロア群が巡回群の場合はある意味でこの逆が成り立つのである．

> **定理 3.4.12** 体 K は 1 の n 乗根をすべて含むと仮定する．L は K の n 次巡回拡大とする．このとき，体 K の元 a があって，L は K 上の既約方程式 $x^n - a = 0$ の分解体である．

証明 L を単純拡大 $K(\beta)$ の形に表わしておく（定理 3.1.9）．ガロア群 $\mathrm{Gal}(L/K)$ の生成元を g とする．ξ を 1 の原始 n 乗根とするとき，L の元

$$u = \beta + \xi g(\beta) + \xi^2 g^2(\beta) + \cdots + \xi^{n-1} g^{n-1}(\beta)$$

を考えよう．このとき

$$\xi g(u) = \xi g(\beta) + \xi^2 g^2(\beta) + \cdots + \xi^n g^n(\beta) = u$$

が成り立つ．従って $g(u) = \xi^{-1} u$ である．$a = u^n$ とおけば

$$g(a) = g(u^n) = (g(u))^n = a$$

である．従って a はガロア群の不変な元だから，系 3.2.9 より基礎体 K に属する．つまり元 u は方程式 $x^n - a = 0$ の解である．この方程式の他の解は $\xi^i u$ と表わせるが，$\xi^i u = g^{-i} u$ だから，解は互いに共役である．従って方程式 $x^n - a = 0$ は既約である．上の定理から，方程式 $x^n - a = 0$ の分解体 $K(u)$ は次数 n の巡回体だから，拡大次数を考えると $L = K(u)$ である． □

3.5 ガロアが考えたこと

■一般方程式

まず n 次代数方程式を，標数 0 の体上で最も一般的に考えるとはどういうことかを定式化しよう．n 次多項式

$$f(x) = x^n + u_1 x^{n-1} + \cdots + u_{n-1} x + u_n$$

が一般多項式であるとは，係数 $u_1, \ldots, u_n$ が不定元（それらの間に代数的関係がなくどのような数も代入できる）であることである．つまり，$f(x)$ の係数の体は有理数体 $\boldsymbol{Q}$ に不定元 $u_1, \ldots, u_n$ を付加した体，つまり n 変数有理関数体 $K = \boldsymbol{Q}(u_1, \ldots, u_n)$ と考えることができる．L を例えば $\boldsymbol{C}$ のような $\boldsymbol{Q}$ の拡大体とするとき，$a_i \in L$ を係数とする多項式

$$g(x) = x^n + a_1 x^{n-1} + \cdots + a_{n-1} x + a_n$$

は，一般多項式 $f(x)$ の係数 u_i に特定の元 a_i を代入したものと考えることができる．$f(x)$ が一般多項式のとき，方程式 $f(x) = 0$ を一般方程式という．

このような方程式のガロア群を調べるため，根のほうから逆に考える．まず，$t_1, \ldots, t_n$ を不定元とする有理数体 $\boldsymbol{Q}$ 上の有理関数体 $\boldsymbol{Q}(t_1, \ldots, t_n)$ を考える．$\sigma_1 = \sigma_1(t_1, \ldots, t_n), \ldots, \sigma_n = \sigma_n(t_1, \ldots, t_n)$ を $t_1, \ldots, t_n$ たちの基本対称式とする．対称式の基本定理 3.3.3 より基本対称式 σ_i たちの間には代数的関係はないから，$\sigma_1, \ldots, \sigma_n$ で生成された $\boldsymbol{Q}(t_1, \ldots, t_n)$ の部分体は有理関数体 $\boldsymbol{Q}(\sigma_1, \ldots, \sigma_n)$ である．

さて，不定元 $t_1, \ldots, t_n$ たちを根とする多項式 $g(x)$ を考えると

$$g(x) = (x - t_1) \cdots (x - t_n) = x^n - \sigma_1 x^{n-1} + \cdots + (-1)^n \sigma_n$$

だから，係数は基本対称式 $(-1)^i \sigma_i(t_1, \ldots, t_n)$ である．従って方程式 $g(x) = 0$ の係数体は有理関数体 $\boldsymbol{Q}(\sigma_1, \ldots, \sigma_n)$ で，また定義からその分解体は有理関数体 $\boldsymbol{Q}(t_1, \ldots, t_n)$ に他ならない．定理 3.2.6 より方程式の分解体はガロア拡大で，ガロア群の元は根 $t_1, \ldots, t_n$ の置換を与える．一方分解体 $\boldsymbol{Q}(t_1, \ldots, t_n)$ は有理関数体だから，補題 3.3.2 より，$t_1, \ldots, t_n$ の任意の置換 $\gamma \in \Sigma_n$ は体 $\boldsymbol{Q}(t_1, \ldots, t_n)$ の自己同型を与える．従って分解体のガロア群，つまり方程式 $g(x) = 0$ のガロア群は n 次対称群 Σ_n である．

さて方程式 $g(x) = 0$ の係数体は有理関数体 $\boldsymbol{Q}(\sigma_1, \ldots, \sigma_n)$ であった．基本対称式 $\sigma_i(t_1, \ldots, t_n)$ たちの間には代数的関係はないから，σ_i を u_i に写すことで，$\boldsymbol{Q}(\sigma_1, \ldots, \sigma_n)$ は一般方程式 $f(x) = 0$ の係数体 $\boldsymbol{Q}(u_1, \ldots, u_n)$ と同型である．従って上の方程式 $g(x) = 0$ は一般方程式 $f(x) = 0$ の係数を単に書き換えたものと考えてよい．従って次の定理が示された．

> **定理 3.5.1** 一般方程式
> $$f(x) = x^n + u_1 x^{n-1} + \cdots + u_{n-1} x + u_n = 0$$
> のガロア群は n 次対称群 Σ_n である.

■解の公式とは何か

さて，一般多項式
$$f(x) = x^n + u_1 x^{n-1} + \cdots + u_{n-1} x + u_n$$
を考えよう．この多項式の 1 つの根，あるいは言い換えると方程式 $f(x) = 0$ の 1 つの解が，不定元 $u_1, \ldots, u_n$ たちの**式** $\alpha(u_1, \ldots, u_n)$ で表わされたとする．このような式があれば，u_i に特定の元 a_i を代入することにより，**すべての n 次方程式の 1 つの解を得ることができる**．その意味でこのような式は**解の公式**と呼ばれる．

ここで，2 次あるいは 3 次方程式の解の公式と同様に，上のような式に許される算法としては，有理演算とベキ根をとることに限るとするのである．このような式の例として，基礎体 K の元 a, b, c の式
$$\sqrt[5]{a + \sqrt{b - \sqrt[3]{c}}} + 2\sqrt[3]{c}$$
を考えよう．ただし n 乗根の記号は 135 頁で述べた約束で用いる．この式で一番内部にある根号は $\sqrt[3]{c}$ である．今 $b - \sqrt[3]{c} = \beta$, $a + \sqrt{b - \sqrt[3]{c}} = \gamma$ とおくと，上の式は K に $\sqrt[3]{c}, \sqrt{\beta}, \sqrt[5]{\gamma}$ を順次付加した体 $K(\sqrt[3]{c})(\sqrt{\beta})(\sqrt[5]{\gamma})$ に属する．逆にこのような体 $K(\sqrt[3]{c})(\sqrt{\beta})(\sqrt[5]{\gamma})$ の元は有理演算と根号で表わされる．

そこで一般に基礎体 K を K_0 とし，K_0 の元 a_0 の一つの n_0 乗根 $\sqrt[n_0]{a_0}$ を付加した体 $K_0(\sqrt[n_0]{a_0})$ を K_1 と表わす．K_1 の元 a_1 の一つの n_1 乗根 $\sqrt[n_1]{a_1}$ を付加した体 $K_1(\sqrt[n_1]{a_1})$ を K_2 とし，以下同様の操作を繰り返して得られる体を K_r と表わす．このとき K_r の元として表わされるような式を，「基礎体 K の元から有理演算とベキ根を繰り返し用いて表わされる式」と呼ぶ．ただし，$\sqrt[nm]{a}$ は 2 重のベキ根 $\sqrt[n]{\sqrt[m]{a}}$ で表わすことができるので，素数 p に対するべキ根 $\sqrt[p]{a}$ だけを用いて表わされる式，としてもよいのである．

また基礎体 K 上の方程式 $f(x) = 0$ の 1 つの解が，上のような体 K_r に含まれるとき，その解は基礎体の元から有理演算とベキ根を用いて表わされるというのである．

補題 3.5.2 K は体，L は K のガロア拡大で 1 の原始 n 乗根を含むと仮定する．L の元 α の K 上の共役元を $\alpha = \alpha_1, \alpha_2, \ldots, \alpha_k$ とする．このとき L に $\sqrt[n]{\alpha_1}, \ldots, \sqrt[n]{\alpha_k}$ を付加した体 $L(\sqrt[n]{\alpha_1}, \ldots, \sqrt[n]{\alpha_k})$ は K のガロア拡大である．

証明 α の最小多項式を $f(x)$ とする．従ってその根が $\alpha = \alpha_1, \ldots, \alpha_k$ である．いま，$g(x) = f(x^n)$ とする．このとき ξ を 1 の原始 n 乗根とすると，$\xi^i \sqrt[n]{\alpha_j}$ たちが $g(x)$ の根である．仮定からこれらはすべて体 $L' = L(\sqrt[n]{\alpha_1}, \ldots, \sqrt[n]{\alpha_k})$ の元である．従って L が K のガロア拡大であることと，$\sqrt[n]{\alpha_1}, \ldots, \sqrt[n]{\alpha_k}$ の K 上の共役元はまた L' に属することから，補題 3.2.8 より L' は K のガロア拡大である． □

1 の 3 乗根 $\omega = (-1 + \sqrt{-3})/2$ は平方根を用いて表わされる．さらに一般に次が成り立つ．

補題 3.5.3 1 の n 乗根，つまり $\mathbf{Q}$ 上の方程式 $x^n - 1 = 0$ のすべての解は，有理演算と n より小さい素数 p に対する p 乗根を繰り返し用いて表わすことができる．

証明 n に関する数学的帰納法で証明する．つまり n より小さい自然数に対し補題が成り立つとする．定理 3.4.4 より，方程式 $x^n - 1 = 0$ の $\mathbf{Q}$ 上の分解体はアーベル拡大で，ガロア群の位数はオイラーの関数 $\varphi(n)$ である．$\mathbf{Q}$ に 1 の $\varphi(n)$ 乗根をすべて付加した体を K とする．$\varphi(n) < n$ だから，帰納法の仮定より，1 の $\varphi(n)$ 乗根は，有理演算と n より小さい素数 p に対する p 乗根を繰り返し用いて表わすことができることに注意する．

一方，定理 3.2.13 より，方程式 $x^n - 1 = 0$ の K 上の分解体 L はやはりアーベル拡大で，ガロア群は上のガロア群の部分群だから，位数は $\varphi(n)$ の約

数である．このとき定理 3.2.12 より，部分体の列
$$K = K_0 \subset K_1 \subset \cdots \subset K_r = L$$
があって $K_{i-1} \subset K_i$ は素数 p_i 次の巡回拡大とできる．体 $K \subset K_{i-1}$ は 1 の $\varphi(n)$ 乗根をすべて含むから，1 の p_i 乗根をすべて含む．従って定理 3.4.12 より K_i は K_{i-1} 上の方程式 $x^{p_i} - a = 0$ の分解体である．つまり，a の p_i 乗根によって表わされる．従って $K_r = L$ の元，特に 1 の n 乗根はこのような素数乗根を繰り返し用いて表わせる． □

定理 3.5.4　$f(x) = 0$ は基礎体 K 上の既約方程式とする．
(1) 方程式 $f(x) = 0$ の分解体 L のガロア群が可解であれば，方程式のすべての解は，基礎体の元から有理演算とベキ根を用いて表わすことができる．
(2) 逆に方程式 $f(x) = 0$ の 1 つの解が有理演算とベキ根を用いて表わすことができるなら，分解体 L のガロア群は可解である．

証明　(1) まず，基礎体 K に必要なだけ 1 のベキ根を付加した体を K' とし，基礎体を K' に拡大しておく．このとき定理 3.2.12 より方程式 $f(x) = 0$ の K' 上の分解体 L' のガロア群は L のガロア群の部分群だから，仮定と定理 2.3.21 よりやはり可解である．補題 3.5.3 より，K' は K からベキ根をとることで得られるから，K', L' について (1) を示せばよい．このとき定理 3.2.12 より L' の部分体の列
$$K' = K'_0 \subset K'_1 \subset \cdots \subset K'_{r-1} \subset K'_r = L'$$
があって，各ステップは素数次の巡回拡大である．基礎体に 1 のベキ根が十分含まれているから，定理 3.4.12 から，各 K'_i は順次適当なベキ根 $\sqrt[p]{a}$ を付加して得られる．これを繰り返し用いれば定理は示される．

(2) 仮定より，$K_{i+1} = K_i(\sqrt[n_i]{a_i})$ によって定まる体の列
$$K = K_0 \subset K_1 \subset \cdots \subset K_r$$
があって方程式 $f(x) = 0$ の 1 つの解が K_r に含まれる．まず，必要なだけ 1 のベキ乗根をすべて K に付加した体を $K' = K'_0$ とする．系 3.4.5 より，これ

は K のアーベル拡大である.さらに定理 3.4.10 より,$K_1' = K_0'(\sqrt[n]{a_0})$ は基礎体 K のガロア拡大である.

次に元 $a_1 \in K_1 \subset K_1'$ の n_1 乗根を K_1' に付加した体は,基礎体 K 上ガロアとは限らない.そこで補題 3.5.2 を $L = K_1'$, $\alpha = a_1$ として適用すると K_1' の拡大体で K のガロア拡大となるものが得られる.これを K_2' とおく.これは n 乗根を順次付加して得られたことに注意する.以下同じことを r まで繰り返し,K のガロア拡大 K_r' を作る.そこで K_r' のガロア群 $G = \mathrm{Gal}(K_r'/K)$ が可解群であることを示そう.中間体 K' は K のアーベル拡大(系 3.4.5)である.従ってガロア群 $G' = \mathrm{Gal}(K_r'/K')$ が可解群であれば,定理 2.3.22 より G も可解となる.さて K' から K_r' までのガロア拡大は,順次ベキ乗根を付加して得られた.つまり体の拡大の列

$$K' = L_0 \subset L_1 \subset \cdots \subset L_{m-1} \subset L_m = K_r'$$

であって,$L_i = L_{i-1}(\sqrt[n_i]{\beta_i})$ の形の拡大である.$L_0 = K'$ には必要なだけの 1 のベキ乗根が含まれているから,L_{i-1} もそうであり定理 3.4.10 より L_i は L_{i-1} の巡回拡大である.従って補題 3.4.11 より G' は可解であり,上に述べたように G も可解である.

さて仮定より $f(x)$ は K 上既約で,その 1 根が $K_r \subset K_r'$ に含まれる.K_r' は K のガロア拡大だから,$f(x)$ の分解体 M は K_r' に含まれる.従ってガロア群 $\mathrm{Gal}(M/K)$ は $\mathrm{Gal}(K_r'/K)$ の剰余群であり,定理 2.3.21 より可解である. □

■アーベルの定理

さて本節の最初に示したように,n が 5 以上のとき一般多項式のガロア群は対称群 Σ_n で,系 3.3.19 より可解ではない.従ってアーベルの定理として知られる次の定理を得る.

定理 3.5.5 n が 5 以上の整数のとき,n 次の一般方程式の解を,有理演算とベキ根を用いて表わすことはできない.

注 3.5.1 これは特定の方程式の解が有理演算とベキ根を用いて表わせるこ

とを否定しているわけではない．例えば
$$x^6 + ax^3 + b = 0$$
の解は明らかに平方根と立方根によって表わせる．

さて，対称群 Σ_n の部分群である交代群 A_n を思い出そう（127 頁）．これは差積 $\Delta(t_1, \ldots, t_n) = \prod_{i>j}(t_i - t_j)$ を動かさない置換（偶置換）たちのなす Σ_n の正規部分群で，剰余群 Σ_n/A_n は位数 2 の巡回群である．$\boldsymbol{Q}$ 上の有理関数体 $L = \boldsymbol{Q}(t_1, \ldots, t_n)$ と，基本対称式 $\sigma_1, \ldots, \sigma_n$ たちで生成された部分体 $K = \boldsymbol{Q}(\sigma_1, \ldots, \sigma_n)$ を考えると，ガロアの基本定理（定理 3.2.10）から A_n 不変な部分体
$$L^{A_n} = \{u \in L \,;\, \gamma u = u, \,\forall \gamma \in A_n\}$$
は K に判別式の平方根 $\Delta = \sqrt{D}$ を付加した 2 次拡大 $K(\sqrt{D})$ である．従って n 変数の有理式 $u(t_1, \ldots, t_n)$ が A_n 不変であれば，適当な対称多項式 f_1, f_2 によって
$$u = f_1 + f_2 \Delta$$
と一意的に表わせる．

特別の場合として 3 次方程式の解の公式が得られる「仕組み」を考えてみよう．一般の 3 次方程式の分解体のガロア群は対称群 Σ_3 である．Σ_3 の正規部分群である交代群 A_3 は位数 3 だから巡回群で，剰余群 Σ_3/A_3 は位数 2 の巡回群である．従って Σ_3 は可解群である．方程式の基礎体を K，分解体を L とすれば，上のように中間体 L^{A_3} が得られる．K から L^{A_3} は平方根 $\sqrt{D}$ を付加して得られ，また，L^{A_3} から L は 3 次の巡回拡大だから定理 3.4.12 より，適当な 3 乗根を付加することで得られる．つまり 3 次方程式の解は，平方根と立方根をとることで得られるのである．

第4章 ユークリッド幾何と体

4.1 ユークリッド幾何と実数

　古典的ユークリッド幾何とは簡単にいえば，平面上の点や直線がみたすいくつかの最も基本的な性質を公理と呼び，これらの公理から幾何学的直感と厳密な論証によって，3角形や円などの図形のさまざまな性質を調べていくものである．

　最も簡単な公理「異なる2点を通る直線が存在する」を考えてみよう．ここにはまず基本的な対象である「点」や「直線」，あるいはそれらの間の関係として「通る」というような「用語」があり，それらがみたす性質として「公理」がある．さらに別の基本的用語や公理を組み合わせて，新しい用語や概念を「定義」したり，公理たちの性質から論理規則に基づく推論によって「定理」を「証明」することができる．このようにして，定義や定理を次々と積み上げた壮大な体系がユークリッド幾何である．

　ユークリッドの原論では「点」や「直線」のような最も基本的な図形的対象，あるいは「通る」ということの具体的な定義は与えられていない．それらはだれもがよく知っていて改めて説明しなくともよいとされている．いわば定冠詞付きの「the 点」であり「the 直線」なのである．しかし具体的な定義がないのだから，無理やり図形のイメージを忘れてしまえば，「2つの種類の物（点と直線）の間に，ある関係（通る）が成り立つかどうかが定まっていて，これこれの性質をみたす」といっているにすぎないのである．この考えを徹底すると次のようになる．点や直線のような基本的対象や通るといった関係をすべて「記号化」することができる．このとき，公理は記号たちの1つの列であり，証明とは論理規則に従って並べられた記号の列と考えることができる．

ユークリッド幾何は図形の数学であり，その目的は図形の性質の探究である．一方，その手段である証明は，先ほど述べたように形式的な記号列とも考えられる．しかし，この目的と手段は絡み合っており，証明においても，図形に関する直感の果たす役割は本質的である．例として次のパッシュの公理と呼ばれる公理を考えよう．

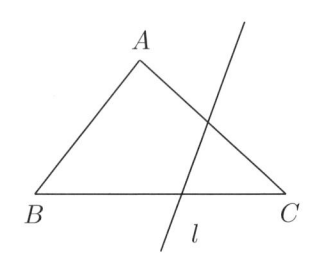

「A, B, C は1直線上にない3点，l は3点 A, B, C のいずれをも通らない直線とする．このとき，直線 l は3線分 AB, AC, BC のどれとも交わらないか，2線分と交わるかのいずれかである．」

この公理を記号化するのは簡単である．しかし図を見ないでこの公理の意味を理解するのは難しい．一般に証明というのが推論規則で許される記号の列であるとすれば，前提から出発する可能な記号列は複雑多岐であり，正しい結論にたどりつくことは，上のような図形的イメージの助けなしでは不可能であろう．有効な補助線を引くことにより，一挙に正しい結論を得ることができるのがユークリッド幾何の醍醐味である．古典的ユークリッド幾何の持つ本来の魅力は，図形の美しさとともに，幾何的直感に導かれた厳密な推論のなすハーモニーにある．その意味で今日，中学や高校でユークリッド幾何を時間をかけて学ばないのが残念である．

古代ギリシャ以来，古典的ユークリッド幾何は我々がよく知っている理想的な平面の図形たちという唯一無二の対象の研究とされてきた．しかし19世紀になって，平行線が無数に存在するような非ユークリッド幾何が発見された．そのような幾何のモデルでは，「直線」の意味は古典的ユークリッド幾何とは異なっていたが，それでも「平行線公理」以外の公理はすべてみたしていたのである．その後，平行な直線がまったく存在しないような非ユークリッド幾何や，射影幾何などさまざまな幾何学が現われるなかで，直線や角などの対象の「意味」や「内容」と，それらがみたす公理という「形式」を明確に区別して，理

4.1 ユークリッド幾何と実数

論全体をより高い立場から見るという方法が提唱された．これがヒルベルト[*1]による**公理主義**と呼ばれるものである．今日これは幾何学のみならず，算術や実数論，あるいは群や体といった代数系の研究の標準的方法となっている．

ヒルベルトは『幾何学基礎論』[*2] において，上に述べたような公理主義的方法のお手本として，ユークリッド幾何の厳密な公理系を再構成した．『幾何学基礎論』は抽象的で難解であるといわれる．これは，ヒルベルトが意図したことであるが，公理系から意味が追放されていることが大きいと思われる．しかし，公理系において意味，内容と形式を意識的に区別することと，意味を考えない形式論理に終始することは異なるのであって，ヒルベルトは実質的には古典的ユークリッド幾何と同等のモデルを念頭において（つまり常に図を用いて）議論を進めているのである．

また，本書第 1 章で，ユークリッド幾何と数の関係について触れた．そこではユークリッド幾何を展開していくには有理数だけでは不十分であり，$\sqrt{2}$ のような無理数を考える必要があることを見た．しかし，例えば $\sqrt[3]{2}$ のような無理数とユークリッド幾何との関連については不明のままであった．一方，デカルトの創始による座標平面を用いれば，ユークリッド幾何のすべての命題は数と方程式によって記述される．そこでは，例えば $\sqrt{2}$ と $\sqrt[3]{2}$ は実数として同等に扱うことができる．古典的ユークリッド幾何と，代数化されたデカルトの座標幾何の関係の解明もヒルベルトが目指したものである．古典的ユークリッド幾何の公理と同じく，ヒルベルトの公理系も「数」の概念は表面にはまったく現われない．それにもかかわらず，古典的ユークリッド幾何の**代数化**を定式化し，最終的には幾何学から実数がいかにして**生み出される**のかを解き明かしているのである．

この章ではヒルベルトの考えたこのようなことを『幾何学基礎論』にそって見ていこう．なお，ユークリッド幾何には平面幾何と空間幾何があり，平面幾何は空間幾何の一部である．しかし簡明のため，ここでは主として平面幾何に

[*1] David Hilbert(1862–1943) ドイツの数学者．20 世紀初頭の世界の数学の指導者であった．不変式論から研究を始め，数学基礎論を含む数学のほとんどの分野に大きな足跡を残した．彼の提唱した「23 の問題」も有名である．
[*2] D.Hilbert（中村幸四郎訳）『幾何学基礎論』ちくま学芸文庫 (2005)

ついて述べる.なお,本章のこのような目的から,ユークリッド幾何の具体的な定理たちにはあまり触れない.また紙数の関係から定理の証明もかなり省略した.それらについてはヒルベルトの本を参考にしてほしい.その他,公理の扱いがやや古典的ではあるが,小平邦彦先生の成書[*3] なども読むことをお勧めする.

4.2 ヒルベルトの公理系

ヒルベルトの定義する**幾何**とは,まず**点**と呼ばれるものたちの集合と,**直線**と呼ばれるものたちの集合が与えられていて,1つの点 P は1つの直線 l の上にある,または,ない,のいずれかが定まっている.さらにこれらの点や直線が次項以下で述べる公理で定められる性質をみたすものである.

点 P が直線 l の上にあることを,直線 l は点 P を**通る**という.2つの直線が同じ点 P を通るとき,これらの直線は点 P で**交わる**という.ここで点,直線,あるいは通る,というような用語は幾何的イメージを伴っているが,いわゆる無定義語であって以下の公理たちで求められる性質だけから規定されるべきものであるとされる.まったく形式的にいえば,集合 $\mathcal{P}$ と集合 $\mathcal{L}$ があって,$\mathcal{P}$ の元 P と $\mathcal{L}$ の元 l に対し,なんらかの関係 $(P, l) \in R \subset \mathcal{P} \times \mathcal{L}$ が定められていて,これこれの性質をみたす,というように記号だけで記述することも可能である.しかし公理が何をいっているのか理解するために,幾何的イメージを利用することはかまわないし,この章の最初に述べたように,さまざまな命題の証明などは図なしでは不可能であろう.

第2章で,公理による群(49頁)などの代数系の定義を行なった.公理をみたす積演算を有する集合は**すべて**群と呼ばれ,群 A,群 B,,,とさまざまな群があった.また,追加的な条件によって,アーベル群や有限群などを考えた.幾何も形式的には同様であり,公理をみたす点や直線の集合はただ1通りとは限らず,幾何 A,幾何 B などがあり得るのである.また,平行線公理をみたす幾何,みたさない幾何などを考えることができる.この点については,本章

[*3] 小平邦彦『幾何のおもしろさ』岩波書店 (1985)

後半で考える.

■関係

前段で,点と呼ばれるものと,直線と呼ばれるものの「なんらかの関係」というあいまいな表現がでてきたが,以下に述べるヒルベルトの公理系でも,**関係**という用語がしばしば現われる.ここで,1つの集合のいくつかの要素の間の関係という概念を説明しておこう.5 頁で考えた同値関係もある種の性質をみたす関係であった.一般に集合 S の 2 つの要素の間にある関係が定められているとは,S の要素の順序対 (a,b) たちの集合 $S \times S$ の部分集合が定められていることに他ならない.この部分集合を R と表わせば,

$(a,b) \in R \iff a$ と b が(R で定まる)関係にある

ことを意味するのである.ここで考えているのは 2 項関係であるが,3 つ以上の要素についての関係も同様に考えることができる.また,点と直線のように a と b が異なる集合 S, T に属する場合も,直積集合 $S \times T$ の部分集合を与えることが 1 つの関係を定めることに他ならないのである.R が具体的に与えられる場合はわかりやすいのであるが,ヒルベルトの公理系で考える関係とは,公理で要求される性質をみたすものであれば,$S \times S$ のどんな部分集合でもよいのである.関係という概念をこのように抽象的に捉えておくことがヒルベルトの公理系を理解する上で重要である.

さて,平面幾何に関するヒルベルトの公理系は大きく分けて,I 結合公理,II 順序公理,III 合同公理,IV 平行線公理,V 連続公理の 5 つの公理群からなる.

■結合公理

結合公理は I_1, I_2, I_3 の 3 つからなる.

公理 I_1　異なる 2 点を通る直線が存在する.

公理 I_2　異なる 2 点を通る直線は高々 1 つである.

異なる 2 点 A, B を通る(ただ 1 つの)直線を,**直線 AB** と表わす.この公理から直ちに「異なる 2 直線は交わらないか,高々 1 点で交わる」ことが示

される．このような公理から導かれる重要な命題は定理と呼ばれる．上の命題はヒルベルトの本では，定理 1 として挙げられている．直線 AB 上に A, B と異なる点 C があるとき，直線 AB と直線 AC は一致する．実際，この 2 直線はともに異なる 2 点 A, C を通るからである．

> **公理** I_3 すべての直線上には少なくとも 2 つの点が存在する．また，同一直線上にない 3 つの点が存在する．

この公理は，点の集合がただ 1 つで，直線の集合が空集合であるような無意味な場合を除外するためのものであると同時に，考えている幾何が「平面幾何」，つまり 1 つの直線上に限られていないことを要請するものである．

■順序公理

順序公理は 3 つの直線順序公理 II_1, II_2, II_3 と，平面順序公理 II_4 からなる．同一直線上の異なる 3 点に対し，次に述べる 4 つの性質をみたすような関係が定められている．順序の付いた 3 点 A, B, C がその関係にあるとき，これを「B は A と C の間にある」と表わす．

> **公理** II_1 点 B が点 A と C の間にあれば，点 B は点 C と A の間にある．

> **公理** II_2 直線上の異なる 2 点 A, B に対し，B が A と C の間にあるような点 C が存在する．

> **公理** II_3 直線上の異なる 3 点のうち，他の 2 点の間にあるものは高々 1 つである．

次の公理を述べるためいくつかの用語を説明する．異なる 2 点 A, B に対し，直線 AB 上の点は，A と B の間にある，あるいはないという関係がある．直線 AB において 2 点 A, B の間にある部分を表わすため，**線分** AB という用語を使う．つまり，直線 AB 上の点は

(イ) 2 点 A, B の間にあるとき，線分 AB の点，あるいは**内点**
(ロ) 2 点 A, B は線分 AB の**端点**
(ハ) それ以外の点は線分 AB の**外点**

であるという．線分は向きを考えないので，線分 AB と線分 BA は同じ線分を表わす．また，記号 AB は直線，線分のいずれをも表わすので，誤解の恐れがあるときは直線あるいは線分という言葉を明記する．

公理 II_4 A, B, C は 1 直線上にない 3 点，l は 3 点 A, B, C のいずれをも通らない直線とする．このとき，直線 l は 3 線分 AB, AC, BC のどれとも交わらないか，2 線分と交わるかのいずれかである．

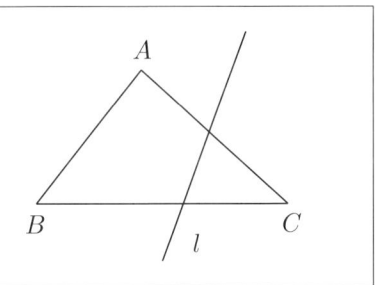

この公理は**パッシュの公理**と呼ばれる．ここで，直線 l が線分 AB と交わるとは，l が線分 AB の内点（間の点）を通ることである．

公理 I と II から，例えば次のような事柄が示される．

定理 4.2.1 任意の異なる 2 点 A, C に対し，直線 AC 上にあって A と C の間の点 B が存在する．

定理 4.2.2 直線上の異なる 3 点のいずれか 1 点は，他の 2 点の間にある．

証明 定理 4.2.1 は次のように示される．右の図において，公理 I_3 より，直線 AC 外に 1 点 D が存在する．また公理 II_2 より，直線 AD 上に点 E であって，D が A と E の間にあるものが存在する．再び公理 II_2 より，直線 CE 上に点 F であって，C が E と F の間にあるものが存在する．このとき直線 AC と AE は異なるから，3 点 A, C, E は同一直線上にはな

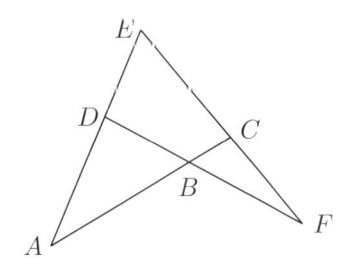

い．従って3点 A, C, E と直線 DF に公理 II_4 を適用すれば，直線 DF と線分 AC は交わるが，その交点 B は A と C の間にある．

次に定理 4.2.2 を考えよう．点 A, C がともに「間」の点ではないとするとき，B が A と C の間にあることをいえばよい．直線 AC 上にない点 D をとる．公理 II_2 より，直線 BD 上に点 G であって，D が B と G の間にあるものが存在する．公理 II_4 より，3角形 $\triangle BCG$ と直線 AD は線分 CG と，C, G の間のある点 E で交わる．このとき3角形 $\triangle ACE$ と直線 GD は線分 AC と点 B で交わるが，公理 II_4 よりそのような交点は A と C の間にある．右上の図は，点 B が最初から「間」にあるように描いているが，論証を見ればそのような仮定は用いていないことに注意しよう． □

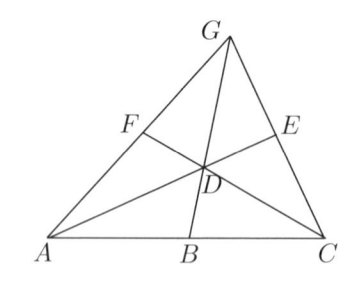

次に，直線上の異なる4点の関係を考える．以下の補題や定理の記述を簡単にするため，次の記法を用いる．異なる3点 A, B, C は，同一直線上にあって，かつ点 B が A と C の間にあるとき $A-B-C$ と表わす．

補題 4.2.3 直線 l 上の異なる4点 A, B, C, D を考える．

(1) $A-B-C$ かつ $B-C-D$ であれば，$A-B-D$ かつ $A-C-D$ である．

(2) $A-B-C$ かつ $A-C-D$ であれば，$A-B-D$ かつ $B-C-D$ である．

証明 (1) 公理 I_3 より直線 l 上にない点 E をとり，さらに公理 II_2 より直線 CE 上に $C-E-F$ となる点 F がとれる．このとき定理 4.2.1 の証明と同様に，線分 AE と線分 BF は交わる．その交点を G とすると，同じ論法から線分 CF と線分 DG は交わる．その交点を H とすると，1直線上にない3点 A, D, G と直線 CF に公理 II_4 を適用すると $A-C-D$ が得られる．$A-B-D$ も同様である．

(2) 公理 I_3 と公理 II_2 より，直線 AD 上にない 2 点 F, G で，$B-G-F$ となるものがとれる．仮定より，点 C は線分 AB の外点である．このとき，線分 CF は線分 AB と交わらない．実際，もし交わるとしてその交点を X とすると，X は線分 AB の内点だから $X \neq C$ である．このとき直線 CX は公理 I_2 より，直線 AC とも直線 CF とも一致するがこれは矛盾である．同じ理由から，線分 CF と線分 BG も交わらない．従って公理 II_4 より線分 CF と線分 AG は交わらない．このとき 3 点 A, D, G と直線 CF に公理 II_4 を適用すると，$A-C-D$ が成り立つ．

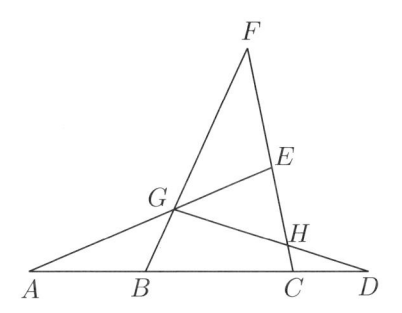

□

定理 4.2.4 直線上の異なる 4 点を A, B, C, D と表わし，次の 4 つの条件
$$A-B-C, \quad A-B-D, \quad A-C-D, \quad B-C-D$$
をみたすようにできる．

証明 4 点を X, Y, Z, W とする．3 点 X, Y, Z は必要があれば名前を取り替えて $X-Y-Z$ であるとしてよい．このとき，3 点 X, Z, W において，間にある点を場合分けして考える．

（イ）W が間の点でない場合；$X-Z-W$ のときは，$X = A, Y = B, Z = C, W = D$ とおけば，補題の (2) の条件をみたすから成り立つ．また $Z-X-W$ のときは，予め X と Z の名前を取り替えておけばよい．

（ロ）W が間の点の場合；さらに 3 点 X, Y, W を考える．

（ロ-1）X が間にあるときは，$W = A, X = B, Y = C, Z = D$ とおくと，補題 4.2.3 の (1) の条件をみたすから成り立つ．

（ロ-2）X が間にない，例えば $X-W-Y$ のときは，$X = A, W = B, Y = C, Z = D$ とおけば補題 4.2.3 の (2) の条件をみたすから成り立つ．$X-Y-W$ の場合も同様である．

□

定理 4.2.5 n を自然数とする．直線上の異なる n 個の点たちに $A_1, A_2, \ldots, A_n$ と名前を付けてこれらが自然数 $1, 2, \ldots, n$ の順序から自然に定まる「間」の関係をみたすようできる．

証明 n に関する数学的帰納法で示す．$n > 4$ とし，$n-1$ まで成り立つとする．直線上の異なる n 個の点から 1 点 X を除いて，残りの $n-1$ 個の点に帰納法の仮定から自然数と同じ順序関係になるよう $A_1, A_2, \ldots, A_{n-1}$ と番号を付ける．X が A_1 と A_{n-1} の間にあるときは，X と A_{n-1} を取り替えて同じことを繰り返せば，X が A_1 と A_{n-1} の間にないとしてよい．さらに必要なら $A_1, A_2, \ldots, A_{n-1}$ を逆順にして $A_1 - A_{n-1} - X$ と思ってよい．ここで $X = A_n$ とおく．$A_1, A_2, \ldots, A_{n-1}$ たちは求める順序関係をみたしているから，証明すべきことは任意の $1 \leq i < j \leq n-1$ に対し $A_i - A_j - A_n$ が成り立つことである．まず，$A_1 - A_{n-1} - A_n$ および $A_1 - A_i - A_{n-1}$ だから，補題 4.2.3 の (2) より $A_i - A_{n-1} - A_n$ である．また，4 点 A_i, A_j, A_{n-1}, A_n に対し，$A_i - A_j - A_{n-1}$ および $A_i - A_{n-1} - A_n$ が成り立っているから，再び補題 4.2.3 の (2) より $A_i - A_j - A_n$ が成り立つ． □

定理 4.2.6 異なる 2 点の間には無限に多くの点が存在する．

証明 異なる 2 点 A, B の間に有限個しか存在しないと仮定する．A, B を含めこれらの点を上の定理のように $A_1, A_2, \ldots, A_n$ と番号が付けられ，公理 II_3 より A_1 と A_2 の間に他の点は存在しないが，これは定理 4.2.1 に反する． □

さて，1 つの直線 l 上に 1 点 O を定めておく．l 上の O と異なる 2 点 A, B は，O が A と B の間にあるとき（O に関し）反対側にあるといい，そうでなければ同じ側にあるという．このとき，2 点が同じ側にあるという関係が同値関係であることは容易に確かめることができる．従って，直線 l の O 以外の点たちは O によってちょうど 2 つに類別される．この一方の側の点たちの集合を**半直線**といい，O を半直線の**端点**という．この半直線はそれ上の O と異

なる任意の点 A によって定まるから半直線 OA と表わすことができる．OA には点 O 自身は含まれないことに注意する．

さて公理 II が順序の公理といわれるのは次の定理が成り立つからである．

定理 4.2.7 直線上の点に順序を与えることができる．つまり，直線上の2点についての順序関係を，次の2つが成り立つよう与えることができる．
　(1) 異なる2点 A, B に対し，$A < B$ あるいは $B < A$ のいずれか一方が成り立つ．
　(2) $A < B$ かつ $B < C$ のとき $A < C$ が成り立つ．

証明 直線上に基準となる点 O と，それとは異なる点 P をとっておいて，$O < P$ と定める．このとき O と異なる点 A は，P と同じ側にあるときは $O < A$，反対側にあるときは $A < O$ と定める．異なる2点 A, B については，それらが O に関して反対側にあるときは，$A < O$ であれば $A < B$ と定め，$B < O$ であれば $B < A$ と定める．また A, B が同じ側のときは，3点 O, A, B について，$O < A$ であれば $O - A - B$ あるいは $O - B - A$ のいずれかが成り立つ．$O - A - B$ のときは $A < B$，$O - B - A$ のときは $B < A$ と定義する．$A < O$ の場合も同様である．このとき (1) が成り立つことは明らかである．これが性質 (2) をみたすことを示そう．$A < B, B < C$ であるとする．$O < A$ のときは，定義から $O - A - B$ であり，$O < B$ である．従って $O - B - C$ であり，補題 4.2.3 の (2) より $O - A - C$ であるが，これは $A < C$ を意味する．$C < O$ の場合は同様である．O が A と C の間，例えば $A - O - B$ のとき，$A < O, O < B$ であり，$O < C$ だから，A と C は反対側にあり，$A < C$ である．他の場合も同様である． □

点 O を端点とする半直線 h 上の異なる2点 A, B を考える．A が O と B の間にあるとき，線分 OA は線分 OB より小さいといい，$OA < OB$ と表わす．このとき定理 4.2.7 から直ちに次の系を得る．

系 4.2.8 上のような線分の集合は全順序集合である．つまり
　(1) 任意の2つの線分 a, b に対し，$a < b, a = b, b < a$ のいずれか1

つが成り立つ．

(2) $a < b$ かつ $b < c$ のとき，$a < c$ が成り立つ

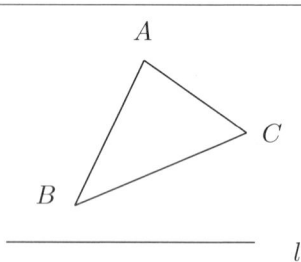

　平面上の点たちも，1つの直線によって2つの組に分けることができる．1つの直線 l が与えられたとき，l 上にない2点 A, B は，l と線分 AB が交わるとき，l に関し**反対側**にあるといい，そうでないとき**同じ側**にあるという．このとき次が証明できる．「直線 l が与えられたとき，l 上にない2点が同じ側にあるという関係は同値関係である」

　反射律，対称律は自明である．また，推移律も成り立つ．つまり，A, B が同じ側にあり，B, C も同じ側にあれば，A, C も同じ側にある．実際 A, C が反対側にあれば，公理 II_4 から線分 AB, BC のどちらかも l と交わるからである．これにより，直線 l 上にない点たちは l の両側に類別されることがわかる．

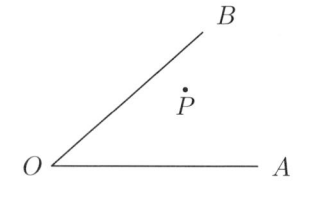

　次に1点 O を端点とする2つの半直線 $h = OA, k = OB$ の組からなる図形を**角**といい，$\angle(h, k)$ あるいは $\angle AOB$ と表わす．角の「向き」は考えないから，$\angle(h, k)$ と $\angle(k, h)$ は同じものと考える．O は $\angle(h, k)$ の**頂点**といい，$h = OA$ あるいは $k = OB$ は**辺**という．

　$\angle(h, k)$ は平面を2つの部分に分ける．通常，この分けられたそれぞれに角（大きい方を優角，小さい方を劣角）を考えるが，ここではその区別をしない．その代わり，劣角に当たるものとして，角の**内部**を次のように定める．点 P は，半直線 h をふくむ直線に関して k と同じ側にあり，かつ，半直線 k をふくむ直線に関して h と同じ側にあるとき，角 $\angle(h, k)$ の内部にあるという．k の点はすべて半直線 h をふくむ直線に関して同じ側にあり，h の点についても同じことがいえるから，内部にあるという定義は，半直線 h, k の任意の点をとって考えても同じである．

半直線 h, k 上にそれぞれ点 P, Q をとるとき，線分 PQ の点はすべて角 $\angle(h, k)$ の内部にある．実際，線分上の点 X が h に関し k の反対側にあるとすると，線分 QX は h を含む直線と交わる．この交点を Y とすると，異なる 2 直線 PQ と h を含む直線が異なる 2 点 P, Y を通り公理 I に反する．また，O を端点とする 3 つの半直線 h, k, l が与えられたとき，l の点は，すべて角 $\angle(h, k)$ の内部に含まれるか，すべて含まれないかのいずれかであることが容易にわかる．

■合同公理

合同公理は線分に関する 3 つの公理 III_1 III_2 III_3，角に関する公理 III_4 と 3 角形に関する公理 III_5 からなる．

▶ 線分に関する公理；2 つの線分にかかわる 1 つの関係が定められている．2 つの線分 AB と $A'B'$ がその関係にあることを，線分 AB は $A'B'$ と「合同である」という用語を用い，$AB \equiv A'B'$ と表わす．合同という関係は次の性質をみたす．

公理 III_1　任意の線分 AB，直線 l' および l' 上の点 A' が与えられたとき，直線 l' の A' に関し与えられた側に点 B' であって，$AB \equiv A'B'$ をみたすものが存在する．

公理 III_2　3 つの線分 $AB, A'B', A''B''$ が $AB \equiv A''B''$ かつ $A'B' \equiv A''B''$ をみたせば $AB \equiv A'B'$ である．

公理 III_3　A, B, C は直線 l 上の 3 点，A', B', C' は直線 l' 上の 3 点で，B は A と C の間にあり，また B' は A' と C' の間にあるものとする．このとき $AB \equiv A'B'$ かつ $BC \equiv B'C'$ が成り立てば $AC \equiv A'C'$ が成り立つ．

▶ 角に関する公理；2 つの角にかかわる 1 つの関係が定められている．2 つの角 $\angle AOB$ と $\angle A'O'B'$ がその関係にあることを，角 $\angle AOB$ と $\angle A'O'B'$

は「合同である」という用語を用い，$\angle AOB \equiv \angle A'O'B'$ と表わす．角の合同という関係は次の性質をみたす．

> **公理** III_4　任意の角はそれ自身に合同である．また，任意の角 $\angle AOB$ と半直線 $O'A'$ が与えられたとき，半直線 $O'B'$ であって $\angle AOB \equiv \angle A'O'B'$ をみたすものが存在する．このような半直線 $O'B'$ は，半直線 $O'A'$ を含む直線に関し，平面の一方の側を指定すれば「ただ 1 つ」定まる．

▶ 3 角形に関する公理：同一直線上にない 3 点 A, B, C の組を 3 角形と呼び，3 角形 ABC あるいは $\triangle ABC$ と表わす．このとき点の順序は関係なく，例えば ABC と ACB などは同じ 3 角形を表わす．点 A, B, C を 3 角形の頂点，線分 AB, BC, CA を辺という．3 角形に関する合同公理とは

> **公理** III_5　ともに同一直線上にない 3 点 A, B, C と A', B', C' が条件
> $$AB \equiv A'B', \quad AC \equiv A'C', \quad \angle BAC \equiv \angle B'A'C'$$
> をみたせば
> $$\angle ABC \equiv \angle A'B'C', \quad \angle ACB \equiv \angle A'C'B'$$
> が成り立つ．

合同という概念がみたすべき性質としては，次の事柄が考えられる．1) 合同という関係は同値関係である，2) 与えられた位置での合同な図形の存在と一意性，3) 線分や角の加法と両立すること，などである．これらについては，線分と角で扱いが異なる．合同な図形の存在は線分，角ともに公理で要請される．線分では，同値関係であることは公理 III_1 と公理 III_2 で本質的に要請されており，また加法との関係は公理 III_3 である．しかし，合同な線分の一意性は次の定理で示すように，他の合同公理を用いて証明される．一方，角については存在と一意性が公理 III_4 で要請されるが，同値関係であること（定理 4.2.21），および加法との関係（定理 4.2.18）は証明することができる．

> **定理 4.2.9**
> (1) 線分の合同は同値関係である．

(2) 公理 III_1 により,与えられた位置に移される合同な線分はただ 1 つである.

証明 (1) 任意の線分 AB に対し,公理 III_1 より,合同な線分 $A'B'$ が存在する.$AB \equiv A'B'$ かつ $AB \equiv A'B'$ と考えると,公理 III_2 より $AB \equiv AB$ だから反射律が成り立つ.次に $AB \equiv A'B'$ とすると,いま述べたことから $A'B' \equiv A'B'$ だから,公理 III_2 より $A'B' \equiv AB$ であり,対称律が成り立つ.このとき推移律も明らかである.

(2) A' を端点とする半直線上に,線分 AB と合同な線分が 2 つ,$A'B'$, $A'B''$ がとれ,$B' \neq B''$ であるとする.このとき直線 $A'B'$ 上にない点 P をとり,2 つの 3 角形 $PA'B'$, $PA'B''$ を考える.このとき $A'B' \equiv AB \equiv A'B''$ だから,公理 III_5 より $\angle A'PB' \equiv \angle A'PB''$ であるが,これは合同な角の一意性に反する. □

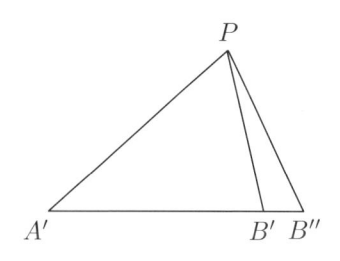

定理 4.2.10 線分の合同類に加法を定義することができる.

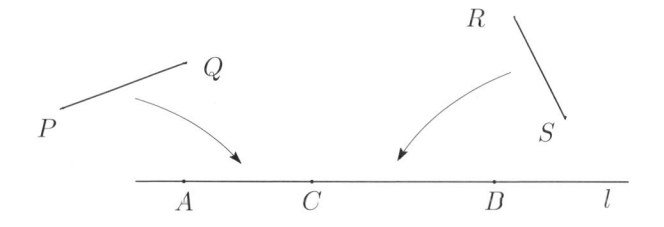

証明 線分 AB の内部に点 C があるとき,線分 AB は線分 AC と CB の「和」であると考える.これを拡張して,任意の線分 PQ と RS に対し,適当な直線 l 上に 3 点 A, C, B を $PQ \equiv AC$, $RS \equiv CB$ となるように選び(公理 III_1),線分 PQ と RS の和を AB と定め,これを $PQ + RS$ と表わす.これはもちろん一意的に定まるわけではないが,別の直線 l' や点 A', B', C' を選んでも,公理 III_3 から $AB \equiv A'B'$ だから,線分の「合同

類」で考えれば，和は上の直線 l などの選び方によらない．またこのことから $PQ \equiv P'Q'$, $RS \equiv R'S'$ であれば，公理 III_2 から $P'Q'$, $R'S'$ に対しても同じ A, B, C を選んでよいから
$$PQ + RS \equiv P'Q' + R'S'$$
であることがわかる．従って線分の「合同類」の「加法」が矛盾なく定義できる．線分の合同類を $a, b, \ldots$ のような文字で表わそう．つまり 2 つの合同類 a, b に対し，その和 $a + b$ が 1 つの合同類として定義される． □

系 4.2.11 線分を自然数倍することができる．

注 4.2.1 線分や角の合同の一意性から次が成り立つ．一方の端点が等しく，もう 1 つの端点が同じ側にある 2 つの線分が合同であればそれらは一致する．また，端点と 1 つの辺 l が等しく，もう 1 つの辺が l に関して同じ側にある 2 つの角が合同であればそれらは一致する．また，線分の減法についても次がわかる．A, B, C は直線 l 上の 3 点，A', B', C' は直線 l' 上の 3 点で，B は A と C の間にあり，また B' は A' と C' の間にあるものとする．このとき $AB \equiv A'B'$ かつ $AC \equiv A'C'$ が成り立てば $BC \equiv B'C'$ が成り立つ．実際，B' を端点とし C' の側に，BC に合同な線分 $B'C''$ をとる．このとき加法に関する公理 III_3 より，$AC \equiv A'C''$ である．一方仮定より $AC \equiv A'C'$ だから，上に述べた一意性より $C'' = C'$ である．

また，合同は同値関係だから，例えば線分 AB が $A'B'$ に合同であれば，$A'B'$ が AB に合同であり，「互いに」合同であるといってもよい．また証明においても，合同関係の向きを気にする必要はないのである．

注 4.2.2 線分や角に関する合同公理はまとめると，「任意の線分や角に対し，それと合同な線分あるいは角を，指定された位置に（一意的に）見つけることができる」ということである．あるいは「任意の線分や角を指定された位置に（合同に）移動することができる」といってもよい．

上に述べた合同の定義や公理は，慣れないと理解するのが難しい．中学などで教えられるユークリッド幾何では，図形の合同は次のように定義される．ま

ず公理として「図形はその大きさや形を変えないで，その位置を自由に変えることができる」とあって，「2つの図形は，一方を動かして他方にちょうど重ねることができるとき，合同である」というのである．この定義は直感的にはわかりやすいが，例えば線分のような簡単な場合でも，大きさや形を変えず動かすとはどういうことかが，剛体のようなイメージでは理解できても数学的には明確でない．また，高校では解析幾何を学ぶが，そこでは平面に座標を導入し，平行移動や回転などが具体的に定義される．「大きさや形を変えず動かす」とは平行移動や回転のことであるとすることにより，合同の定義ができる．いずれにせよ，2つの図形が先に与えられたとき，かくかくの条件をみたせば合同である，というような形の定義には，「かくかくの条件」のところになんらかの意味が付随する．

ヒルベルトが試みたのは，公理から「意味」や「内容」を排除して，しかも，結果的には幾何的内容も許容するような定義であった．つまり，合同という概念が持つべき形式的な性質たちを抜き出し，それらを公理として挙げることにより暗 (inplicit) に定義の代わりとしたのである．

■**公理 I, II, III から得られる諸定理**

以上に述べた公理からユークリッド幾何のよく知られた結果を導くことができる．証明が容易なもの，あるいはその結果が後の議論に必要のないものには証明を省略する．

まず，2つの3角形 $\triangle ABC$ と $\triangle A'B'C'$ は，対応する3辺 (線分)，および3つの角がすべて合同のとき，合同であるという．このとき $ABC \equiv A'B'C'$ あるいは $\triangle ABC \equiv \triangle A'B'C'$ と表わす．

定理 4.2.12 2辺が合同な3角形，つまり2等辺3角形の底角は合同である．

定理 4.2.13 (3角形の第1合同定理) 対応する2辺と挟角がそれぞれ合同な3角形は合同である．

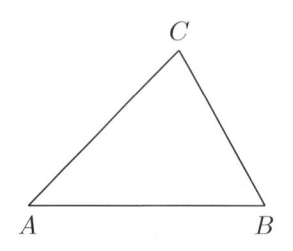

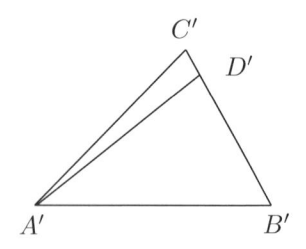

証明 3角形 $\triangle ABC$ と $\triangle A'B'C'$ について
$$AB \equiv A'B', \quad AC \equiv A'C', \quad \angle BAC \equiv \angle B'A'C'$$
が成り立つとする．このとき公理 III_5 より
$$\angle ABC \equiv \angle A'B'C', \quad \angle ACB \equiv \angle A'C'B'$$
が成り立つから，$BC \equiv B'C'$ をいえばよい．公理 III_1 より，直線 $B'C'$ 上に $BC \equiv B'D'$ となる点 D' がとれる．このとき 3 角形 $\triangle ABC$ と $\triangle A'B'D'$ について公理 III_5 より，$\angle BAC \equiv \angle B'A'D'$ である．いま，$BC \not\equiv B'C'$ と仮定すると，C' と D' は異なる点だから，$\angle B'A'C'$ と $\angle B'A'D'$ は異なるが，これは公理 III_4 の角の合同の一意性に矛盾する．従って $BC \equiv B'C'$ である．
□

定理 4.2.14 （3角形の第 2 合同定理） 対応する 2 角と挟辺がそれぞれ合同な 3 角形は合同である．

直角の存在や一意性なども次のように示される．まず直角の定義をしておこう．1 つの直線上に点 O と，O に関して反対側に 2 点 A, B をとる．このとき，直線のなす角 $\angle AOB$ を平角という．角 $\angle AOC$ に対し，直線 AO 上に A の反対側に点 B をとるとき，角 $\angle BOC$ を $\angle AOC$ の**補角**という．このとき明らかに $\angle AOC$ は $\angle BOC$ の補角である．また，角 $\angle AOC$ は，その補角と合同であるとき**直角**であるという．

定理 4.2.15 合同な 2 つの角の補角どうしも合同である．

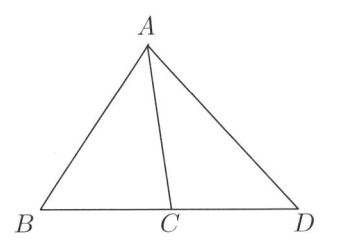

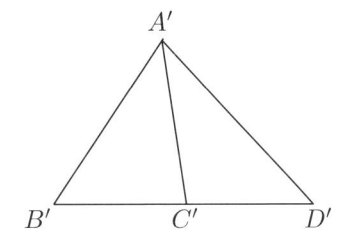

証明 角 $\angle ACB$ と $\angle A'C'B'$ の補角をそれぞれ $\angle ACD$ と $\angle A'C'D'$ とする．ここで点 A, B, D, A', B', D' は $AC \equiv A'C'$, $BC \equiv B'C'$, $DC \equiv D'C'$ となるようにとっておく．さて角 $\angle ACB$ と $\angle A'C'B'$ が合同であると仮定する．このとき2辺狭角相等より，3角形 ABC と $A'B'C'$ は合同だから $\angle ABC \equiv \angle A'B'C'$ および $AB \equiv A'B'$ が成り立つ．線分の加法に関する公理 III_3 より $BD \equiv B'D'$ だから，2辺狭角相等より，3角形 ABD と $A'B'D'$ は合同である．従って $\angle ADB \equiv \angle A'D'B'$ および $AD \equiv A'D'$ が成り立つ．再び2辺狭角相等より，3角形 ACD と $A'C'D'$ は合同であるから，$\angle ACD = \angle A'C'D'$ が成り立つ． □

定理 4.2.16 直角は存在する．

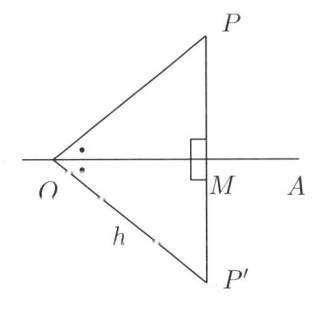

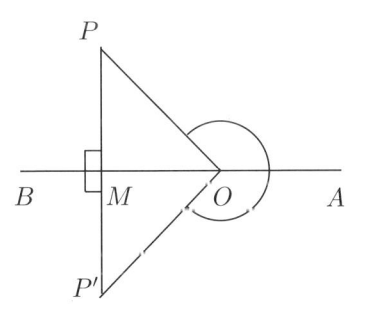

証明 上の図のように直線 OA と OA 上にない点 P を考える．角 $\angle POA$ と合同な角を，頂点，辺を O, OA とし直線 OA の反対側にとる．この角の辺上に，$OP \equiv OP'$ となる点 P' をとる．点 P, P' は直線 OA と交わるが，その交点 M は，1) 半直線 OA 上，2) 交点は O, 3) A と反対側の半直線 OB 上，のいずれかである．1) の場合は，3角形 POM と $P'OM$ は合同だから，

角 ∠PMO とその補角である ∠P'OM は合同となり，定義より角 ∠PMO は直角である．2) の場合は明らかに角 ∠POM が直角である．最後に 3) の場合は，定理 4.2.15 より，角 ∠POM と ∠P'OM が合同だから，1) と同じく ∠PMO は直角である． □

上の定理の証明から容易にわかるように次の系が得られる．

系 4.2.17 直線上にない 1 点から，その直線に垂線を下ろすことができる．

次の定理は角の加法，あるいは減法と合同関係の整合性である．

定理 4.2.18 点 O を端点とする半直線 h, k, l と，点 O' を端点とする半直線 h', k', l' があり，

h, k が l に関し同じ側にある $\iff$ h', k' が l' に関し同じ側にある

をみたすとする．このとき $\angle(h, l) \equiv \angle(h', l')$ かつ $\angle(k, l) \equiv \angle(k'l')$ であれば $\angle(h, k) \equiv \angle(h', k')$ が成り立つ．

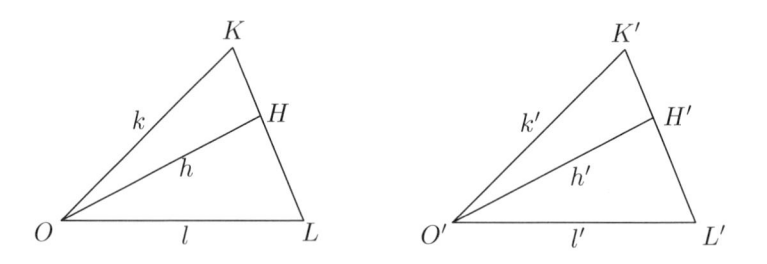

証明 半直線 h, k および $h'k'$ がそれぞれ l, l' に関し同じ側にある場合を考えよう．逆の場合は補角に関する定理 4.2.15 を用いれば同様に示される．さて，左の図のように半直線 h が角 $\angle(k, l)$ の内部にあると思ってもかまわない．図のように点 K, K', L, L' を $OK \equiv O'K', OL \equiv O'L'$ となるようにと

る．仮定と定理 4.2.13 から，3 角形 OKL と $O'K'L'$ は合同だから，

$$\angle OKL \equiv \angle O'K'L', \quad \angle OLK \equiv \angle O'L'K' \quad \text{および} \quad KL \equiv K'L'$$

である．K, L は直線 l に関し反対側にあるから，線分 KL は h と交わる．その交点を H とし，線分 $K'L'$ 上に $K'H' \equiv KH$ となる点 H' をとる．このとき線分の加法についての合同公理 III_3 より，$LH \equiv L'H'$ である．従って 3 角形 OLH と $O'L'H'$ は合同で $\angle LOH \equiv \angle L'O'H'$ となる．O' を端点とする半直線 $O'H'$ は l' に関し k' と同じ側にある．従って合同な角の一意性から，半直線 $O'H'$ は h' と一致する．3 角形 OKH と $O'H'K'$ は合同だから，$\angle (h, k) \equiv \angle (h', k')$ を得る． □

角の加法性（前定理）を用いれば次の定理は容易に示される．

定理 4.2.19 2 点 P_1, P_2 が直線 AB の相異なる側にあり，合同関係 $AP_1 \equiv AP_2$, $BP_1 \equiv BP_2$ をみたすとき，角について $\angle ABP_1 \equiv ABP_2$ が成り立つ．

定理 4.2.20 （3 角形の第 3 合同定理）3 角形 ABC と $A'B'C'$ の対応する 3 つの辺がそれぞれ合同であれば，2 つの 3 角形は合同である．

証明 角 $\angle ABC$ と合同な角を，点 B' を頂点，半直線 $B'A'$ を 1 辺として直線 $A'B'$ の両側にとり，それぞれの辺上に図のように点 P_1, P_2 を $BC \equiv B'P_1$, $BC \equiv B'P_2$ となるようにとる．

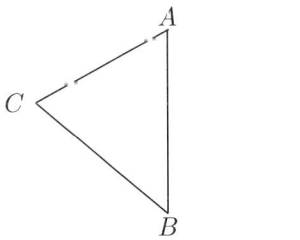

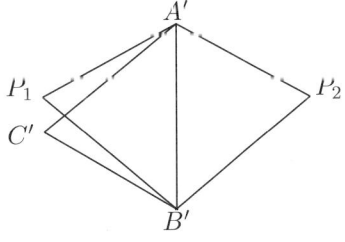

このとき 2 辺狭角相等より，3 角形の合同 $\triangle ABC \equiv \triangle A'B'P_1$ および $\triangle ABC \equiv \triangle A'B'P_2$ が得られる．線分の合同は推移律をみたすから，この 3

角形の合同と仮定から，次の合同関係

$$A'C' \equiv AC \equiv A'P_1 \equiv A'P_2, \quad B'C' \equiv BC \equiv B'P_1 \equiv B'P_2$$

が得られる．従って定理 4.2.19 より $\angle A'B'C' \equiv \angle A'B'P_2$ である．一方 $\angle A'B'P_2 \equiv \angle ABC$ だったから，$\angle ABC \equiv \angle A'B'C'$ である．従って 2 辺狭角相等より 3 角形 ABC と $A'B'C'$ は合同である． □

定理 4.2.21 2 つの角 $\angle(h,k)$, $\angle(h',k')$ がそれぞれ第 3 の角 $\angle(h'',k'')$ に合同であれば，角 $\angle(h,k)$ は角 $\angle(h',k')$ に合同である．

証明は前定理から容易に示される．この結果は角の合同の推移性を表わしており，角の合同公理で合同の反射律が要請されていることに注意すると，線分の場合と同様に対称律が成り立つことも容易にわかる．従って，角の合同も同値関係である．

■線分と角の大小関係とその応用

2 つの線分の大小関係は次のように定めることができる．まず，点 O を端点とする半直線 h を定めておき，h 上の点 A に対し OA の形の線分を考える．このような 2 つの線分 OA, OB に対し，A が O と B の間にあるとき，OA は OB より小さいといい，$OA < OB$ と表わす．また同時に，OB は OA より大きいといい，$OB > OA$ と表わす．一般の線分 PQ と RS の場合は，上のような形の線分 $OA < OB$ があって，$PQ \equiv OA, RS \equiv OB$ のとき，$PQ < RS$ と定義する．このとき，合同な線分のとり方の一意性（定理 4.2.9）と系 4.2.8 から，この定義は線分 OA, OB のとり方によらず定まり，次の性質が成り立つことは容易に確かめることができる．

定理 4.2.22 合同な線分 $AB \equiv A'B'$ および $CD \equiv C'D'$ に対し，$AB < CD$ であれば $A'B' < C'D'$ である．

線分 AB, CD の定める合同類をそれぞれ a, c と表わすと，この定理より合同類の大小を $AB < CD$ のとき $a < c$ と定めることができ，次の性質をみたすことも容易にわかる．

系 4.2.23 線分の合同類を $a, b, \ldots$ で表わす．このとき
(1) 任意 a, b に対し，$a < b, a = b, a > b$ のうちただ 1 つが成り立つ．
(2) $a < b$ かつ $b < c$ のとき $a < c$ が成り立つ．
(3) $a < b, a' < b'$ のとき $a + a' < b + b'$ が成り立つ．

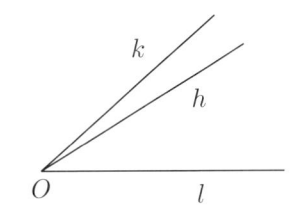

角の大小の定義や性質はもう少し複雑である．点 O を端点とする半直線 l と，l に関する 1 つの側を定めておく．l を 1 辺とし，もう 1 つの辺が指定された側にあるような 2 つの角 $\alpha = \angle(l, h), \beta = \angle(l, k)$ に対して，辺 h が角 $\angle(l, k)$ の内部にあるとき，角 α は角 β より小さいといい，$\alpha < \beta$ と表わす．またこのとき，角 β は角 α より大きいといい，$\beta > \alpha$ と表わす．2 つの角が一般の位置にあるときは，公理 III$_4$ より，それぞれの角を合同に移動して上のようにできるから，それにより角の大小を定める．線分の場合と同様に次が成り立つ．

定理 4.2.24 角を $\alpha, \beta, \ldots$ で表わす．このとき
(1) $\alpha \equiv \alpha', \beta \equiv \beta', \alpha < \beta \Rightarrow \alpha' < \beta'$
(2) 任意の角 α, β に対し，$\alpha < \beta, \alpha \equiv \beta, \alpha > \beta$ のうちただ 1 つが成り立つ．
(3) $\alpha < \beta$ かつ $\beta < \gamma$ のとき $\alpha < \gamma$ が成り立つ．

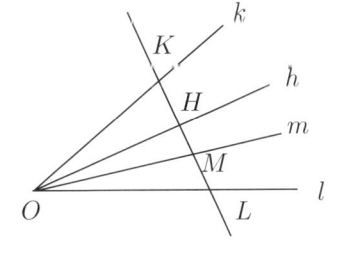

証明 (1), (2) は角の合同移動の一意性（公理 III$_4$）から容易にわかる．

(3) を示そう．3 つの角が $\alpha < \beta$ かつ $\beta < \gamma$ をみたすとする．このとき点 O を端点とする 4 つの半直線 h, k, m, l で，h, k, m は l に関し同じ側にあるものがあって，それぞれの角を合同に移動して，$\alpha \equiv \angle(l, m), \beta \equiv \angle(l, h), \gamma \equiv \angle(l, k)$ であるとしてよい．

図のように，半直線 k, l 上にそれぞれ点 K, L をとる．$\beta < \gamma$ より半直線 h は角 $\angle(l, k)$ の内部にあるから，点 K と L は半直線 h の反対側にある．従って半直線 h と線分 KL は交わる．その交点を H とすると，仮定 $\alpha < \beta$ からやはり半直線 m と線分 HL は交わる．その交点を M とすると，1直線上の4点 K, H, M, L は，H が K と L の間にあり，M が H と L の間にある．従って補題4.2.3 から M は K と L の間にある．従って逆に $\alpha < \gamma$ が成り立つ． □

この大小関係を用いて次の諸定理が示される．

定理 4.2.25 直角はすべて合同である．

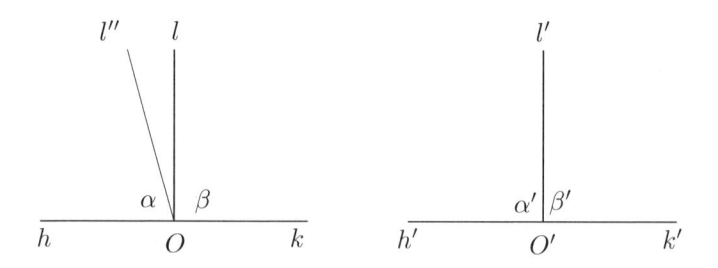

証明 $\alpha = \angle(h, l)$, $\alpha' = \angle(h', l')$ は直角で，β, β' はそれぞれ補角とする．1辺が h で，角 α' と合同な角 $\angle(h, l'')$ を l の側にとる．いま，α と α' が合同でないと仮定すると，$l'' \neq l$ である．従って l'' は角 $\angle(h, l)$ または $\angle(k, l)$ の内部にある．必要なら記号を取り替えて，l'' は角 $\angle(h, l)$ の内部にあるとしてよい．このとき

$$\angle(h, l'') < \alpha, \quad \alpha \equiv \beta, \quad \beta < \angle(k, l'')$$

だから，定理4.2.24 より $\angle(h, l'') < \angle(k, l'')$ である．一方，α' と β' および $\angle(h, l'')$ と $\angle(k, l'')$ はそれぞれ補角であり，$\alpha' \equiv \angle(h, l'')$ だから定理4.2.15 より，$\beta' \equiv \angle(k, l'')$ が成り立つ．従って

$$\angle(h, l'') \equiv \alpha' \equiv \beta' \equiv \angle(k, l'')$$

であるが，これは上の結果と矛盾する．従って α と α' は合同である． □

3角形 △ABC において，角 ∠ABC, ∠BCA, ∠CAB を 3 角形の内角といい，それらの補角を外角という．

定理 4.2.26 3 角形の外角は，その補角ではない内角よりも大きい．

証明 3 角形 △ABC の頂点 A の外角を g とする．直線 AB 上に点 D を，$AD \equiv BA$ で A に関し B と反対側にとる．今，g が内角 c と合同であると仮定する．このとき 2 辺狭角相等により 3 角形 ABC は 3 角形 CAD と合同である．従って $\angle BAC \equiv \angle ACD$ である．一方 ∠BAC は g の補角だから，仮定より ∠ACD と c の補角の関係にある．従って 3 点 B, C, D は 1 直線上にあるが，これは A, B, C が 3 角形をなすことに矛盾する．従って g と c は合同ではない．

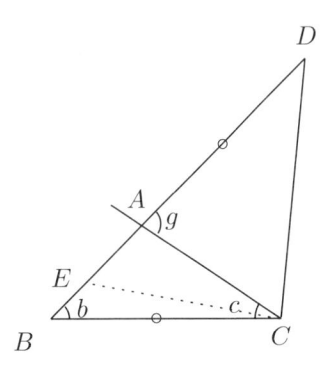

次に $g < c$ と仮定する．g と合同な角を，C を頂点，1 辺を CA とし B の側にとると，大小関係の仮定から，その角のもう 1 辺は線分 AB と交わる．その交点を E とすると，g は 3 角形 AEC の外角だから，上で示したことに反する．従って $g > c$ である．$g > b$ を示すには g の対頂角を考えればよい． □

この**外角定理**からさらによく知られた結果が得られる．そのいくつかを証明なしに挙げよう．

▶ 任意の 3 角形において，大きい辺の対角は小さい辺の対角より大きい．

▶ 2 つの内角の等しい 3 角形は 2 等辺 3 角形である．

▶ 2 つの 3 角形 $ABC, A'B'C'$ において，$AB \equiv A'B', \angle A \equiv \angle A'$ および $\angle C \equiv \angle C'$ が成り立てば，2 つの 3 角形は合同である．

▶ 任意の線分には中点が存在する．つまり任意の線分は 2 等分できる．

▶ 任意の角は 2 等分できる．

■平行線公理

まず，これまで述べた公理 I, II, III から，平行な直線の存在を示しておこう．ただし，平行とは 2 直線が交点を持たないことである．

定理 4.2.27 2 つの直線が第 3 の直線となす同位角が等しければ，この 2 直線は平行である．

証明 図のように，2 直線 h, l と直線 l' が交わっていて，同位角 $\angle(l, l')$ と $\angle(h, l')$ が等しいとする．2 直線 h, l が l' の右側で交わるとすると 3 角形ができる．このとき，$\angle(h, l')$ は 3 角形の外角，$\angle(l, l')$ は 3 角形の内角だから外角定理に矛盾する．2 直線 h, l が l' の左側で交わるときは，$\angle(l, l')$ と $\angle(h, l')$ の補角を考えれば同様である． □

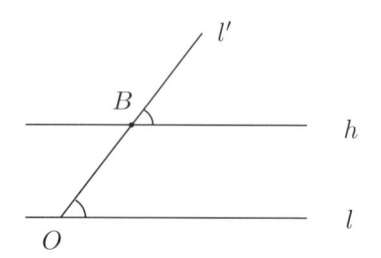

定理 4.2.28 直線 l と l 上にない点 B が与えられたとき，B を通って l と平行な直線が存在する．

証明 上と同じ図を考える．l 上に点 O を適当に選び，O, B を結ぶ直線を l' とする．公理 III_4 より，B を通る直線 h であって，B を頂点とする角 $\angle(h, l')$ が角 $\angle(l, l')$ と合同となるものがとれる．このとき同位角相等より，直線 h と l は平行である． □

さて，平行線公理を述べよう．

公理 IV 直線 l と l 上にない点 P に対し，P を通り l に平行な直線は高々 1 つである．

前定理で述べたようにこのような平行線の存在は，公理 I から III より示される．従って平行線公理と合わせると「直線 l と l 上にない点 P に対し，P を通り l に平行な直線がただ 1 つ存在する」ことになる．

4.2 ヒルベルトの公理系

定理 4.2.27 より，2 つの直線に他の直線が交わるとき，同位角が等しければ平行である．しかし平行線公理からはその逆がいえる．つまり平行な 2 直線に他の直線が交わるとき，同位角，従って錯角が等しいことが示される．実際，次の左図において l, l' は平行とし，点 Q を通り l との同位角が等しいような直線 h をとると，上述したように h と l は平行である．このとき公理より，h と l' は一致するから，l, l' の同位角は等しい．このとき右図から直ちに次の定理が得られる．

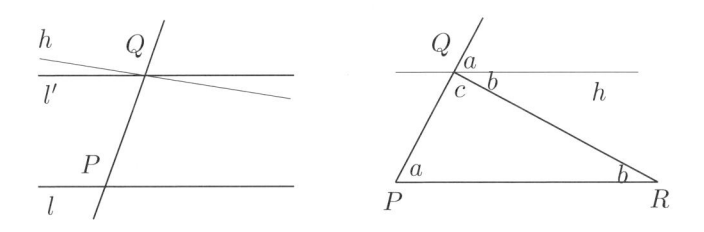

定理 4.2.29 3 角形の内角の和は 2 直線角である．

さて，合同公理に加えて平行線公理まで用いると，円を定義し，さまざまな性質を示すことができる．点 O と線分 OA が与えられたとき，線分 OP が OA と合同であるような点 P たちのなす図形を O を中心とし半径が OA の円というのである．最も基本的な性質として

定理 4.2.30 同一直線上にない 3 点を通る円がただ 1 つ存在する．

証明 図のように，同一直線上にない 3 点 A, B, C が与えられたとする．線分 AB の中点を M とし，M を通り直線 AB と直交する直線 l を考え，同様に BC の中点 N を通り BC と直交する直線 k を考える．l と k が平行であれば，平行線公理より同位角相等が成り立つので，直線 k は直線 AB と直角に交わり，従って直線 AB と BC は平行となるがこれは矛盾である．従って直線 l と k は交わる．その交点を O とすれば，O が求める円の中心である．一意性は容易に示される． □

また次の右図のように，点 O を中心とする円周上に 3 点 B, C, P が与えられているとき，角 $\angle BPC$, $\angle BOC$ をそれぞれ弦 BC に対する円周角，中心角という．

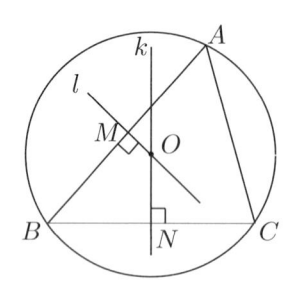

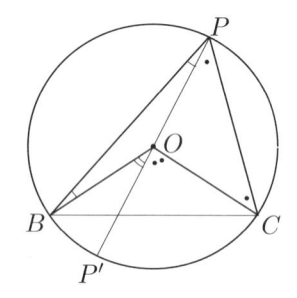

定理 4.2.31 点 P が直線 BC に対し，中心 O と同じ側にあるとする．このとき
$$\angle BOC = 2\angle BPC$$
が成り立つ．特に B, C が定点のとき，円周角 $\angle BPC$ は一定である．

証明は図より明らかであろう．

■連続公理

連続公理は，直線上に点がどれくらいたくさんあるかを規定する公理で，次の 2 つに分かれる．

公理 V_1 アルキメデス[*4]の公理； AB および CD を任意の線分とすれば，直線 AB 上に n 個の点 $A_1, A_2, \ldots, A_n$ が存在して，線分
$$AA_1, A_1A_2, \ldots, A_{n-1}A_n$$
がすべて線分 CD と合同であって，かつ B が A と A_n の間にあるようにできる．

[*4] Archimedes(BC287–BC212) 古代ギリシャの数学者．円周率の計算や浮力に関するアルキメデスの原理を発見した．この発見のとき嬉しさのあまり，エウレカ（わかったぞ）と叫びながら裸で走り回ったという話は有名である．

```
         C    D
         ─────
      A              B
      •  •  ⋯  •   • ⋯
      A₀ A₁    Aₙ  Aₙ₊₁
```
(図中の添字は LaTeX 表記では $A_0, A_1, \ldots, A_n, A_{n+1}$)

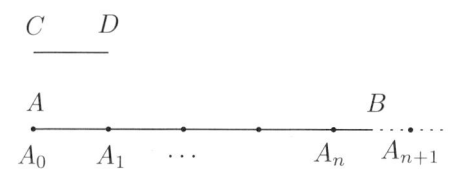

これは計測の公理とも呼ばれるが，ユークリッド互除法（12 頁）が可能であることを要請するものである．

ユークリッドの原論では，これは公理として挙げられてはいない．ユードクソスによるとされる比例論では，線分のような量の比が定義できる前提としてアルキメデスの公理が用いられているが，自明の事実と考えられていたと思われる．しかし，後ほど示す（200 頁）ように，公理 I～IV をみたし，アルキメデスの公理をみたさないモデルを構成することができる．つまり，公理 I～IV を用いてアルキメデスの公理を証明することは不可能なのである．

> **公理** V_2 完全性公理：公理 I から IV および公理 V_1 が同じ形で成り立つようにしたまま，直線上にいくつかの点を付け足すことはできない．

この公理の正確な意味は次の節で詳述する．

これらの公理 V がユークリッドの時代には考慮されていなかったものである．つまり，原論における公理とは本質的に I から IV までの公理である．これらの公理から 3 角形の合同定理を初めとし，ピタゴラスの定理のようなユークリッド幾何の諸定理が得られる．I から IV までの公理から展開されるユークリッド幾何を古典的ユークリッド幾何と呼ぼう．この節の残りで，ヒルベルトの提起した公理 V の内容やそのような公理が必要となった契機を考えたい．そのため，いくつかの事柄を準備する．

■デカルト幾何

まず古典的ユークリッド幾何の公理たちを満足する対象，つまり「点」や「直線」たちの集合の具体例（公理系のモデルという）は，存在するのか，また存在するならいくつもあるのかを考えてみる．我々は実数，あるいは実数体の概念は既知であるとする．（実数体の厳密な定義は 190 頁で与える．）実数の対

(a, b) たちの集合 $\mathbf{R}^2$ を「点」の集合としよう．従って平面とは座標平面，あるいはデカルト*5 平面に他ならない．直線とは 3 つの実数 a, b, c を用いて表わされる 1 次方程式

$$ax + by + c = 0$$

の解 (x, y) たちのなす図形とする．ただし $a^2 + b^2 \neq 0$ である．この直線を l と表わそう．点 (x_0, y_0) が直線 l 上にある，あるいは直線 l が点 (x_0, y_0) を通るとは，(x_0, y_0) が上の方程式をみたすことである．相異なる 2 点 $(x_0, y_0), (x_1, y_1)$ を通る直線がただ 1 つ存在することは，例えば $x_0 \neq x_1$ であればそのような直線は $y = px + q, p \neq 0$ の形の方程式で表わされる．このとき p, q についての連立方程式

$$y_0 = px_0 + q, \quad y_1 = px_1 + q$$

が一意的に解けることから示される．従って公理 I が成り立つ．また，実数の自然な順序を用いて 2 点の「間」を定義すれば，順序の公理 II が成り立つことも容易にわかる．さらに，異なる 2 つの直線

$$ax + by + c = 0, \quad a'x + b'y + c' = 0$$

が交わるのは，比が異なる $a : b \neq a' : b'$ のときで，またそのときに限ることは方程式を解けば明らかである．従って平行線の公理も成り立つ．最後に，2 つの線分はそれらが**合同変換**，あるいはユークリッド変換と呼ばれる座標平面の変換で移りあうとき合同であると定義する．

ただし，合同変換とは，平行移動，回転，および直線に関する折り返したちを何度か繰り返して得られる変換である．

2 点 $A = (a, a'), B = (b, b')$ を結ぶ線分の「長さ」は $\sqrt{(a-a')^2 + (b-b')^2}$，「角」の大きさはその余弦 (cos) で与えるとすると，合同変換は線分の長さや角の大きさを変えない．逆

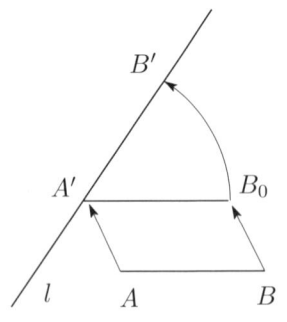

---

*5 Rene Descartes(1596–1650) フランスの哲学者，数学者．「我思う，ゆえに我あり」はあまりにも有名である．デカルト幾何は英語で Cartesian Geometry であるが，これは彼のラテン名が Cartesius であることに由来する．

に長さの等しい線分や大きさの等しい角が合同変換で移りあうこと容易にわかる.従ってこのような合同の定義によって公理 III が成り立つことは,解析幾何によって確かめることができる.

従ってこのモデルは古典的ユークリッド幾何のすべての公理を満足する.これをデカルト幾何,あるいは実数体上の座標幾何と呼ぼう.

定義から明らかなことであるが,デカルト幾何では与えられた任意の正の実数を長さ,あるいは半径とする線分や円が存在する.しかしながらそれは実数の性質からわかるのであって,後述するように古典的ユークリッド幾何の公理だけからは,例えば $\sqrt[3]{2}$ の長さの線分の存在を証明することはできないのである(系 4.2.34).

ある公理系が「完全」であるとは,その公理たちをみたすモデルが本質的にただ 1 つであることを意味する.もし同型でないモデルが存在するなら,公理から形式的に主張される命題が,1 つのモデルで成り立ち,他のモデルでは成り立たないことが起こり得る.つまりそのような命題は,真であるとも偽であるとも公理からは証明されないのである.上で述べた $\sqrt[3]{2}$ の長さの線分の存在についての命題は正にそのような例なのである.例えば同型でない群は無数に存在するから,群論の公理は明らかに完全ではない.それでは古典的ユークリッド幾何の公理系 I~IV はどうであろうか? もともとユークリッドの原論では,我々が「よく知っている点や直線」を唯一無二な対象として議論を展開したのだから,完全性を問うことは意味がない.しかしながら形式的に考えると,公理系 I~IV は完全ではなく,無数に多くの異なるモデルがあるのである.これを明確に示したのがヒルベルトであるが,さらに彼は,公理的に定まる幾何が本質的にただ 1 つであり,また我々の直感からみて「望ましい」もの,つまり解析的に表わせばデカルト幾何となるよう公理を付け足したのである.それが公理 V である.ここでヒルベルトが行なった論証を紹介しよう.

■**古典的ユークリッド幾何は不完全である**

まず代数的な準備を行なう.

定義 4.2.32 体 K は,その元が正である(>0)という性質が次の条件をみたすよう定義されているとき,**順序体**であるという.

> (1) K の各元 a に対し，次の 3 つの関係
> $$a = 0, \quad a > 0, \quad -a > 0$$
> のうち，ただ 1 つが成り立つ．
> (2) $a > 0, b > 0$ ならば，$a + b > 0, ab > 0$ が成り立つ．

 実数体は順序体である．また，実数体の部分体，特に有理数体も順序体である．逆に順序体は 1 の自然数倍が 0 にならないから標数が 0 であり，従って有理数体を含む．K が順序体のとき，異なる 2 元 a, b は $a - b > 0$ のとき $a > b$ あるいは $b < a$ であると定義する．このとき実数の大小関係についてよく知られた結果は同様に成り立つ．また，順序体の元 a の絶対値 $|a|$ も同様に定義される．

 さて，実数体の部分体 K は，任意の元 a, b に対し $\sqrt{a^2 + b^2}$ がまた K に属するとき**ピタゴラス閉体**であるといわれる．a が正であれば
$$\sqrt{a^2 + b^2} = a\sqrt{1 + (b/a)^2}$$
であるから，K の任意の元 c に対し $\sqrt{1 + c^2} \in K$ であるといってもよい．前段で述べたデカルト幾何において，点の集合を
$$K^2 = \{(a, b) \, ; \, a, b \in K\}$$
に置き換えて考えよう．直線の定義も，3 つの K の元 a, b, c を用いて表わされる 1 次方程式
$$ax + by + c = 0$$
の解 $(x, y) \in K^2$ たちのなす図形とすればよい．公理 I, IV は四則演算のみで確かめられるから明らかであり，K が順序体であるから公理 II も成り立つ．また，この平面では点の座標は K の元だから，2 点の距離もピタゴラスの定理より K の元である．任意の 2 直線のなす角 θ に対し，$\cos \theta, \sin \theta$ も K の元であることが容易にわかる．このとき角 θ の回転は，行列の形からわかるように，K^2 の元を K^2 の元に移す．平行移動もそうだから，すべての合同変換は K^2 の変換になっている．従って公理 III も成り立つことはデカルト幾何の場合と同じである．つまり K^2 を点集合とするモデルが得られた．これを体 K 上の**座標幾何**という．

実数 a に対し実数 $\sqrt{1+a^2}$ を与える演算を考える．有理数たちから出発し，四則演算と上の演算の 5 つを何度か繰り返し得られる実数たちの集合 Ω を考えよう．例えば $\sqrt{2}$ は Ω の元であり，従って例えば $\sqrt{1+(3+\sqrt{2})^2}$ なども Ω の元である．Ω はピタゴラス閉体であり，有理数体を含む最小のピタゴラス閉体であること容易にわかる．また Ω の元は適当な代数方程式の解（実際はいくつかの 2 次方程式を繰り返し解く）だから代数的数である．実数のなかには代数的でない数（例えば円周率 π）があるから Ω は実数体とは一致しない．従って次の結果が得られた．

定理 4.2.33 公理 I 〜 IV は完全ではない．

系 4.2.34 公理 I 〜 IV だけから $\sqrt[3]{2}$ の長さの線分の存在を証明することはできない．

証明 上に述べた体 Ω に基づくモデルを考えよう．有理数体に $\sqrt[3]{2}$ を付加した拡大体 $\boldsymbol{Q}(\sqrt[3]{2})$ は $\boldsymbol{Q}$ の 3 次拡大である．一方，Ω の各元は $\boldsymbol{Q}$ 上 2 次拡大を繰り返して得られる拡大体に属する．もし $\sqrt[3]{2} \in \Omega$ であれば，$\boldsymbol{Q}(\sqrt[3]{2})$ は $\boldsymbol{Q}$ のある 2^r 次拡大体 K に含まれる．このとき K は $\boldsymbol{Q}(\sqrt[3]{2})$ 上のベクトル空間となるが，次元を考えるとこれは矛盾である．もし $\sqrt[3]{2}$ の長さの線分の存在を公理 I 〜 IV だけから証明することができれば，それはどのようなモデルにおいても存在することになるが，これは上の事実と矛盾する． □

4.3 公理から実数へ

■ユードクソスの比例論

ユークリッド原論の第 V 巻はユードクソス[*6]による比例論に充てられている．まず，「通約可能」な線分に関しては次の比例定理が成り立つことを示そう．ただしここでは公理 I から公理 IV までを仮定し，アルキメデスの公理は

[*6] Eudoxos（紀元前 4 世紀）古代ギリシャの数学者．比例の理論のほか，球や円錐の体積を求めた．

仮定しない．

> **定理 4.3.1** 3 角形 $\triangle ABC$ の辺 AB 上の点 X は，自然数 n, m があって $nAX \equiv mBX$ であるとする．X を通って辺 BC に平行な直線が辺 AC と交わる点を Y とすると，$nAY \equiv mBY$ が成り立つ．逆に辺 AC 上の点 Y' が $nAY' \equiv mBY'$ をみたせば，直線 XY' は直線 BC と平行である．

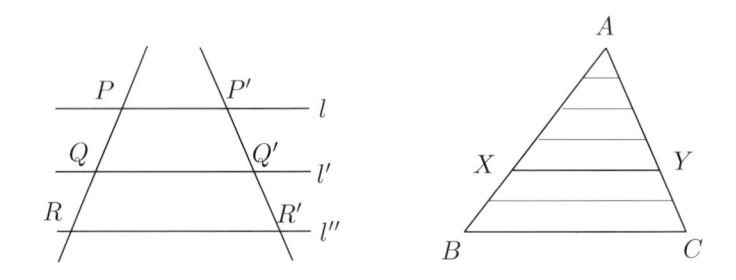

証明 左の図のように，2 本の直線と 3 本の直線が交わり，その交点を P, Q, R, P', Q', R' とし，点 Q は P, R の中点と仮定する．このとき，容易にわかるように，直線 l, l', l'' が互いに平行であれば，点 Q' は P', R' の中点である．逆に，点 Q' が P', R' の中点で，直線 l, l' が平行であれば，平行線の一意性から l'' も l, l' に平行である．

$n = m = 1$ のときは D は A, B の中点であり明らかに成り立つ．$nAD \equiv mBD$ であることは，D は線分 AB の $n + m$ 等分点の 1 つであることと同じであるが，上の議論を繰り返せば求める結果を得る． □

それでは通約可能でない場合，ユードクソスが比例定理をどのように定式化したかを見てみよう．線分 AB と CD が通約可能でないとする．このとき

(1) 次の性質をみたす正の整数 n, m, n', m' が存在する．

$$nAB < mCD, \quad n'AB > m'CD$$

(2) $nAB < mCD$ をみたす自然数の対 n, m をすべて考え，正の有理数の集合 $S = \{m/n\}$ を考える．

(3) $m/n \in S$ かつ $m'/n' > m/n$, $0 < n, m$ のとき $m'/n' \in S$ である．実際，$m'/n' > m/n$ は $m'n > mn'$ と同値である．仮定より $nAB < mCD$ であるが，系 4.2.23 より $n'nAB < n'mCD < m'nCD$ である．いま $n'AB \geq m'CD$ とすると，$nn'AB \geq nm'CD$ であるが，これは系 4.2.23 (1) に矛盾する．

(4) これより S は正の有理数の「切断」を定める．つまり，正の有理数の集合 $\boldsymbol{Q}_{>0}$ における S の補集合 S' を考えると

$$\boldsymbol{Q}_{>0} = S \cup S', \quad x > x', \ \forall x \in S, \forall x' \in S'$$

が成り立つ．そこで，通約可能でないでない線分の対 AB, CD と $A'B', C'D'$ は，それらが定める切断が等しいとき，比が等しい $AB : CD = A'B' : C'D'$ と定義する．

(5) この定義を用いて，上の比例定理が通約可能でない線分についても成り立つことを示す．

以上のユードクソスの議論にはいくつかの問題点がある．まず，原論では (1) は自明に成り立つかのように扱われているが，これはアルキメデス公理に他ならない．(1) によって S およびその補集合が空集合でないことが保証される．また，(5) の拡張された比例定理の証明においてもアルキメデスの公理が用いられる．また，(4) の切断はデデキントの切断と結果としては同じであり，1 つの実数を定めていることになるが，どれだけの実数がこのような線分比として表わされるのかは不明のままである．

■線分たちの加減乗除

さて座標幾何のような特別のモデルを忘れて，古典的なユークリッド幾何の公理 I ～ IV をみたす勝手なモデルを考えよう．公理を見ればわかるように，そこでは必ずしも線分の「長さ」という概念が陽に与えられているわけではない．長さとは合同な線分に対し同じものとなる「なにか」なのであるが，それを表わす「数」があらかじめ与えられているわけではないからである．また，前段においてアルキメデスの公理を仮定しなければ，線分の比が「表わす」ものは実数に限るわけではないことを見た．

そこでここでは，線分の比というより，合同な線分それ自体に加減乗除の演算を定め，「数」の概念を新たに作ることを考えよう．これによりそのモデルに付随する1つの「体」が定まること，およびそのモデルがその体上の座標幾何と本質的に同じであることを以下に示す．また，比についてもより明確な定義ができることを示す．

公理 III_2 より，線分の合同という関係は同値関係である．線分 AB と合同なすべての線分を集めたものを（AB が定める）**合同類**という．このとき線分たちの集合は，合同類たちの集合に類別される．まず，定理 4.2.10 で見たように任意の線分 PQ と RS に対し，適当な直線 l 上に3点 A, C, B を $PQ \equiv AC$, $RS \equiv CB$ となるように選び（公理 III），線分 PQ と RS の和を AB と定め，これを $PQ + RS$ と表わすと，その合同類は PQ と RS の合同類によってのみ定まる．線分の合同類を $a, b, \ldots$ のような文字で表わすと，2つの合同類 a, b に対し，その**和** $a + b$ が1つの合同類として定義される．この加法が交換可能

$$a + b = b + a$$

であることは次のようにわかる．

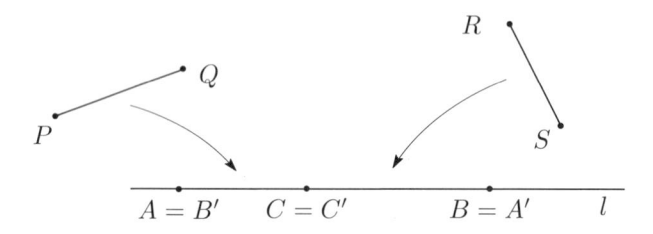

線分 PQ および RS に対し，$RS + PQ$ を定義するには，$PQ + RS$ を定義するときと同じ直線 l 上に3点 A', C', B' を $A' = B, C' = C, B' = A$ と選ぶことができる．このとき定義より $PQ + RS = AB$ であり，$RS + PQ = A'B' = AB$ だから加法は交換可能である．同様に結合律

$$(a + b) + c = a + (b + c)$$

が成り立つことも容易にわかる．また $A = B$ の場合 AA も線分であると考え，任意の2点 A, A' に対し AA と $A'A'$ は合同であると約束する．線分 AA

の合同類を 0 と表わせば，$a+0=a$ であることは明らかである．n が自然数のとき，合同類 a を n 個足し合わせた合同類を na と表わす．$a \neq 0$ のとき，どんな自然数 $n>0$ に対しても $na \neq 0$ であることは明らかである．

系 4.2.23 において，線分の合同類の間に大小が定義され，2 つの合同類 a, b について次の 3 つの関係

$$a=b, \qquad a>b, \qquad a<b$$

のうち，ただ 1 つが成り立つこと，また，$a<a', b<b'$ のとき $a+a'<b+b'$ が成り立つことを示した．さらに $a<b$ が成り立つことと，合同類 $c \neq 0$ が存在して $b=a+c$ となることは同値であることも容易にわかる．

次に合同類たちの積を定義しよう．そのためまず単位となる線分を定めておいて，その合同類を u と表わす．右図のように，点 O を端点とする直交する 2 つの半直線 l, l' をとっておく．a, b を 2 つの合同類とするとき，半直線 l 上に点 U, B，半直線 l' 上に点 A を OU, OA, OB の合同類がそれぞれ u, a, b となるようにとる．点 U, A, B はそれぞれ u, a, b と表わすこととする．点 B を通り，直線 UA と平行な直線と l' の交点を C とする．このとき線分 OC の合同類を a と b の**積**であると定義し，ab と表わす．平行線公理 IV よりこれは一意的に定まる．これは，平行な直線についての比例関係から自然に得られる定義である．

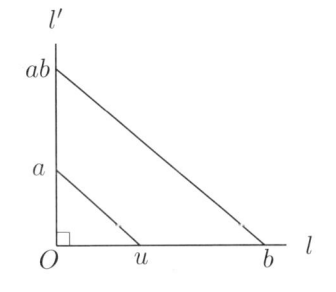

■**体の構成**

さて，すべての線分の合同類たちの集合を $K_{>}$ と表わそう．記号の意味は，まだ負の元が定義されていないことを表わす．このとき次の定理が成り立つ．

定理 4.3.2 集合 $K_{>}$ に上で定義した加法と乗法は，A4（加法の逆元の存在）を除くすべての体の公理（38 頁）をみたす．

定理の証明には次の補題（パスカル[*7]の定理の特別形）が必要である．

補題 4.3.3 次の図において，半直線 l, l' 上にそれぞれ異なる 3 点 A, B, C および A', B', C' がある．このとき BC' と CB' が平行，かつ AC' と CA' が平行であれば，AB' と BA' も平行である．

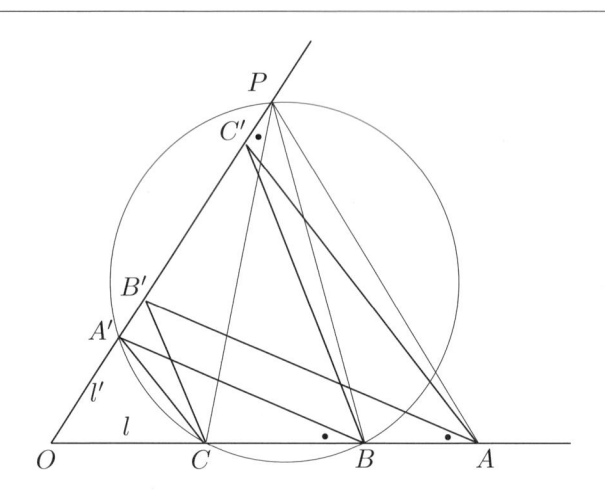

証明 前の頁の図において，点 P は 3 点 A', B, C を通る円と直線 $l' = OA'$ との交点とする．このような交点は確かに存在する．実際円の中心から直線 l' に垂線を下ろし，垂線の足に関し A' の対称な l' 上の点をとればよい．このとき線分 AC' と $A'C$ が平行より，$\angle C'AB = \angle A'CO$ である．また円周角の定理より $\angle A'CO = \angle BPC'$ だから，$\angle C'AB = \angle BPC'$ である．従って 4 辺形 $ABC'P$ が円に内接することがわかる．次に線分 BC' と $B'C$ が平行より，$\angle C'BC = \angle B'CO$ である．4 辺形 $ABC'P$ が円に内接するから，$\angle C'BC = \angle BPC'$ である．従って 4 辺形 $ACB'P$ も円に内接する．これらから，図でドットを付けた角の合同が示される．従って AB' と $A'B$ は平行である． □

[*7] Blaise Pascal(1623–1662) フランスの数学者，思想家．「人間は考える葦である」の言葉で広く知られている．

定理の証明　加法に関する公理 $A1$, $A2$, $A3$ は明らかである．補題（パスカルの定理）を用いて，積の推移性 $A5$ および可換性 $A6$ を証明する．まず可換性については左の図を考えよう．ここで例えば a で表わした点は Oa が合同類 a を表わすものとする．x 軸上の a と y 軸上の x を結ぶ直線 (以後このような直線を (a, x) と表わす) と，直線 (u, b) は平行とする．このとき積の定義から $x = ba$ である．また図と前の補題から，直線 (u, a) と，(b, x) も平行である．従って $x = ab$ だから，$ab = ba$ である．

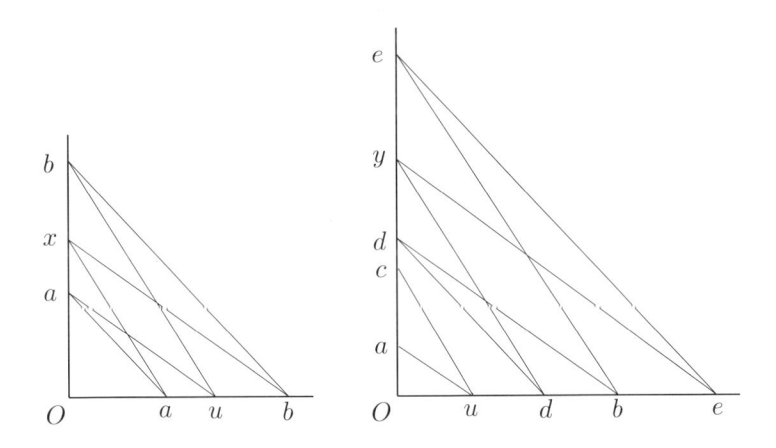

次に積の推移性 $a(bc) = (ab)c$ を示そう．上の右の図において，(u, a) と (b, d) が平行となるように d をとり，また，(u, c) と (b, e) が平行となるように e をとる．このとき定義より，$d = ab$ であり，$e = cb$ である．さらに，(b, e) と (d, y) が平行となるように点 y をとると，前の補題から (b, d) と (e, y) も平行である．このとき，一方で $y = cd = c(ab)$ であり，また $y = ac = a(cb)$ である．従って積の可換性から $a(bc) = (ab)c$ が成り立つ．

次に任意の元 b に対し，$ub = b$ であることは定義から明らかである．従って u が体の公理 $A7$ の単位元となる．自然数 n を合同類 nu とみなそう．上に述べた合同類の積の性質から，このようにしても自然数の性質はそのまま保たれる．特に u を 1 と表わしてもかまわない．

また与えられた $a \neq 0, b$ に対し，図のように (a, u) と (b, x) が平行になるよう x をとれば $ax = b$ だから，公理 $A8$ が成り立つ．この x を b/a と表わせば合同類の商 a/b も定義できる．

最後に分配律 $A9$ も定義に従って図を描けば容易に確かめられる． □

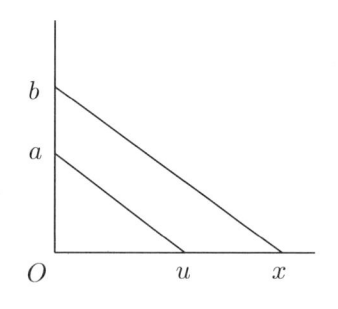

以上のことから合同類の集合 $K_>$ は負でない有理数の集合と同じような性質を持っている．そこで「負」の数を定義しよう．これは 1.1 節で，自然数から整数を作ったのとまったく同じ方法である．まず $K_>$ の 2 元の引き算 $a - b$ を考えよう．これは差し当たり形式的な記号であると考えよう．$a - b$ と $a' - b'$ が相等である（$a - b \equiv a' - b'$ と表わす）とは $a + b' = a' + b$ のことであると定義する．

補題 4.3.4 相等であるという関係は同値関係である．

証明 $a - b \equiv a - b$，および $a - b \equiv a' - b'$ であれば $a' - b' \equiv a - b$ であることは明らかである．$a - b \equiv a' - b'$ かつ $a' - b' \equiv a'' - b''$ が成り立つとする．定義より $a + b' = a' + b$ および $a' + b'' = a'' + b'$ が成り立つ．従って
$$(a + b') + (a' + b'') = (a' + b) + (a'' + b')$$
より
$$(a + b'') + (a' + b') = (a'' + b) + (a' + b')$$
が成り立つ．このとき線分の和の定義から $a + b'' = a'' + b$ が成り立つ．従って $a - b \equiv a'' - b''$ である． □

この補題から，記号 $a - b$ たちの同値類（同じ記号で表わす）を考えることができる．このような同値類たちの和と積を
$$(a - b) + (c - d) = (a + c) - (b + d)$$
$$(a - b)(c - d) = (ac + bd) - (ad + bc)$$

と定義する．これが同値類として矛盾なく定義されること，あるいは体の公理に現われる諸性質をみたすことは容易に確かめられる．従ってこのような同値類の集合は体となる．これを K と表わそう．

古典ユークリッド幾何では，178 頁で述べたように比例論を展開するにはアルキメデスの公理 V_1 が必要であった．しかし，ここで定義した体 K を用いれば，任意の線分 PQ と RS の比 $PQ:RS$，あるいは比の値 PQ/RS は，線分の合同類をそれぞれ a, b とすれば K における商 a/b であると定義できる．このとき定理 4.3.1 は次のように一般化できる．証明は，特別の場合，つまり $\angle A$ が直角のときは，線分の積の定義と平行線の一意性から直ちに示される．一般の場合も容易に拡張できる．

定理 4.3.5 3 角形 $\triangle ABC$ の辺 AB 上の点 X と辺 AC 上の点 Y を考える．このとき，直線 BC と直線 XY が平行であるための必要十分条件は，$AX/AB = AY/AC$ が成り立つことである．

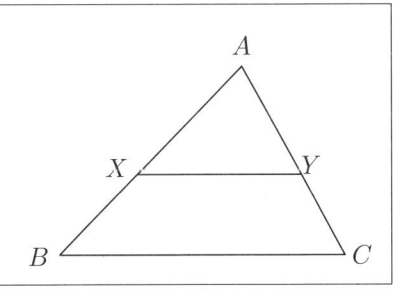

さてピタゴラスの定理は普通，比例定理を用いて証明される．しかし上の定理を用いれば，公理 I~IV から（アルキメデスの公理なしで）証明される．

定理 4.3.6 3 角形 $\triangle ABC$ は $\angle A$ が直角の直角 3 角形とする．このとき $AB^2 + AC^2 = BC^2$ が成り立つ．

証明 A から辺 BC に垂線を下ろし，その足を D とする．このとき 3 角形 ABC と ABD は 2 角相等だから相似である．従って，比例定理から容易にわかるように，$BD/AB = AB/BC$ が成り立つ．同様に 3 角形 ABC と ACD は 2 角相等だから相似であり，

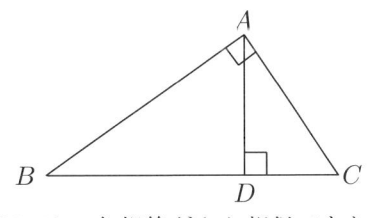

$CD/AC = AC/BC$ が成り立つ．従って
$$AB^2 + AC^2 = BD \times BC + CD \times BC = BC^2$$
である． □

定理 4.3.7 K は順序体である．またピタゴラス閉体である，つまり任意の元 a, b に対し $c^2 = a^2 + b^2$ となる元 c が存在する．

証明 公理 I〜IV からピタゴラスの定理が成り立つから，$a, b \in K$ のとき，直角を挟む 2 辺が a, b である直角 3 角形を考えれば斜辺は $\sqrt{a^2 + b^2} \in K$ である．従って K はピタゴラス閉体である．

次に $a \in K_>$ に $a - 0$ を対応させることにより $K_>$ を K に和や積の演算を含め埋め込むことができる．$K_>$ の元 $a \neq 0$ を正数といい，$a > 0$ と表わす．また，a が正数のとき，$0 - a$ を $-a$ と表わし，負数という．$u \in K$ が負数であることを $u < 0$ と表わす．K の任意の元 $u = a - b$ を考える．$u \neq 0$ つまり $a \neq b$ なら $a > b$ であるか $b > a$ のいずれかである．$a > b$ のときは $a = b + c$ となる元 $c \in K_>$ が存在する．このとき $a - b = c - 0$ だから $u = a - b > 0$ である．同様に $b > a$ のときは $u = a - b < 0$ である．従って
$$u = 0, \qquad u > 0, \qquad u < 0$$
のいずれか 1 つが成り立つ．$a > 0, b > 0$ のとき $a + b > 0, ab > 0$ が成り立つことは明らかである．従って K は順序体である． □

この体 K を考えている幾何における線分たちの体，あるいはこの幾何に付随する体と呼ぼう．次にこの幾何のモデルの代数化を考えよう．まず基準となる点 O を選んで原点と呼び，原点を通る直線を 1 つ選び x 軸と呼ぶ．x 軸上に点 A をとり，線分 OA が単位の線分であると約束する．このとき体 K の定義から x 軸上の点 X は線分 OX つまり体 K の元と一対一に対応する．次に原点を通り x 軸に垂直な直線を y 軸と呼ぶ．合同公理を用いれば，y 軸上の点も体 K の元と考えることができる．このとき，任意の点は x 軸，y 軸にそれぞれ下ろした垂線の足をとることにより，K^2 の元 (a, b) に一対一に対応

する.さらにこの対応によって,この幾何のモデルが,体 K 上の座標幾何と同一視できることは容易に確かめられる.従って次の定理が得られた.

定理 4.3.8 ヒルベルトの公理 I ～ IV をみたす任意のモデルは,適当な順序を有するピタゴラス閉体 K 上の座標幾何と同一視できる.

注 4.3.1 古典ユークリッド幾何では,178 頁で述べたように比例論を展開するにはアルキメデスの公理 V_1 が必要であった.しかし,ここで定義した体 K を用いれば,線分の合同類は K の元だから,すべての線分の比を K の元として定義できる.このとき定理 4.3.1 は,自然数 n, m を,K の任意の正元に置き換えても成り立つのである.その証明はヒルベルトの原著を見てもらうことにするが,特別の場合,つまり $\angle A$ が直角のときは,線分の積の定義と平行線の一意性から直ちに示されるのである.

■アルキメデス公理の意味と完備性

さて,ここまで準備すれば,公理 V の意味を説明することができる.公理 V_1 は

「体 K の任意の元 $a, b \neq 0$ に対し,$a < nb$ となる自然数 n が存在する」

あるいは同じことであるが

「体 K の任意の元 c に対し,$c < n$ となる自然数 n が存在する」

という形で表わすことができる.一般にこのような性質をみたす順序体を,**アルキメデス順序体**という.有理数体は明らかにアルキメデス順序体である.アルキメデスは放物線で囲まれた領域の面積を求めるとき,ある数列の収束を示すのにこの論法を用いた.公理の名はこれに由来する.上の言い方では公理の意味は捉えにくいが,逆数をとって考えれば公理は次のようになる.

「K の任意の元 $a > 0$ に対し,$1/n < a$ となる自然数 n が存在する.」

これらのことから,K には無限大の元,つまりどんな有理数より大きな元や,正の無限小の元が存在しないことがいえる.アルキメデスの公理をみたさない順序体は一見考えにくいのであるが,次の例のように存在する.

例 4.3.1 順序体 K 上の多項式 $f(x)$ は，最高次の係数が正のとき「正」であると定義しよう．このとき分数式にも，正/正，負/負は正，正/負，負/正は負と定めれば，有理関数体に順序を与えることができる．このとき a を有理数とすると $x-a$ は正だから，x はどんな有理数より大きい．従ってアルキメデスの公理をみたさない．

例 4.3.2 177 頁において，ピタゴラス閉体 Ω を定義した．同様に非アルキメデス的なピタゴラス閉体を考えることができる．前の例と同じく，不定元 x から有理数上で加減乗除，および $\sqrt{1+(\ \ )^2}$ をとる演算を有限回繰り返し得られるものを考える．例えば $(x+1)/(x^2-\sqrt{1+(2x-1)^2})$ などである．これらは，高々有限個の実数を除いて定義される実数値関数であり，高々有限個の 0 点を持つ．このような元の集合を $\Omega(x)$ と表わす．これがピタゴラス閉体であることは定義から明らかである．$\Omega(x)$ の元 u は上に述べたことから，十分大きな x に対し実数値関数として定符号である．十分大きな x に対し $u(x) > 0$ のとき，$u > 0$ と定義すると，$\Omega(x)$ は順序体である．c を有理数とするとき，$u = x - c > 0$ だから，x はすべての有理数より大きい．従って $\Omega(x)$ は非アルキメデス体である．

$\Omega(x)$ はピタゴラス閉体であるから，176 頁で述べたように，体 $\Omega(x)$ 上で定義された座標幾何は公理 I から IV をみたすが，このようなモデルでは直線上のすべての点を実数によって表わすことはできないのである．

アルキメデス順序体では，すべての元の「どんな近く」にも有理数が存在することがいえる．つまり次が成り立つ．

補題 4.3.9 K はアルキメデス順序体とする．このとき K は有理数体を稠密な部分体として含む．つまり，a を K の元とするとき，任意の正の元 $\epsilon \in K$ に対し $|a-q| < \epsilon$ をみたす有理数 q が存在する．

証明 与えられた正数 $\epsilon \in K$ に対し，アルキメデスの公理より $1/2^k < \epsilon$ となる自然数 k が存在する．元 $a \in K$ に対し，再びアルキメデスの公理より $-M < a < M$ をみたす自然数 M が存在する．区間 $[-M, M]$ を 2^k 等分

する有理数 $-M+i/2^k, i=0,1,\ldots$ を考える．このとき a はいずれかの小区間
$$[-M+s/2^k, -M+(s+1)/2^k]$$
に含まれるから $q=-M+s/2^k$ とおけばよい． □

さてアルキメデス順序体 K が完備であるとはどういうことかを述べよう．完備の定義はいくつかあって，見かけ上は異なっているがここではコーシーの収束判定条件に基づく定義を述べる．K の元の無限列
$$a_1, a_2, \ldots, a_i, \ldots$$
を $\{a_i\}$ と表わそう．無限列 $\{a_i\}$ が K の元 a に収束するとは，K のいかなる正数 ϵ に対しても自然数 $n=n(\epsilon)$ が存在して，
$$i>n \quad \text{ならば} \quad |a-a_i|<\epsilon$$
が成り立つことをいう．このとき $\lim a_i=a$ と表わす．また K の元の無限列 $\{a_i\}$ は，K のいかなる正数 ϵ' に対しても自然数 $m=m(\epsilon')$ が存在して，
$$i>m, j>m \quad \text{ならば} \quad |a_i-a_j|<\epsilon'$$
が成り立つとき，**基本列**，あるいは**コーシー列**であるという．アルキメデス順序体 K はすべての基本列が K の元に収束するとき**完備**であるという．基本列 $\{a_i\}$ は有界である，つまり，正数 c が存在してすべての i に対し $|a_i|<c$ が成り立つことに注意しよう．

K が完備でない，つまり収束しない基本列があるとすれば，その「収束先」を K に付加することを考えよう．これを最も形式的に考えるならば，基本列そのものがその収束先と思えばよいのである．ただし異なる基本列が同じものに収束することが起こり得るから，そのような場合は基本列を同一視しなければならない．これは 2 つの基本列が，0 に収束する基本列分しか違わない場合である．

このことを正確にいうため，K の基本列たちの集合を F と表わそう．2 つの基本列 $\{a_i\}, \{b_i\}$ の和と積を
$$\{a_i\}+\{b_i\}=\{a_i+b_i\}, \quad \{a_i\}\{b_i\}=\{a_ib_i\}$$

と定義すると，これらはやはり基本列である．実際，和については明らかであるから積について考えよう．基本列の有界性から，$|a_i| < c, |b_i| < c$ となる正数 c がある．正数 ϵ に対し，自然数 n をすべての自然数 $i, j > n$ に対し

$$|a_i - a_j|, |b_i - b_j| < \epsilon/(2c)$$

となるように選ぶ．このとき $|a_i b_i - a_j b_j| < \epsilon$ となることは容易にわかる．これにより集合 F は可換環となる．次に 0 に収束する基本列（0 数列と呼ぶ）たちのなす部分集合 N を考えよう．容易にわかるようにこれは F のイデアルである．剰余環 F/N つまり基本列を 0 数列を法として考えよう．これは 0 数列しか違わない基本列を同一視することに他ならない．

補題 4.3.10 F/N は完備なアルキメデス順序体である．これをアルキメデス順序体 K の完備化という．

証明 F/N が順序体となることは定義から容易に確かめられる．$\{a_i\}$ が基本列のとき，a_i たちの集合は上に有界だから，すべての i に対し $a_i < n$ となる自然数がある．従って F/N はアルキメデス公理をみたす．従って F/N は有理数体を稠密に含む．このとき F/N の基本列は 0 列を法として有理数列で取り替えることができる．しかし，有理数列は F/N の点と考えられ，それ自身が収束先となる． □

定義 4.3.11 有理数体 Q の完備化を**実数体**という．

定理 4.3.12 すべての完備なアルキメデス順序体は実数体と順序体として同型である．従って任意のアルキメデス順序体は実数体の部分体と同型である．

証明 K を完備なアルキメデス順序体とする．補題 4.3.9 より K には有理数が稠密に含まれる．従って K の任意の元 α に対し，有理数からなり α に収束する基本列 $\{a_i\}$ がとれる．このような他の基本列 $\{a'_i\}$ があれば，その差 $\{a_i - a'_i\}$ は 0 に収束する．有理数の基本列は定義より 1 つの実数を定め

る. それを a とするとき, α に対し, a を対応させることにより, 写像

$$f: K \to \boldsymbol{R}$$

が矛盾なく定義される. これが和や積を保つことは容易に確かめられる. 逆に, 実数 b に対し, b を表わす有理数の基本列 $\{b_i\}$ をとる. $\{b_i\}$ は K の基本列とも考えることができる. 仮定より K は完備だから $\{b_i\}$ は K のある元 β に収束する. b に対し β を対応させる写像 $g: \boldsymbol{R} \to K$ が f の逆写像であることは明らかである. 従って K と $\boldsymbol{R}$ は同型である. □

■実数の定義と完全性公理

我々がなじみのある実数の概念は無限小数で与えられる. これが上の定義と同じであることは次のようにしてわかる. 無限小数 $0.k_1 k_2 \ldots$ を考えよう. ただし k_i は 0 から 9 までの整数である. このとき有理数の列

$$a_1 = 0.k_1, \quad a_2 = 0.k_1 k_2, \quad a_3 = 0.k_1 k_2 k_3, \ldots$$

は $n > m$ のとき $|a_n - a_m| < 10^{-n}$ が成り立つから基本列である. 従ってこのような列は, 上の定義の 1 つの実数を表わしているのである. このような表わし方は一意的ではなく, 0 列を法として取り替えることができる. 例えば無限小数 $1.000\ldots$ と $0.999\ldots$ は同じ実数を表わしている. 実際それらを基本列と見れば, その差の基本列

$$1.0 - 0.9 = 0.1, 1.00 - 0.99 = 0.01, \ldots$$

は 0 列だからである.

よく知られているように無限小数が有理数を表わすのは (どこかから 0 が続く有限小数も含め) 循環小数に限る. 従って循環しない無限小数を考えると, 上のような基本列は有理数のなかで収束しない. つまり有理数体は完備ではない. 有理数体はいわば「隙間」だらけであるが, 19 世紀の解析学の発展に伴って, このような有理数の完備化がさまざまに考えられた. 有名なのは上に述べた「基本列 (カントール[*8])」を用いるもの,「区間縮小法 (ワイエルシュトラ

[*8] Georg Cantor(1845–1918) ロシア生まれだがドイツで活躍した数学者. 集合論の創始者.

ス*9）」，および「切断（デデキント）」である．これらの定義や性質については微分積分学の教科書を参照されたい．

さて最後に公理 V_2 について考えよう．公理 I から IV および V_1 をみたすモデルがあるとすると，付随する体 K はアルキメデス順序体だから，上に述べたことから K は実数体の部分体と考えてよい．これがさらに公理 V_2 をみたすなら，体 K は実数体 R と一致しなければならない．実際そうでなければ，そのモデルはデカルト幾何に拡大できるから公理 V_2 に反するからである．従って次の結果が得られた．

定理 4.3.13 ヒルベルトの公理 I 〜 V は完全である．この公理をすべてみたす幾何はデカルト幾何に限る．

アルキメデスの公理をみたす幾何については，定理 4.3.6 は次のようになる．

定理 4.3.14 ヒルベルトの公理 I 〜 IV と公理 V_1 をみたす任意のモデルは，ピタゴラス閉体である実数体の適当な部分体 K 上の座標幾何と同一視できる．

言い換えると，公理 I 〜 IV と公理 V_1 をみたす幾何というのは，デカルト幾何において座標成分があるピタゴラス閉体に制限されているような「部分」と考えることができる．

4.4 公理の独立性

最後に公理の独立性に触れておこう．まず公理系の公理たちは互いに矛盾していてはならない．公理系の中の1つの公理 A に注目しよう．A 以外の公理たちは矛盾していないとすると，全体が矛盾しないためには，A の否定が残りの公理から証明されてはならない．これは理論が成立するための大前提である．一方，もし A が残りの公理から証明されるなら，公理 A は不要である．

---

*9 Wilhelm Weierstrass(1815–1897) ドイツの数学者．解析学の基礎付け，特に $\epsilon - \delta$ 論法でよく知られる．

そこで公理 A は残りの公理から証明できないとき，**独立**であるという．公理系を考えるとき，この無矛盾性と独立性，特に 1 つの公理 A についていえば，A も A の否定も残りの公理から証明されないことが必要である．公理 A が残りの公理から証明できるなら，公理 A を除いた公理をみたすどんなモデルにおいても自動的に A が成り立ってしまう．逆にいえば A のの独立性を示すには，他の公理と A の否定をともにみたすモデルの存在を示せばよいのである．

この節ではいくつかの公理の独立性を論じよう．歴史的には平行線公理は公理 I〜III から証明可能ではないかと思われていたが，19 世紀にロバチェフスキー[*10]によって双曲幾何が発見されることにより，平行線公理の独立性が示された．一方，アルキメデスの公理は，古典ユークリッド幾何では明らかに成り立つ「数の性質」と思われていた．従ってアルキメデスの公理の独立性，つまりアルキメデスの公理の成立しない幾何は想像もできなかったのであるが，ヒルベルトによってその独立性が示され，公理に取り入れられたのである．最後に，合同公理の独立性も取り上げる．

■射影幾何と非ユークリッド幾何

古典的ユークリッド幾何において，平行線公理が独立である，つまり公理 I〜III から証明することは不可能であることは，双曲幾何という非ユークリッド幾何のモデルの存在から示される．双曲幾何を述べるには，少し一般に射影幾何（Projective Geometry）から考えるのがよい．射影幾何の定義には，本章で述べたユークリッド幾何の公理的定義と同様，あるいはそれ以上に抽象的な公理的方法がある．ただし，ここで考える射影幾何とは，一般の公理的定義ではなく，実数体上の射影平面をモデルとするものである．映画などの映写機（Projector）は次頁の図のように，光源 O から出た光によってフィルム F にある図形をスクリーンに映し出す．このとき，図形の大きさは変わるが形は相似形である．しかし，右の図のように，スクリーンが傾いていれば，形も変わってくる．

[*10] Nikolai Ivanovich Lobachevsky(1792–1856) ロシアの数学者．カザン大学の学長を長年務めた．彼の名を冠する双曲幾何学は 1929 年に発表された．また彼とは独立にハンガリーの数学者ボヤイも 1832 年同じ内容の幾何学を発表している．

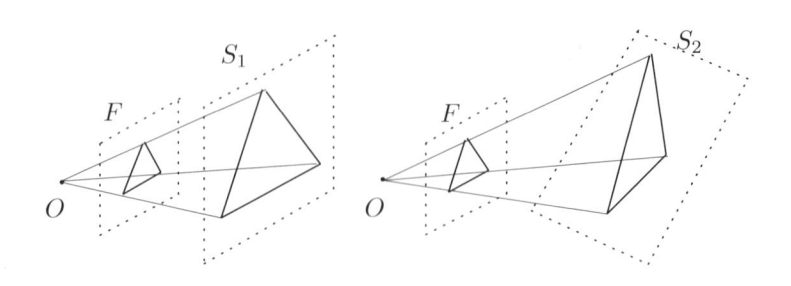

しかし変わらない性質もある．直線は必ず直線に映る．3角形が4角形になることはない．従って直線である，あるいは3角形であることはこのような射影で不変な性質である．さらには，3点が1直線上にある，あるいは3直線が1点で交わるというような性質も，このような射影で不変である．**射影幾何**とは図形のこのような性質を調べる幾何学である．

　射影によって不変な性質だけを注目するということは，射影によって移り合うものは区別しないことといってもよい．つまり，光源から出る光線（3次元座標空間 $\boldsymbol{R}^3$ の原点を通る直線）上の点はすべて同じものと思うわけである．そこで，光源から出る光線（原点を通る直線）そのものを，射影幾何における点（普通の点と区別するために以下では点と表わす）と定義し，そのような点の集合を**射影平面**と呼ぶのである．また，射影幾何における直線とは原点を通る平面と定義する．$\boldsymbol{R}^3$ の原点と異なる任意の点 P は，原点と P を通る直線をただ1つ定めるから，射影平面の点を定める．このときそれぞれのスクリーン上では，点や直線は実際の点や直線として現われるのである．さらには，例えば3角形は原点を通り重ならない3つの平面として定義できる．

　このような点と直線に対して成り立つ幾何が射影幾何である．ユークリッド幾何の公理たちは，成り立つものもあれば成り立たないものもある．原点を通る異なる2直線に対し，それらを含む平面がただ1つ存在するから，結合公理
　「異なる2点を通る直線がただ1つ存在する」
はユークリッド幾何と同じ形で成り立つ．直線上の3点とは，原点を通る平面上の，原点を通る3直線のことだから，順序の公理
　「直線上の異なる3点のうちただ1点が他の2点の間にある」
は成り立たないが，

「異なる 4 点を A, B と C, D の組に分けて,すべての点はもう 1 つの組の 2 点の間にあるようにできる」

という公理に置き換えることができる.合同公理については後述するが,平行線公理は成り立たず,異なる 2 直線は必ず交わることは容易にわかる.射影幾何は結合公理以外のユークリッド幾何の公理はみたさず,いわば弱い公理系の幾何である.しかし後述するように,射影平面は例えばアフィン平面という部分集合に制限すればユークリッド幾何と同じ構造を与えることができる.さらに,別の部分に注目し公理を少し取り替えてやれば,双曲型非ユークリッド幾何あるいは楕円型非ユークリッド幾何と呼ばれるものが得られるのである.

射影幾何の重要な概念である,無限遠点と双対性に触れておこう.図は (x, y, z) 空間で,スクリーンとしては平面 $z = 1$ を考える(これは原点を通らない平面であればなんでもよく,数学的にはアフィン平面と呼ばれる).このとき原点 O を通り平面 $z = 1$ に平行でない直線(つまり 1 つの点)は,平面 $z = 1$ と交わり $z = 1$ 上の 1 点として現われ,逆に $z = 1$ 上の任意の点はこのようにして得られる.しかし (x, y) 平面に含まれる直線(図の α)は平面 $z = 1$ と交わらず,それが定める点は $z = 1$ には存在しない.ここで α と平行な平面 $z = 1$ 上の 2 直線 l, l' を考えよう.l と原点,および l' と原点によって定まる平面を,それぞれ H, H' とする.このとき明らかに $H \cap H' = \alpha$ である.

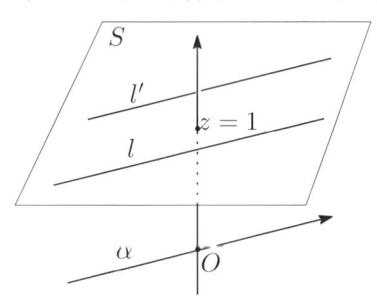

このことを射影幾何の言葉で見てみよう.平面 H, H' は射影幾何の直線を定める.これらはもともと l, l' によって定まるのでそれぞれ $<<l>>$, $<<l'>>$ と表わそう.また,α が定める射影幾何の点を $<\alpha>$ と表わそう.このとき $\alpha \subset H$ は,$<\alpha>$ が直線 $<<l>>$ 上にあることを意味する.同様に,$<\alpha>$ は直線 $<<l'>>$ 上にもある.つまり,直線 $<<l>>$ と $<<l'>>$ は交わり,その交点が $<\alpha>$ である.点 $<\alpha>$ は,平面 $z = 1$ における無限遠点と呼ばれ,平面 $z = 1$ の平行線 l, l' は,平面 $z = 1$ 上には

交点はないが，この無限遠点で交わっているのである．つまり，平面 $z=1$ 上の各直線にはそれぞれ 1 つずつ無限遠点があって，平行な 2 直線ではそれらが一致しているのである．原点を通る (x,y) 平面は射影平面の 1 つの直線を定めるが，これは平面 $z=1$ に関する無限遠点全体に他ならない．これを**無限遠直線**という．ただし，無限遠という概念は 1 つのアフィン平面を指定して意味があり，別の平面上で見れば無限遠とは限らないことには注意が必要である．

　もう 1 つの重要な性質，双対性について述べる．射影幾何における点，直線はそれぞれ空間における原点を通る直線，および平面であった．直線 l に対し，原点を通り l に直交する平面がただ 1 つ定まる．これを $D(l)$ と表わす．また，平面 H に対し，原点を通り H に直交する直線がただ 1 つ定まる．これを $D(H)$ と表わす．射影幾何で考えると，点 $<l>$ に対し直線 $<<D(l)>>$ が，また，直線 $<<H>>$ に対し点 $<D(H)>$ が定まる．このとき，点 $<l>$ が直線 $<<H>>$ 上にあれば，直線 $<<D(l)>>$ は点 $<D(H)>$ を通ることが容易に示され，逆も成り立つことがわかる．このことから，射影幾何のすべての主張において，点，直線，「上にある」，「通る」という言葉を，それぞれ直線 点「通る」「上にある」と書き換えても正しい主張が得られる．これを射影幾何の**双対性**という．

■**非ユークリッド幾何**

　さて，射影幾何を用いて、クライン[*11]のモデルとして知られる非ユークリッド幾何を構成しよう．3 次元座標空間 $\boldsymbol{R}^3$ における正則な 1 次変換，つまり 3 次の正則行列 A を考えよう．原点を通る直線や平面は A によってやはり原点を通る直線や平面に移る．射影幾何における合同とは，このような正則行列で図形が移り合うことをいうのである．一般の正則行列は長さや角度を保たないから，射影幾何では長さや角度の概念は意味を持たない．しかし，3 点が同一直線上にあることなどは，行列による変換で保存されるから意味がある．このように射影幾何における合同は，ユークリッド幾何の合同より弱いものであるが，点集合としては射影平面，あるいはその 1 部分を考え，合同の概念を別に

[*11] Felix Klein(1849–1925) ドイツの数学者．さまざまな幾何を群論の立場から統一的に見るエルランゲン目録で知られる．

定めることにより別種の幾何を定義することができる．それが楕円幾何，放物幾何と双曲幾何である．

まず，次のような 2 次形式
$$f_\epsilon(x, y, z) = \epsilon(x^2 + y^2) + z^2$$
を固定しておく．ただし，ϵ は $1, 0, -1$ のいずれかである．このとき 3 次元座標空間の曲面 $f_\epsilon(x, y, z) = 1$ は ϵ が $1, 0, -1$ に応じてそれぞれ球面 $S : x^2 + y^2 + z^2 = 1$，2 枚のアフィン平面 $F; z^2 = 1$ および 2 葉双曲面 $H : -x^2 - y^2 + z^2 = 1$ である．ここで，このような 3 種類の曲面の点たちがそれぞれ定める射影平面の部分集合 V_ϵ を考えよう．射影平面では，原点を通る直線を「1 点」と考えたから，座標空間の 2 点 P と $-P$ は同一視されることに注意する．また，3 次の正則行列 A でこのような 2 次形式を保存するものを考えよう．つまり (x, y, z) が A によって (x', y', z') に移るとき，$f_\epsilon(x, y, z) = f_\epsilon(x', y', z')$ となるものである．このとき A は曲面 $f_\epsilon(x, y, z) = 1$ 上の点の変換を定める．従って，行列 A は曲面 $f_\epsilon(x, y, z) = 1$ が定める射影平面の部分集合 V_ϵ の変換を定める．これを V_ϵ の合同変換と呼び，合同変換で移りあう V_ϵ の図形を合同と呼ぶ．ただし，$\epsilon = 0$ のとき A はアフィン平面上のユークリッド運動（回転と平行移動）になるものとする．

それぞれの場合を見てみよう．

(1) $\epsilon = 0$ のとき，2 枚の平面 $z = \pm 1$ の一方の点は原点対称な他方の点と同一視されるから，V_0 はアフィン平面 $z = 1$ と思ってよい．また，点や直線はアフィン平面 $z = 1$ の普通の点や直線と考えてよい．このとき合同変換は回転と平行移動に他ならないから，V_0 で定義される幾何はユークリッド幾何に他ならない．これはまた放物幾何とも呼ばれる．

(2) $\epsilon = 1$ のとき，考える点の集合 V_1 は射影平面全体である．前項で述べたように，結合公理は成り立ち，順序公理は修正された形で成り立つ．また平行線は存在しない．ここで考えている合同変換は，2 次形式 $x^2 + y^2 + z^2$ を保存する 3 次正則行列で与えられる．これは 3 次の直交行列で，適当な軸の周りの回転，あるいは原点を通る平面に関する対称変換である．このようにして得

られる幾何がリーマン[*12]の**楕円幾何**である.

(3) $\epsilon = -1$ のとき,考える点の集合 V_{-1} は 2 葉双曲面のうち,$z > 0$ の部分
$$H_+ : z^2 = x^2 + y^2 + 1, \quad z > 0$$
と思ってよい.このとき得られる幾何が**双曲幾何**である.双曲幾何における直線とはこの双曲面と原点を通る 1 つの平面が交わるとき,その交点たちのなす双曲線のことである.従って,結合公理「異なる 2 点を通る直線がただ 1 つ存在する」は成り立つ.実際,その 2 点と原点を通る平面との交わりを考えればよい.また,楕円幾何と異なり,直線は閉じておらず,ユークリッド幾何と同じ順序の公理が成り立つ.従って,この双曲面においても線分,半直線あるいは端点を共有する 2 つの半直線のなす角などはユークリッド幾何と同様に定義される.この双曲面の合同変換とは,3 次正則行列 A で表わされる $\boldsymbol{R}^3$ の 1 次変換で,2 次形式 $-x^2 - y^2 + z^2$ を保つものである.従って双曲面 H_+ の点を H_+ の点に移し,H_+ の直線を直線に移す.そこでこの変換で移りあう線分を合同であると定義する.また角の合同も同様に定義する.

合同変換の行列を調べておこう.まず 2 行 2 列の行列 B が 2 次形式 $x^2 + y^2$ を保存する,つまり,(x, y) が B によって (x', y') に移るとき常に $x^2 + y^2 = x'^2 + y'^2$ が成り立てば,よく知られているように B は回転 $\begin{pmatrix} \cos\theta & -\sin\theta \\ \sin\theta & \cos\theta \end{pmatrix}$,もしくは対称変換 $\begin{pmatrix} \cos\theta & \sin\theta \\ \sin\theta & -\cos\theta \end{pmatrix}$ である.一方,行列 B が 2 次形式 $-x^2 + y^2$ を保存するための条件は,$a^2 - c^2 = 1$ をみたす実数 a, c に対し $B = \begin{pmatrix} a & c \\ c & a \end{pmatrix}$ あるいは $\begin{pmatrix} a & -c \\ c & -a \end{pmatrix}$ であることが容易にわかる.この形から,双曲線 $-x^2 + y^2 = 1$ 上の任意の点 Q に対し,点 $(0, 1)$ を Q に移す行列 B が存在することが示せる.さて,2 次形式 $-x^2 - y^2 + z^2$ を保つ 3 次の正則行列 A で与えられる合同変換を考えよう.

▶ (1) 点 $(0, 0, 1)$ を動かさない変換は z 軸の周りの回転,あるいは z 軸を含む

[*12] Bernhard Riemann(1826–1866) ドイツの数学者.解析学,幾何学,数論など多くの分野で優れた業績を残した.リーマン積分,リーマン幾何,コーシー=リーマン方程式など彼の名を冠した用語は数多い.またリーマン予想は今日なお未解決の大問題である.

平面に関する対称変換である．実際，行列は簡単な計算から $A = \begin{pmatrix} a & b & 0 \\ c & d & 0 \\ 0 & 0 & 1 \end{pmatrix}$ の形であることがわかるが，左上の 2 次正方行列は 2 次形式 $x^2 + y^2$ を保つから，すぐ上で述べたことから求める結果を得る．

▶ (2) 双曲面 H_+ の任意の点 P に対し点 $(0,0,1)$ を P に移す変換がある．上の事実を用いれば，これを示すには P の y 成分が 0，つまり P が (x,z) 平面に属するときに示せばよい．前述したように，(x,z) 平面において点 $(0,1)$ を双曲線 $-x^2 + z^2 = 1$ 上の点 P に移す 2 次の行列 $B = \begin{pmatrix} a & b \\ c & d \end{pmatrix}$ がある．このとき $A = \begin{pmatrix} a & 0 & b \\ 0 & 1 & 0 \\ c & 0 & d \end{pmatrix}$ が求めるものである．このような変換を 2 度用いれば，双曲面 H_+ の任意の 2 点 P, Q に対し P を Q に移す変換の存在がわかる．

▶ (3) 端点を共有する半直線 h, k に対し，h を k に（端点を止めて）移す変換が存在する．実際，端点が $(0,0,1)$ のときは (1) の z 軸の周りの回転を考えればよい．一般の端点 P のときは，(2) の $(0,0,1)$ を P に移す変換 A_P とすると，$A_P^{-1} h, A_P^{-1} k$ は $(0,0,1)$ を端点とする半直線だから，z 軸の周りの回転で一方を他方に移し，A_P で戻せばよい．

▶ (4) 1 つの半直線 をそれ自身に移す変換は恒等変換あるいは半直線を定める平面に関する対称変換に限る．実際，(2) の変換を用いれば，半直線の端点が $(0,0,1)$ の場合を考えればよい．このときは (1) から明らかである．

以上のことから，双曲幾何においてもユークリッド幾何の合同公理が成り立つことが次のように示される．(2) より任意の線分の端点を与えられた位置に移すことができる．さらに回転によって与えられた半直線上に移すことができるので，公理 III_1 が成り立つ．同様に公理 III_4 も成り立ち，一意性は (4) から示される．公理 III_2，公理 III_3 は明らかであろう．最後に公理 III_5 は，合同変換の一意性 (4) を用いて示されるが，詳細は読者に委ねよう．

最後に平行線の問題を考えよう．双曲面の点 (x, y, z) に対し

$$u = x/z, \quad v = y/z$$

とおく．このとき明らかに $u^2 + v^2 < 1$ が成り立つ．逆に $u^2 + v^2 < 1$ のとき

$$x = u/\sqrt{1 - u^2 - v^2}$$
$$y = v/\sqrt{1 - u^2 - v^2}$$
$$z = 1/\sqrt{1 - u^2 - v^2}$$

とおくと，これらは双曲面と，$\mathbf{R}^2$ の円板 $D = \{(u,v) ; u^2 + v^2 < 1\}$ との互いに逆な対応を与える．このとき原点を通る平面

$$ax + by + cz = 0$$

は $au + bv + c = 0$ という直線に対応する．つまり，双曲幾何は円板内の点と円板内に限定した直線のなす幾何と考えてよい（ただし2点間の距離はユークリッド距離とはまったく異なり，円板の境界に近づくにつれ2点間の距離は無限に大きくなる）．双曲面での<u>直線</u>，つまり無限に伸びた双曲線は，円板内の「本当の」直線に対応しているから，結合の公理や順序の公理が成り立つことも容易にわかる．また，直線 l と l 上にない点 P に対し，P を通って l に平行な直線は無数にあることも明らかである．

以上のことから，双曲幾何は公理 I～III をみたすが，平行線公理をみたさないことが示された．

■**非アルキメデス幾何**

アルキメデス公理 V_1 は公理 I～IV と独立である．実際，例 4.3.2 の体 $\Omega(x)$ はピタゴラス閉体であるから，公理 I～IV をみたす $\Omega(x)$ 上の座標幾何が得られる．$\Omega(x)$ は非アルキメデス体だから，このモデルはアルキメデスの公理をみたさない．従って公理 I～IV からアルキメデスの公理を証明することはできないのである．

この事実から，ユークリッドの原論では特に比例論の部分で，暗黙のうちにアルキメデスの公理を仮定していたことになる．しかしながら，$\Omega(x)$ のような体は，自然な形で現われてくるようなものではなく，ギリシャ時代にこのようなものを想起することができなかったとしても，無理はないであろう．

■立体幾何

次に合同公理の独立性を考えよう．合同公理はユークリッド幾何のエッセンスであるから，合同公理を一部であれ否定することは，さまざまなところに影響を与える．ここでは議論を単純化するため，合同公理の独立性をいくつかの側面に分けて考えてみよう．

本書では立体（空間）幾何には触れなかったが，立体幾何の公理では，点，直線のほかに平面たちの集合も考え，平面どうしや平面と直線などの交わりに関する結合公理

> **公理 I_4** 同一直線上にない 3 点 A, B, C を含む平面が存在する．任意の平面は少なくとも 1 つの点を含む．
>
> **公理 I_5** 同一直線上にない 3 点 A, B, C に対し，A, B, C を含む平面はただ 1 つである．
>
> **公理 I_6** 直線 l 上の異なる 2 点 A, B が平面 α 上にあれば，l 上のすべての点は α 上にある．
>
> **公理 I_7** 2 平面 α, β が 1 点を共有すれば，さらに別の 1 点を共有する．
>
> **公理 I_8** 同一平面上にない 4 点が存在する．

が加わっているが，公理 II 以下については平面幾何と変更はない．1 つの空間幾何があれば，そのなかの 1 つの平面上の直線や点に制限することにより平面幾何が得られる．しかし，与えられた平面幾何が，ある立体幾何の一部になっているかどうかは公理だけからは一般にはわからない．

平面幾何においても，1 つの直線上の点に関する定理（例えば定理 4.2.1）も，その証明においてはパッシュの公理 II_4 のような平面全体にかかわる公理を用いている．同様のことを平面幾何と立体幾何で見るため，デザルグ[*13] の定理を考えよう．デザルグの定理を，さまざまな場合についてもれなく述べるには，射影幾何の用語を用いるのが便利である．次の定理で，平面とは射影平面の中の 1 つのアフィン平面で，194 頁で述べたように，点あるいは直線とい

[*13] Girard Desargues(1591–1661) フランスの数学者．射影幾何学の創始者．

う言葉は無限遠点あるいは無限遠直線を含むものとする．従って平行という言葉は出てこないが，「無限遠点で交わる＝平行である」ことから，平行の場合も含むのである．また，1つの直線上には通常の点以外にも，その直線が定める無限遠点もあることや，すべての無限遠点は無限遠直線という1つの直線上にあることに注意しよう．また次の定理では，平面幾何の公理Ｉ～IVを仮定するが，公理Vは仮定しない．

定理 4.4.1 平面上の3角形 $\triangle ABC, \triangle A'B'C'$ において，頂点連結直線 AA', BB', CC' が1点で交われば，対応する辺を延長した直線の3つの交点は1直線上にある．逆に，対応する辺を延長した直線の3つの交点が1直線上にあれば，頂点連結直線 AA', BB', CC' が1点で交わる．

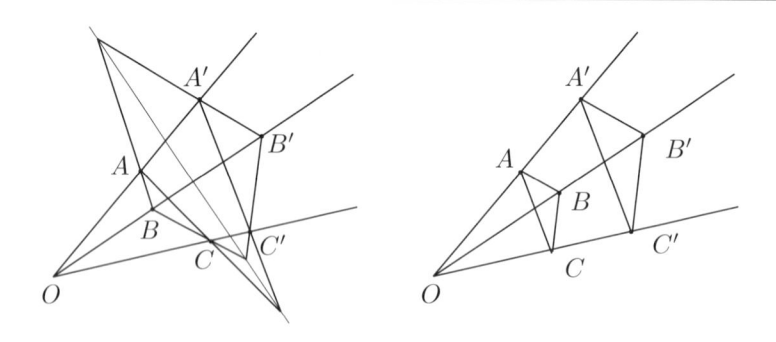

この定理はすべての図形が「1つの平面上」にある場合を考えているので，正確には平面デザルグ定理というべきである．これを平面内に限って証明するには，メネラウスの定理などを用いるが本質的に合同公理を必要とする．

もし，このような3角形がそれぞれ空間の中の異なる平面上にあると考えてよい場合（ただし，そのときは平行な直線とは1つの平面内にあって交わらないことを意味する）は，平面たちの交わりである直線を考えることにより容易に証明できる．例えば，上の右の図のように，空間内に3角形 $ABC, A'B'C'$ があり，頂点連結直線が1点 O で交わるとし，辺 $AC, A'C'$ および $AB, A'B'$ がそれぞれ平行とする．このとき，3角形 $ABC, A'B'C'$ がそれぞれ定める2つの平面は平行な平面だから交点を持たない．従って直線 $BC, B'C'$ は交わ

らず，点 O, B, C の定める平面内にあるから平行である．逆に，3 つの対応辺がすべて（空間内で）平行であれば，頂点連結直線は 1 点で交わるか，すべて平行であるかのいずれかであることも容易にわかる．

いま，考えている平面幾何が立体幾何の一部になっているとしよう．そのとき平面デザルグ定理は，合同公理を用いることなく，上述の立体デザルグ定理を援用することにより証明することができる．例えば下の図のように，平面 α 内に 3 角形 $ABC, A'B'C'$ があり，頂点連結直線が 1 点 O で交わるとし，辺 $AC, A'C'$ および $AB, A'B'$ がそれぞれ平行とする．空間内で，点 O を通り平面 α に含まれない直線 l と l 上の 1 点 P をとる．

点 A' を通り，直線 AP に平行な直線と l との交点を Q とする．このとき 3 角形 $ABP, A'B'Q$ については，上述の立体デザルグ定理より，直線 $BP, B'Q$ は平行である．同じ理由から，直線 $CP, C'Q$ も平行である．従って，3 角形 $BCP, B'C'Q$ に対しても仮定がみたされるから，直線 $BC, B'C'$ は平行である．他の場合や，逆についても同様の方法で示すことができる．

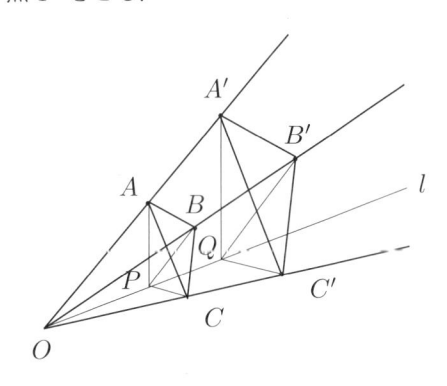

ここで重要な事実として，立体デザルグ定理の証明には，線分や角の大きさにかかわる合同公理は不要である．ただ平行な直線の存在は必要なので，新たな公理として

> **公理 IV*** 空間内の直線 l とその上にない 1 点 P に対し，l と P を含む平面内に l と平行な直線がただ 1 つ存在する

を考えよう．このとき，上に述べたことから次の定理を得る．

> **定理 4.4.2** 立体幾何においては，公理 I_{1-8}，II，IV* からデザルグの定理を証明することができる．

■座標幾何

K を体とする.ここでは積の可換性も仮定しない.K の元を成分とする 3 次元の座標空間を考える.つまり $K^3 = \{(x,y,z)\,;\,x,y,z \in K\}$ である.K の 4 つの元 a, b, c, d(ただし a, b, c のいずれかは 0 でない)に対し,方程式

$$ax + by + cz + d = 0$$

をみたす点 (x, y, z) のなす図形を平面と呼ぶ.また,2 つのベクトル $(a, b, c), (a', b', c')$ が 1 次独立のとき,連立方程式

$$ax + by + cz + d = 0, \quad a'x + b'y + c'z + d' = 0$$

をみたす点のなす図形を直線と呼ぶ.

このとき,点や直線が 1 つの平面上にあることは自然に定義され,結合公理 $\mathrm{I}_1 \sim \mathrm{I}_8$ をみたすことは容易に確かめられる.また,体 K が順序体であれば,順序公理 II をみたすことも確かめることができる.合同公理については,K が例えば実数体の部分体でピタゴラス閉体であれば,合同の定義をうまく定めて合同公理が成り立った(176 頁)が,一般の体に対してはわからない.しかし,2 直線が平行であることの定義は可能であり,連立方程式の理論から,狭い意味の平行線公理 IV^* が成り立つ.従って次が得られた.

定理 4.4.3 (可換とは限らない)順序体 K に対し,公理 I_{1-8}, II, IV^* をみたす立体座標幾何のモデル K^3 が存在する.

定理 4.4.4 公理 I, II, IV^* をみたす 1 つの平面幾何を考えよう.このとき次の 3 つの条件は互いに同値である.
 (1) ある順序体上の座標幾何である.
 (2) 公理 I_{1-8}, II, IV^* をみたす立体幾何の一部である.
 (3) 平面デザルグ定理が成り立つ.

証明 (1) $\Rightarrow$ (2) $\Rightarrow$ (3) は既に示している.従って (3) $\Rightarrow$ (1) を示せばよい.

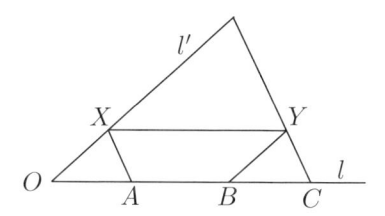

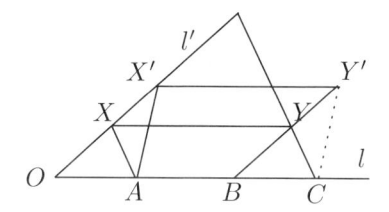

定理 4.3.5 において，合同公理が成り立てば，線分の合同類たちに加法，乗法が定義でき 1 つの体を構成した．ここでは合同公理の代わりに公理 IV* が成り立つと仮定し，1 つの**直線上**の線分たちに加法，乗法を定義する．点 O を端点とする半直線 l 上で，線分 $a = OA$ と $b = OB$ の和を l 上の線分として定義したい．O を端点とする別の半直線 l' とその上の点 X をとっておく．X を通って l に平行な直線と，B を通って l' に平行な直線の交点を Y とし，Y を通って直線 AX に平行な直線と l との交点を C とする．このとき，$a + b = OC$ と定義するのである．図から明らかなように，もし合同公理が成り立つなら，3 角形 OAX と BCY は合同であり，179 頁で考えたように，$OC = OA + OB$ である．

さて，平面デザルグ定理が成り立つとしよう．右の図のように，直線 l' 上の異なる点 X' を選んだ場合，3 角形 AXX' と CYY' において，直線 $AB, XY, X'Y'$ は平行であり，また辺 AX, CY と XX', YY' もそれぞれ平行である．従ってデザルグの定理より，AX' と CY' も平行だから，加法は一致する．また，直線 l' のとり方にもよらないことが同様に示される．さらに，加法の推移性や可換性も示すことができる．

乗法については，181 頁における定義を思い出そう．そのときは，合同公理を用いて直交する 2 直線上の合同な線分に対し比例の関係を逆用して積を定義した．合同公理がない場合は，上の図のような直線 AX と平行な直線たちで移りあう l と l' の点，あるいは線分を**合同もどき**と考え，やはり比例を用いて積を定義するのである．このとき，O を端点とする l 上の線分の集合が（積が可換とは限らないが）体をなすことが示され，考えている平面幾何が体上の座標幾何であることが本質的な困難はなく証明される．詳細についてはヒルベルトの原著を参照されたい． □

さて，合同公理の独立性を考えてみよう．定理 4.3.8 より，公理 I 〜 IV を
みたす幾何は，ある（可換な）ピタゴラス閉体上の座標幾何と考えることがで
きた．従ってもし合同公理が公理 I, II, IV* から証明できるなら，公理 I, II,
IV* をみたす幾何のモデルは**可換体**上の座標幾何でなければならない．一方，
定理 4.4.3 から，可換とは限らない任意の順序体 K に対し，K 上の座標幾何
で公理 I, II, IV* をみたすものが存在する．さらに非可換な順序体の例がヒ
ルベルトの原著で与えられている．従って合同公理は公理 I, II, IV* から独
立である．

ヒルベルトはさらに，3 角形合同公理 III$_5$ 以外の（公理 IV* および連続公
理を含め）すべての平面公理をみたし，かつ平面デザルグ定理が成り立たない
幾何の例を構成している．従って，

(1) 3 角形合同公理 III$_5$ は残りの公理から独立である．

(2) 3 角形合同公理 III$_5$ 以外の（公理 IV* および連続公理を含め）すべての
平面公理をみたすが，立体幾何の一部とならないものがある．

ことなども知られている．

第5章 作図と方程式

5.1 作図

■**公理から導かれるもの**

ユークリッド幾何に作図問題と呼ばれるものがある．与えられたいくつかの点や直線のようなデータから，特定の用具を用いて，どのような図形を描くことができるかを問うものである．よく知られたものとしては，**定規とコンパス**による作図があるが，それ以外にも定規と定長尺（特定の長さだけが測れるもの），あるいは一定の角度を描ける角定規による作図などもある．この節では，定規とコンパスで作図可能な図形とはどのようなものかを調べよう．その結果として古来有名な3大作図不可能問題を述べる．

定規とコンパスによる作図を考える前に，与えられたデータから古典的公理，つまり公理 I～IV のみによって論理的に構成できる（言い換えると存在が証明される）図形はどのようなものかを考えてみよう．この問題を仮に「公理による作図」と呼ぶ．この問題は前章の結果から次のように定式化することができる．定理 4.3.7 から，公理 I～IV をみたす1つの幾何に対し，線分の合同類の集合 K は（単位となる線分を 1 とすれば）ピタゴラス閉体となり，K 上の座標幾何が考えている幾何のモデルとなる．逆に176頁で示したように，任意のピタゴラス閉体 K に対し，K 上の座標幾何は公理 I～IV をみたす．この対応で，公理 I～IV をみたす幾何とピタゴラス閉体 K 上の座標幾何を同一視することができる．このとき，実数 a が体 K に属することは，その幾何において a が（線分の長さとして）存在することと同じである．ただし，実数 a が存在することと，その幾何において公理 I～IV から存在を**証明**できることは同じではない（定理 4.2.33）ことに注意しよう．

第5章 作図と方程式

　一般に作図，あるいは公理に基づく存在証明とは，データとして与えられたいくつかの点から公理で許される操作を繰り返し，求めるいくつかの点を得ることである．座標幾何で考えるなら，点は座標成分である実数の対と一対一に対応するから，データの点や作図で得られた点はすべていくつかの実数の組である．つまり，作図のデータはいくつかの実数の組であると思ってよい．

　さて，ある幾何に実数 a が存在するとする．a と有理数たちから加減乗除と演算 $\sqrt{1+(\ )^2}$ を繰り返し得られる実数の集合を $\Omega(a)$ とする．これは a を含む最小のピタゴラス閉体である．与えられた線分たちから加減乗除や演算 $\sqrt{1+(\ )^2}$ を行なうことは公理に基づいて行なうことができる（定理 4.3.7）．従って，$\Omega(a)$ の元は a をデータとして公理 I〜IV から存在を証明できる．一方，体 $\Omega(a)$ 上定義された座標幾何が存在する．この幾何には実数 a が存在するから，a をデータとして公理 I〜IV から存在を証明できる数はすべて含まれなければならない．従って，a をデータとして公理 I〜IV から存在が証明できる数たちの集合がちょうど $\Omega(a)$ であることがわかる．

　D をいくつかの実数あるいは不定元の集合とする．D の元たちから出発して，加減乗除と，演算 $\sqrt{1+(\ )^2}$ を何度か繰り返して得られる数の集合を $\Omega(D)$ と表わす．ただし，D が不定元を含むときは，演算 $\sqrt{1+(\ )^2}$ は例 4.3.2 で述べた意味である．$\Omega(D)$ は有理数体に D の元たちを付加した体 $\boldsymbol{Q}(D)$ を含む最小のピタゴラス閉体である．次の定理では，必要なら $\boldsymbol{Q}(D)$ を含む十分大きなピタゴラス閉体（例えば $\boldsymbol{Q}(D)$ を含む代数的閉体）上の座標幾何を固定して，その中で考える．このとき前段で述べたことは容易に一般化でき，次の定理を得る．

> **定理 5.1.1** D をいくつかの実数あるいは不定元の集合とする．このとき D から公理による作図で得られるすべての実数の集合は $\Omega(D)$ である．

■定規とコンパスによる作図

　さて定規とコンパスによる作図を考えよう．まず定規とコンパスでできることは何かを確認しておこう．

　(イ)「与えられた 2 点を通る直線を描くことができる．これは，与えられた

1点を端点とする半直線，あるいは与えられた2点を端点とする線分も含む.」

(ロ)「2点が与えられたとき，一方の点を中心とし，もう一方の点を通る円を描くことができる.」

注 5.1.1 コンパスの使い方として，点 O と線分 AB が与えられたとき，O を中心とし，半径が線分 AB の長さである円を描くことができるとはいっていないことに注意しよう.

公理 I〜IV をみたす1つの幾何を考えよう．それはあるピタゴラス閉体 K 上の座標幾何と考えて一般性を失わない．ここで定規とコンパスでできる操作を考える．明らかに，定規は公理 I_1 と同等である．しかし，コンパスについては注意が必要である．考えている幾何において，円上にどれだけ点が存在するのかは公理上はわからない．従って一般に

「1つの直線と1つの円は，円の中心と直線までの距離が円の半径以下のとき交点を持つこと，また2つの円は，中心間の距離 d と半径 r_1, r_2 が $|r_1 - r_2| \leq d \leq r_1 + r_2$ をみたすとき交点を持つ」

ことは公理からは証明されない．しかし，コンパスによる作図というときは，上のことが可能であることを意味する．このことに注意すると，定規とコンパスを組み合わせてできる基本的な作図は次のようなものである．

(1)「線分 PQ の垂直2等分線を描くこと」

点 P, Q をそれぞれ中心とし，半径が PQ の円を描き，その2つの交点を結ぶ直線をとればよい．

(2)「直線 l と点 P が与えられたとき，P を通り l に垂直な直線を描くこと」

点 P を中心とし十分大きな半径の円を描き，l との交点を Q, R とするとき，線分 QR の垂直2等分線をとればよい．点 P は直線 l 上にあってもよい．

(3)「直線 l と，l 上にない点 P が与えられたとき，点 P を通り l と平行な直線を描くこと」

点 P を通り l に垂直な直線 l' を描き，さらに P を通り l' に垂直な直線をとればよい．

(4)「線分 PQ と，点 R を端点とする半直線 h が与えられたとき，h 上に

PQ と合同な線分 RS を定めること」

2つの線分 PQ, PR から (6) を用いて平行4辺形 $PQRT$ を作り，コンパスを用いて h 上に RT と同じ長さの線分をとればよい．

(5)「角 $\angle AOB$ と，点 O' を端点とする半直線 $O'A'$ が与えられたとき，角 $\angle AOB$ と合同な角 $\angle A'O'B'$ を定めること」

半直線 OB 上の 1 点 P から半直線 OA に垂線を降ろし，その足を Q とすると，直角 3 角形 $\triangle POQ$ が得られる．半直線 $O'A'$ 上に $OP \equiv O'P'$ となる点 P' をとり，点 P' から半直線 $O'A'$ に垂線を立てる．この垂線上に $PQ \equiv P'Q'$ となる点 Q' をとれば，O' と Q' を結ぶ半直線が求めるものである．

以上より，合同公理に基づく作図，つまり，与えられた線分や角を与えられた位置に合同に移すことは，定規とコンパスによって実行できる．結合公理や順序公理に基づく作図は定規によって可能である．従って次の定理を得る．

定理 5.1.2 公理 I～IV に基づく作図で得られる図形はすべて定規とコンパスで作図可能である．

注 5.1.2 この定理において，コンパスは (ロ) で述べたような使い方に限られていることに注意しよう．しかしこの定理の結果から，コンパスの使い方の注 5.1.1 で述べたような使い方が許されると思ってよいのである．つまり，点 O と線分 AB が与えられたとき，上の定理から O を端点とする半直線上に AB と合同な線分 OP がとれるから，O を中心として P を通る円を描けばよいのである．

注 5.1.3 公理 I～IV に加えて次のような公理を付け加えた幾何を考えよう．

公理 K 1つの直線と 1 つの円は，円の中心と直線までの距離が円の半径以下のとき交点を持つ．また 2 つの円は，中心間の距離 d と半径 r_1, r_2 が $|r_1 - r_2| \leq d \leq r_1 + r_2$ をみたすとき交点を持つ．

容易にわかるように，コンパスという用具による作図とは，言い換えると，この公理を付け加えた幾何における「公理による作図」になるのである．

次に体 K 上の座標幾何では，定規とコンパスによる作図を方程式の問題として考えることができる．定規によって定まる方程式とは，2 点を通る直線の方程式だから K の元を係数とする x, y の 1 次方程式である．コンパスから定まる方程式とは，円の方程式
$$(x - x_0)^2 + (y - y_0)^2 = r^2$$
に他ならない．またこのような方程式を連立させて得られる x や y の方程式は K の元を係数とする 1 次あるいは 2 次方程式である．従って次の定理を得る．

定理 5.1.3 体 K 上の座標幾何において，定規とコンパスによる作図で得られる数は，K から 2 次拡大を何度か繰り返して得られる拡大体に属する．

体 K が実数体あるいはその部分体のときは，より精密なことがいえる．

補題 5.1.4 d が与えられた正の実数のとき，$\sqrt{d}$ は定規とコンパスで作図可能である．

証明 a, b を実数とする．円 $x^2 + y^2 = 1$ と直線 $y = ax + b$ の交点の x 座標は 2 次方程式
$$(a^2 + 1)x^2 + 2abx + b^2 - 1 = 0$$
の解 $\alpha = (-ab \pm \sqrt{a^2 - b^2 + 1})/(a^2 + 1)$ で与えられる．正の実数 d が与えられたとき，$d = a^2 - b^2 + 1$ をみたす a, b は存在する．例えば $a = d/2, b = d/2 - 1$ ととればよい．このとき a, b は d から作図可能であり，従って上の円と直線の交点の x 座標 α も作図可能である．このとき $\alpha = (-ab \pm \sqrt{d})/(a^2 + 1)$ より
$$\sqrt{d} = \pm((a^2 + 1)\alpha + ab)$$
だから $\sqrt{d}$ は作図可能である． □

第5章 作図と方程式

いくつかの実数の集合 D から出発し，加減乗除と，正の数の平方根をとる演算を何度か繰り返して得られる数は体をなす．これを $\Gamma(D)$ と表わそう．このとき定理 5.1.1 と同様の結果が成り立つ．

定理 5.1.5 D をいくつかの実数の集合とする．このとき D から定規とコンパスによる作図で得られるすべての実数の集合は $\Gamma(D)$ である．

証明 定規とコンパスによる作図は 1 次，および 2 次方程式の実数解を求めることに帰着されるから，D から定規とコンパスによる作図で得られる実数は $\Gamma(D)$ に含まれる．逆に補題 5.1.4 から，$\Gamma(D)$ の元は作図可能である．□

■定規とコンパスによって公理から得られない作図ができること

さて単位の線分だけが与えられたとき，定規とコンパスによる作図で得られるものを考えよう．上の定理の言葉でいえば，D が実数 1 だけの場合である．このとき $\Gamma(D)$ は有理数から出発して，加減乗除と正数の平方根をとる演算を何度か繰り返し得られる数たちのなす体である．これを Γ と表わす．一方，単位の線分だけが与えられたとき，公理 I～IV による作図で得られるものを考えると，得られる体は 177 頁の体 Ω に他ならない．明らかに Ω は Γ の部分体である．これが上述したように，公理 I～IV による作図で得られる図形はすべて定規とコンパスで作図可能であるということの言い換えである．この逆が成り立たないこと，つまりこれら 2 つの体が一致しないことを次に示す．そのため，Ω が全実な体であることを示そう．

有理数体 $\boldsymbol{Q}$ の有限次拡大体 K を考える．K のすべての（複素数体のなかでの）共役体が，K 自身も含めすべて実体（実数体の部分体）であるとき，K を**全実**な体であるという．K の元は $\boldsymbol{Q}$ 上既約なある方程式 $f(x)=0$ の解であるが，K が全実であることは，K の元の $\boldsymbol{Q}$ 上の共役元がすべて実数であることと同じである．つまり，上のような既約方程式の解がすべて実数であるといってもよい．

さて有理数 a_0 に対し $K_1 = \boldsymbol{Q}(\sqrt{1+a_0^2})$ とおき，K_1 の元 a_1 に対し $K_2 = K_1(\sqrt{1+a_1^2})$ とおく．以下同様に体 K_m を

$$K_m = K_{m-1}(\sqrt{1+a_{k-1}^2})$$

と定義する.

補題 5.1.6 体 K_m は全実である.

証明 m に関する帰納法で証明する. $m=1$ のときは明らかであるので, 順次 $m=k-1$ まで成り立つとする. 証明すべきことは, K_k の勝手な元, 特に $u=\sqrt{1+a_{k-1}^2}$ の $\boldsymbol{Q}$ 上共役な元がすべて実数であることである. u は K_{k-1} 上の方程式

$$x^2 - (1+a_{k-1}^2) = 0$$

の解である. u がみたす $\boldsymbol{Q}$ 上の方程式を求めよう. $a_{k-1} \in K_{k-1}$ の $\boldsymbol{Q}$ 上の共役元を $a_{k-1} = \alpha_1, \alpha_2, \ldots, \alpha_s$ とする. このとき定義より

$$(x-\alpha_1)\cdots(x-\alpha_s)$$

は $\boldsymbol{Q}$ 上の既約な多項式である. 従って α_i たちの基本対称式はすべて有理数である. 対称式の基本定理から, 多項式

$$f(x) = (x^2-(1+\alpha_1^2))\cdots(x^2-(1+\alpha_s^2))$$

の係数はすべて有理数である. u は $f(x)=0$ の 1 つの解であるから, ($f(x)$ は $\boldsymbol{Q}$ 上既約かどうかはわからないが) u の $\boldsymbol{Q}$ 上の共役元はすべて $f(x)=0$ の解である. 帰納法の仮定より α_i は実数だから, $f(x)=0$ の解 $\pm\sqrt{1+\alpha_i^2}$ も実数である. 従って u の $\boldsymbol{Q}$ 上の共役元はすべて実数である. □

定理 5.1.7 体 Ω と Γ は一致しない. 従って, 定規とコンパスで作図できるが, 公理 I〜IV によっては存在することが証明できない実数がある.

証明 例えば $\sqrt[4]{2} = \sqrt{\sqrt{2}}$ は Γ の元であるが, $\boldsymbol{Q}$ 上の既約方程式 $x^4-2=0$ の 4 つの解は $\pm\sqrt[4]{2}$ と $\pm\sqrt[4]{2}i$ で虚数解を持つ. 従って $\sqrt[4]{2}$ は Ω の元ではありえない. □

第 5 章 作図と方程式

■正 n 角形の作図

さてユークリッド幾何学ではギリシア時代から有名な作図の 3 大問題があった．

(1) 与えられた角を 3 等分すること．

(2) 与えられた立方体の体積の 2 倍の体積を持つ立方体を作図すること（デロス[*1] の問題）．

(3) 与えられた円と同じ面積を持つ正方形を作図すること（円積問題）

の 3 つである．後ほど証明するように，これらはすべて作図不能である．その他に正多角形の作図問題もある．正 3 角形，正方形が作図可能であることは明らかである．正 5 角形は後述の例のように作図可能である．また正 6 角形は正 3 角形を組み合わせればよい．では正 7 角形はどうであろうか？これは実は作図不可能なのである．正 8 角形は可能，正 9 角形は不可能である．またガウスが若いころ，正 17 角形の作図方法を見つけたことは有名な話である．では一般に正 n 角形の作図可能性はどうなっているのか？

このような問題を考えるには，問題を座標幾何の問題に置き換えて，定理 5.1.5 を用いればよいのである．まず，正 n 角形の作図を考える．n の素因数分解を $n = 2^\nu p_1^{\nu_1} \cdots p_r^{\nu_r}$ とする．ただし p_i は奇素数，$\nu \geq 0, \nu_i > 0$ である．このとき

定理 5.1.8 正 n 角形が作図可能であるための必要十分条件は，すべての i について $\nu_i = 1$ であり，$p_i - 1$ が 2 のベキとなることである．

証明 正 n 角形が作図可能であることは，単位円の円周の n 等分点を求めること，つまり 1 の原始 n 乗根 $\xi = \cos 2\pi/n + i \sin 2\pi/n$ が作図可能，つまり座標平面で点 $(\cos 2\pi/n, \sin 2\pi/n)$ が作図可能であることであるが，これは実数

$$2\cos 2\pi/n = \xi + \xi^{-1} = \xi + \overline{\xi}$$

が作図可能であることと同じである．有理数体 $\boldsymbol{Q}$ 上 ξ を付加した体 $\boldsymbol{Q}(\xi)$ は，

[*1] エーゲ海のデロス島のアポロン神殿の神託に由来する．

定理 3.4.4 より拡大次数が

$$h = 2^{\nu-1}(p_1^{\nu_1} - p_1^{\nu_1-1}) \cdots (p_r^{\nu_r} - p_r^{\nu_r-1})$$

のガロア拡大で，ガロア群は位数が上の数 h のアーベル群である．ガロア群の元，つまり体の自己同型は ξ をどの原始 n 乗根に移すかで定まる．特に ξ を ξ^{-1} に移す自己同型を g とすると，g^2 は恒等写像だから $H = \{g, e\}$ は位数 2 の部分群である．群 H の不変な部分体 $(\boldsymbol{Q}(\xi))^H$ を K とすると，$\cos 2\pi/n \in K$ であり，容易にわかるように $K = \boldsymbol{Q}(\cos 2\pi/n)$ である．従って，K は実数体に含まれる $\boldsymbol{Q}$ のガロア拡大体で拡大次数は $h/2$ である．

まず，$\cos 2\pi/n$ が定規とコンパスで作図できるとすると，定理 5.1.5 より，$\cos 2\pi/n$ は $\boldsymbol{Q}$ から 2 次拡大を何度か繰り返して得られる拡大体 L に含まれる．K は $\cos 2\pi/n$ で生成されるから，K は L の部分体である．L の拡大次数は 2 のベキだから，定理 3.1.2 より $h/2$ は 2 ベキであり，従って h 自身 2 ベキである．

逆に，h 従って $h/2$ が 2 ベキであれば，アーベル拡大 K は $\boldsymbol{Q}$ から，2 次拡大を繰り返して得られる．従って K の元は定規とコンパスで作図可能である．

最後に，h が 2 ベキであるための必要十分条件が，定理の形であることは容易にわかる． □

例 5.1.1 $p = 5$ のとき $p - 1 = 2^2$ だから，正 5 角形は作図可能である．原始 5 乗根 ξ は方程式

$$x^4 + x^3 + x^2 + x + 1 = 0$$

の解である．これは

$$x^2 + x + 1 + x^{-1} + x^{-2} = 0$$

と同値で，$x + x^{-1} = t$ とおくと，t は 2 次方程式

$$t^2 + t - 1 = 0$$

の解である．原始 5 乗根 ξ に対し $\xi + \xi^{-1} = 2\cos 2\pi/5$ だから $t = 2\cos 2\pi/5$ である．つまり正 5 角形の作図は，2 次方程式 $t^2 + t - 1 = 0$ に帰着される．この方程式の正の解は $(-1 + \sqrt{5})/2$ だから $\sqrt{5}$ を求めればよいが，これは直角を挟む 2 辺がそれぞれ 1, 2 の直角 3 角形を考えればよい．

例 5.1.2　$7-1 = 2 \times 3$ だから正 7 角形は作図不能である．一方 $p = 17$ は $p - 1 = 2^4$ である．従って正 17 角形は作図可能である．

ここで複素数係数の方程式を作図で解くことについて触れておこう．

座標平面の点 (a, b) は複素数 $a + bi$ を表わすと考えられる．このような複素数の集合を平面と考えたものをガウス平面といった．従って，平面幾何の問題を複素数の言葉で表わすこともできる．例えば，正 n 角形を描くためには，単位円周を n 等分すればよいのであるが，ガウス平面では複素数の方程式 $z^n - 1 = 0$ を解けばよいのである．ただし，一般に複素数係数の方程式が座標平面の言葉でどう表わされるかをみておこう．

まず，複素数の有理演算，つまり加減乗除は複素数の実部，虚部ごとの実数の有理演算に帰着される．例えば $z = a + bi, w = c + di \neq 0$ のとき

$$\frac{z}{w} = \frac{(a+bi)(c-di)}{c^2 + d^2} = \frac{ac + bd}{c^2 + d^2} - \frac{ad - bc}{c^2 + d^2} i$$

であるから，z/w の実部，虚部はいずれも z, w の実部，虚部の有理演算で与えられる．また平方根については，複素数の極表示（22 頁）を用いるのが便利である．

$$z = r(\cos\theta + i\sin\theta)$$

を z の極表示とする．このとき平方根 $\sqrt{z}$ は正の実数 r の平方根 $\sqrt{r}$ を長さ，偏角が $\theta/2$ あるいは $\theta/2 + 180°$ の複素数である．正の実数 r の平方根および角の 2 等分は定規とコンパスで求められるから，複素数の平方根も同様である．平方根が求められれば，複素数係数の任意の 2 次方程式は解くことができる（26 頁）．従って，複素数係数の任意の 2 次方程式はガウス平面において定規とコンパスによって解くことができる．円分方程式 $\Phi_n(x) = 0$ は次数が 2 ベキのときは，複素数係数の 2 次方程式を何度か解くことに帰着するので，上のことからガウス平面の図形として直接作図可能であることがわかるのである．

■デロスの問題と角の 3 等分

次にデロスの問題，つまり 2 の実 3 乗根を作図せよ，であるが，これは作図

不可能であることが容易にわかる．方程式
$$x^3 - 2 = 0$$
は明らかに $\boldsymbol{Q}$ 上既約である．（もし可約であれば，少なくとも 1 つの 1 次因子があるが，これは 2 の実 3 乗根が有理数であることを意味する）従ってもし，2 の実 3 乗根 $\sqrt[3]{2}$ が作図可能なら，定理 5.1.3 より，$\sqrt[3]{2}$ は $\boldsymbol{Q}$ から 2 次拡大を繰り返した体，つまり $\boldsymbol{Q}$ 上 2 ベキ次のある拡大体 K に含まれる．従って $\boldsymbol{Q}(\sqrt[3]{2})$ は K の部分体となるが，$\boldsymbol{Q}(\sqrt[3]{2})$ は 3 次拡大であるから定理 3.1.2 より矛盾である．

公理により作図可能，つまり公理から存在が証明できる数は定規とコンパスにより作図可能であった（210 頁）．従って，$\sqrt[3]{2}$ は公理 I〜IV から存在することを証明することはできない．

次に角の 3 等分を考えよう．角 θ が与えられるということは，実数 $\alpha = \cos\theta$ が与えられることと同じである．従って角 θ の 3 等分を作図するには，$\cos\theta$ から $\cos\theta/3$ を作図することと同じである．$\cos$ の 3 倍角の公式を思い出そう．
$$\cos 3t = 4\cos^3 t - 3\cos t$$
従って $3t = \theta$, $x = \cos t$ とおけば方程式
$$4x^3 - 3x - \alpha = 0$$
を得る．この方程式は体 $\boldsymbol{Q}(\alpha)$ 上既約とは限らない．例えば $\alpha = -1$ つまり $\theta = 180°$ のときは，有理数解 $x = 1/2$ がある．これは，$180°$ の 3 等分，つまり $60°$ が作図可能であることを示している．しかし，α が不定元のときは上の方程式は既約である．実際もし可約であれば，定理 2.5.4 より，多項式環 $\boldsymbol{Q}[\alpha]$ で可約，つまり $\boldsymbol{Q}[\alpha]$ 係数の多項式 $f(x), g(x)$ があって
$$4x^3 - 3x - \alpha = f(x)g(x)$$
となる．しかし，これを α の多項式と見ると，1 次式であるから，どちらか例えば $f(x)$ は α に関して定数である．従って $f(x)$ は α を含まない $\boldsymbol{Q}$ 上の 1 次，あるいは 2 次式である．従って $f(x) = 0$ の解 x_0 は代数的数である．しかし
$$4x_0^3 - 3x_0 - \alpha = 0$$

だから，α 自身が代数的（$4x_0^3 - 3x_0$ は有限次拡大体の元だから）となり矛盾である．このような α に対し，$4x^3 - 3x - \alpha = 0$ の解を u とすれば $\boldsymbol{Q}(\alpha)(u)$ は $\boldsymbol{Q}(\alpha)$ 上 3 次拡大である．ここで定理 5.1.3 を不定元を含む場合に考えると，デロスの問題と同様に定規とコンパスでは作図できないことがわかる．

円積問題は，定理 5.1.5 から，「円周率 π は有理数体から有理演算と平方をとる操作を何度か繰り返して得られるか？」という問題に言い換えることができる．しかし，リンデマン[*2] は，円周率 π が超越数であることを示した．これは π が有理数体のどんな有限次拡大体にも属さないことをいっており，従って円積問題は否定的に解決されたのである．

5.2 折り紙

■折り紙の基本操作

折り紙でいろいろなものを折って遊ぶというのは日本発祥のものといわれており，英語でも「Origami」というようである．折り紙で正 3 角形を折ったことがあるという方も多くおられると思われるが，コンパスのような円を描く道具無しで 3 辺の長さが等しい図形を折るというのは不思議なように見える．この節ではユークリッド幾何学で作図可能な図形は折り紙でも可能であり，円積問題を除く「角の 3 等分」と「デロスの問題」は折り紙では可能であること，あるいは正 7 角形が折れる（現実には大変であるが）ことを紹介したい．

実際の折り紙は有限の大きさで，普通は正方形をしているが，数学的な問題として考える折り紙とは，平面全体であって，適当なデータのもとで平面を「折る」ことにより折り目に現われる直線（**折線**という）を定め，またこのような直線たちの交点を求める操作を適宜繰り返し，さまざまな図形を作ることである．ここで平面というのは，一般にいえばその上で公理 I～IV をみたす幾何が成り立っているものであれば，以下の議論は同様に成り立つが，簡単のため，ここでは実数体 $\boldsymbol{R}$ 上の座標平面であるとしておく．

折るという操作を具体的に見ておこう．基本となる折り方は次の (1), (2),

[*2] Ferdinand von Lindemann(1852–1939) ドイツの数学者．

(3) である．

(1) 相異なる 2 点 P, Q が与えられたとき，P を Q に移す折り方がただ 1 つある．この折り方を反射折りと呼ぼう．このとき折線は P と Q の垂直 2 等分線である．

(2) 1 点 P が与えられたとき，点 P を動かさないように折ることができる．このとき折線は点 P を通る任意の直線である．

(3) 点 Q と直線 l が与えられたとき，点 Q を l 上の点に移すよう折ることができる．これは

(3-1) 点 Q が直線 l にある場合

(3-2) 点 Q が直線 l にない場合

に分けられる．(3-2) の折り方を放物線折りと呼ぶ．これを放物線折りと呼ぶ理由については後ほど述べる．

(2) と (3) の折り方はそれぞれ自由度があるので，適当な条件のもとでそれらを組み合わせて同時に折ることが可能である．(2) と (2)，(2) と (3)，および (3) と (3) を組み合わせて折るのが，それぞれ次の (4)，(5)，(6) の折り方である．

(4) 相異なる 2 点 P, Q が与えられたとき，P, Q をともに動かさない折り方がただ 1 つある．このとき折線は 2 点 P, Q を通る直線である．これは作図における定規と同じ役割を果たすので，定規折りと呼ぼう．

(5) 相異なる 2 点 P, Q と直線 l が与えられ，条件
「点 P と直線 l との距離が線分 PQ の長さ以下である」
をみたすとする．このとき点 P は動かさず，点 Q を l 上の点に移すような折り方が存在する（右図を参照）．明らかに点 Q が移った点 Q' は，点 P を中心とし点 Q を通る円と直線 l の交点に他ならない．このような折り方は円と直線が接する場合は 1 通り，交わる場合は 2 通りである．これは作図におけるコンパスの役割を果たしているのでコンパス折りと呼ぼう．ただし実際のコンパスと異なり，紙の上に円を「描く」ことはできないことに注意しよう．

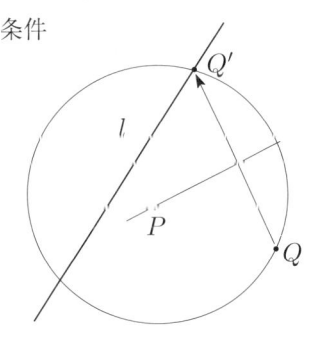

(6) 相異なる 2 点 Q_1, Q_2 と 2 直線 l_1, l_2 が与えられ，これらの点と直線が後述する適当な条件をみたすとき，点 Q_1 を l_1 上の点に，点 Q_2 を l_2 上の点に移す折り方が存在する．この折り方の意味は後述するが，これが折り紙独自の作図ができる要の折り方である．

(7) さらに (5) のコンパス折りの特別の場合として垂線を折ることもできる．実際，点 P と直線 l が与えられたとき，l 上に点 Q をとり (5) の折り方をすれば，折線は点 P を通り l に垂直な直線である．このときさらに点 P も l 上にあれば，折線は点 P を通り l に垂直な直線である．この操作を繰り返せば，点 P と，P を通らない直線 l に対して，P を通って l と平行な直線を折ることができる．

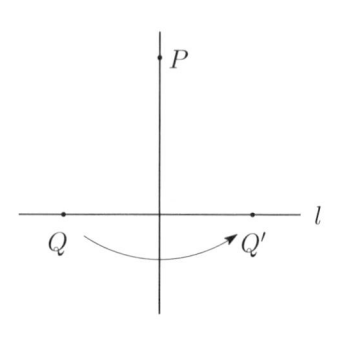

以上のことから，前節に述べた「公理 I〜IV による」作図がすべて折り紙によって可能であることがわかる．実際，2 点を通る直線や，2 直線の交点，平行線や垂線の作図も上に述べたことから可能である．従って線分の平行移動も明らかである．線分の回転は，与えられた線分 PQ と P を通る直線 l に対し (5) のコンパス折りを行なえば，線分 PQ を l 方向に回転することができる．従って，線分を与えられた位置に合同に移すことができる．角の合同移動は次のようにできる．O を頂点とする角 $\angle(h, k)$ と O' を端点とする半直線 l が与えられたとする．半直線 h 上に点 P をとり，半直線 k に下ろした垂線の足を Q とする．半直線 l 上に点 Q' を $OQ \equiv O'Q'$ となるようにとる．点 Q' を通る l の垂線上に点 P' を $PQ \equiv P'Q'$ となるようにとれば，角 $\angle P'O'Q'$ が求めるものである．

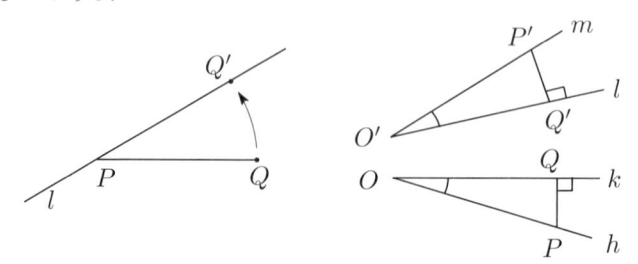

次に (3-2) の折り方を放物線折りと呼ぶ理由を述べる．まず放物線の幾何学的定義を思い出そう．

点 Q と直線 l が与えられたとき，点 Q までの距離と，直線 l までの距離が等しい点 X の集まり (軌跡) を放物線という．点 Q，直線 l をそれぞれこの放物線の焦点，および準線と呼ぶ．また焦点 Q を通り直線 l に垂直な直線を，この放物線の軸という．点 Q と直線 l が与えられたとき，(3-2) の放物線折り，つまり点 Q を l 上の点 (Q' と表わす) に移すように折れば，折線 s は 2 点 Q, Q' の垂直 2 等分線である．点 Q' 上に直線 l の垂線を立て，それと折線との交点を X とすると，明らかに $QX = Q'X$ が成り立つ．従って X は Q を焦点，l を準線とする放物線上の点である．

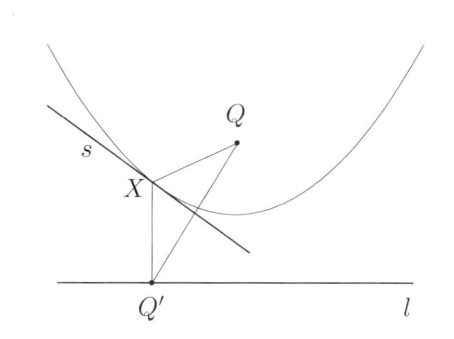

さらにこの折線は，放物線上の点 X における接線である．このことを座標を使って証明しよう．座標をうまくとって，焦点 Q の座標が $(0, a)$，準線 l が方程式 $y = -a$ で与えられると考えてよい．このとき点 X の座標を (x, y) とすると，定義から
$$x^2 + (y-a)^2 = y^2, \quad \text{つまり} \quad 4ay = x^2$$
がよく知られた放物線の方程式である．ここで $2a$ が焦点から準線までの距離になっている．準線上の点 $(x_0, -a)$ と焦点 $(0, a)$ の垂直 2 等分線は方程式
$$y = \frac{x_0}{2a}(x - \frac{x_0}{2})$$
で与えられる．この直線と放物線の連立方程式から，x の方程式を出すと
$$x^2 - 2x_0 x + x_0^2 = (x - x_0)^2 = 0$$
だから重解になっており，確かに $x = x_0$ で放物線に接している．以上から，点 Q を直線 l 上の点に移すよう折ったとき，折線は Q を焦点，l を準線とする放物線の接線になっているのである．

第 5 章 作図と方程式

■折り紙で得られる体

前項で見たように，公理 I〜IV で要請されることがらは折り紙で可能である．垂線や平行な直線は折り紙によって作図できるから，座標平面上の点を与えることと，その座標である実数たちを与えることは，折り紙による作図を考える場合同じことである．従って，作図の場合と同様に，折り紙をするデータとしてはいくつかの点であるが，これはいくつかの実数たちの集合 D と思ってよい．D の元たちから，加減乗除と 2 次方程式，3 次方程式の実数解を順次付加して得られる数の全体は体をなす．これを $\Delta(D)$ と表わす．作図のところで定義された体 $\Gamma(D)$ は D の元たちから，加減乗除と 2 次方程式の実数解を順次付加して得られたものだから，$\Gamma(D)$ は $\Delta(D)$ の部分体である．また明らかに $\Delta(D)$ はピタゴラス閉体である．

本項の目標は次の定理を示すことである．

定理 5.2.1 データの集合 D から折り紙によって得られる数の集合は $\Delta(D)$ である．

最初に，前項の (1) から (7) までの折り方を座標を使って調べよう．つまり，データから得られた折り線の方程式を考えるのである．ただし，基本の折り方をいくつか繰り返すので，それぞれの折り方のときのデータは D ではなく，$\Delta(D)$ に属しているする．なお，(7) は (6) の特別の場合であり，(2) と (3) の折り方はデータから折り線は確定しないので，(1), (4), (5), (6) について考える．

次のことに注意しよう．平面の座標変換 γ によって，データの点の座標成分や，折り線の方程式の形は変化する．いま，γ は合同変換，つまり平行移動あるいは回転であって，それを定めるベクトルや行列の成分が $\Delta(D)$ に属するとする．$\Delta(D)$ はピタゴラス体だから，回転の場合は回転角 θ が $\tan\theta \in \Delta(D)$ であることと同値である．このとき，データの点の座標成分や，方程式の係数が $\Delta(D)$ に属していれば，座標変換したものも明らかに $\Delta(D)$ に属する．従って，折り線の方程式は必要があれば座標をとりなおして $y = ux + v$ の形で考えることにする．

補題 5.2.2 $\Delta(D)$ の元をデータとして，(1), (4), (5), (6) の折り方で得られる直線を $y = ux + v$ とすると，u, v はともに $\Delta(D)$ の元である．

証明 (1) の折り方の場合，平行移動して点 P は原点，点 Q の座標が (a, b), $b \neq 0$, $a, b \in \Delta(D)$ としてもよい．このとき折線の方程式は 2 点 P, Q の垂直 2 等分線だから

$$y - \frac{b}{2} = -\frac{a}{b}\left(x - \frac{a}{2}\right)$$

で与えられる．つまり

$$u = -\frac{a}{b}, \quad v = \frac{a^2 + b^2}{2b}$$

である．従って明らかに $u, v \in \Delta(D)$ である．

(4) の折り方の場合は定規の場合と同じであって，u, v は 2 点 P, Q の座標たちから 1 次方程式を解くことで求められるから成り立つ．

(5) のコンパス折りの場合，点 P は原点であるとすると，データは点 Q の座標 (a, b) と直線 l の方程式 $y = cx + d$ である．このとき点 P を中心とし点 Q を通る円の方程式は $x^2 + y^2 = a^2 + b^2$ である．従って円と直線の交点は連立方程式を解いて得られるので，x 座標, y 座標はともに高々 2 次の方程式の解である．従って仮定と $\Delta(D)$ の定義から，これらの座標成分は $\Delta(D)$ に属する．（点 Q が l 上にあるときは Q 自身が交点の 1 つだから，方程式の 2 解の 1 つがデータとして与えられている．従って解と係数の関係からもう 1 つの解はデータたちの有理式，つまり 1 次方程式の解である．）さて得られた折線 $y = ux + v$ は，点 Q と上の交点の垂直 2 等分線だから，(1) により $u, v \in \Delta(D)$ である．

さて最後に折り方 (6) について考えよう．これは 2 点と 2 直線の位置関係によって 3 つの場合に分かれる．

(6-1) Q_1, Q_2 がそれぞれ l_1, l_2 の上にある場合：(3-1) より折り線は 2 直線 l_1, l_2 のいずれとも直交しなくてはならないから，このような折り方が可能なのは l_1, l_2 が平行な場合である．このとき折り線 $y = ux + v$ は 2 点 Q_1, Q_2

を通り l_1, l_2 に直交する直線であるが，u, v が与えられたデータから適当な1次方程式を解くことで得られることは (1) と同様である．

(6-2) 1点，例えば Q_1 が l_1 上にあり，もう1点 Q_2 が l_2 上にない場合；点 Q_2 を焦点，l_2 を準線とする放物線 π を考えよう．このとき折り線は，(3-2) より放物線 π の接線であり，同時に l_1 に直交している．座標を用いてこれを見てみよう．座標をうまくとって，放物線 π の方程式が $4ay = x^2$ とすることができる．直線 l_1 が x 軸と平行のときは条件のような折り方はできないから，l_1 の方程式は $x = by + c$ と表わせる．このとき折り線の方程式を $y = ux + v$ とすると，直交条件より $u = -b$ であり，接する条件から $v = -ab^2$ である．従って u, v は1次方程式を解くことで得られる．

(6-3) Q_1, Q_2 がそれぞれ l_1, l_2 の上にない場合；それぞれ点 Q_i を焦点，l_i を準線とする2つの放物線 π_1, π_2 を考えよう．もし，(6) のような折り方ができるなら，(3-2) よりその折線は2つの放物線の共通接線になっている．従って，2つの放物線に共通接線が引けることが (6) のような折り方ができるための必要条件である．逆に2つの放物線に共通接線が引けるなら，それぞれの放物線の接点から準線に降ろした垂線の足に，焦点を移すように折ればよいから，(6) のような折り方ができる．

このことを方程式で見てみよう．上のような2点と2直線が一般の位置で与えられたとき，2つの放物線も一般の位置にある．座標をうまくとって，一方の放物線の方程式が $4ay = x^2$ とすることができる．ただし $a \in \Delta(D)$ である．この座標ではもう1つの放物線の方程式は複雑で扱いにくいが，最初にとった座標のことを一旦忘れてしまえば，あとの放物線の方程式がやはり $4a'y' = x'^2$ となるような別の座標 (x', y') を考えることができる．この2つの座標の変換は，平行移動と回転で与えられる．つまり同じ点を2つの座標で表わしたときの関係が

$$x = \cos\theta\, x' + \sin\theta\, y' + p$$
$$y = -\sin\theta\, x' + \cos\theta\, y' + q$$

で与えられる．ここで角 θ は2つの放物線の軸のなす角，つまり2直線 l_1, l_2 のなす角に他ならない．従って $\tan\theta \in \Delta(D)$ だから $\sin\theta, \cos\theta \in \Delta(D)$ で

あり，同様に $p, q \in \Delta(D)$ であることに注意する．さて (x, y) 座標で見たとき，直線 $y = ux + v$ が最初の放物線 $4ay = x^2$ に接するための条件は $au^2 + v = 0$ であった．この直線がもう1つの放物線に接する条件を求めるには，この直線を (x', y') 座標で書き直せばよいのである．つまり $y = ux + v$ の x, y に上式を代入すると

$$-\sin\theta\, x' + \cos\theta\, y' + q = u(\cos\theta\, x' + \sin\theta\, y' + p) + v$$

である．これを整理すると直線 $y' = u'x' + v'$ は

$$y' = \frac{\sin\theta + u\cos\theta}{\cos\theta - u\sin\theta} x' + \frac{up - q + v}{\cos\theta - u\sin\theta}$$

となる．これが放物線 $4a'y' = x'^2$ に接する条件は上と同じく

$$a'u'^2 + v' = a'\left(\frac{\sin\theta + u\cos\theta}{\cos\theta - u\sin\theta}\right)^2 + \frac{up - q + v}{\cos\theta - u\sin\theta} = 0$$

である．ここで分母が0となるのは，直線 $y = ux + v$ の傾きが，座標変換の回転角の余角になっている場合であるが，これは直線 $y = ux + v$ がもう1つの放物線の軸と平行であり，接線とはなりえないから除外してよい．従って上の式から分母を払えば式

$$a'(\sin\theta + u\cos\theta)^2 + (up - q + v)(\cos\theta - u\sin\theta) = 0$$

を得る．この式と，元の条件 $au^2 + v = 0$ から v を消去すれば

$$a\sin\theta\, u^3 + (a'\cos^2\theta - a\cos\theta + p\sin\theta)u^2$$
$$+ (p\cos\theta + q\sin\theta + 2a'\cos\theta\sin\theta)u - q\cos\theta + a'\sin^2\theta = 0$$

が得られる．従って u がみたす方程式は $\Delta(D)$ の元を係数とする高々3次の方程式である．従って $u, v \in \Delta(D)$ である．特に，$\sin\theta \neq 0$ つまり2つの放物線の軸が平行でなければ，この方程式は実数解を持つ．従って，(6) のような折り方が可能である．

以上により補題が示された． □

定理 5.2.1 の証明 まず，補題 5.2.2 から，折り紙によって得られる実数はすべて $\Delta(D)$ に属することがわかる．

次に逆の問題，つまり $\Delta(D)$ のすべての元が D から折り紙によって得られることを示そう．折り紙によって得られる数たちの加減乗除の数も折り紙によって得られることは，公理による作図が折り紙でも可能であることから明らかである．与えられた円と直線の交点が折り紙によって得られる（コンパス折り）ことから，与えられた正の実数 d に対し $\sqrt{d}$ が折り紙によって得られることは，補題 5.1.4 と同様に得られる．従って 2 次方程式の解も折り紙によって得られる．

最後に 3 次方程式を考えよう．答えからいってしまえば，次のようにすればよいのである．一般の 3 次方程式

$$ax^3 + bx^2 + cx + d = 0$$

が与えられたとき，焦点，準線がそれぞれ $(0, a-c)$, $y = -a-c$ および $(d-b, 0)$, $x = -b-d$ の放物線を考えよう．これらの放物線の方程式は

$$4a(y+c) = x^2, \quad 4d(x+b) = y^2$$

である．これらの共通接線 $y = ux + v$ を求めよう．2 つの放物線とそれぞれ連立させて重根条件を出すと容易に計算できて

$$4a(au^2 + c + v) = 0, \quad 4d(bu^2 + uv + d) = 0$$

となり，v を消去すると

$$au^3 + bu^2 + cu + d = 0$$

となる．従って a, b, c, d が実数のデータとして与えられるとき，上のように焦点と準線を定め，(6) のような折り方をすれば，折線の $y = ux + v$ の傾き v が，3 次方程式 $ax^3 + bx^2 + cx + d = 0$ の解となるのである． □

系 5.2.3 定規とコンパスで作図可能な問題は，折り紙によっても解くことができる．

系 5.2.4 角の 3 等分とデロスの問題は折り紙で解くことができるが，円積問題は解くことができない．

最後に折り紙では平方根および立方根を求めることができるが，2, 3 とは異なる素数 p に対して p 乗根は求めることができない．従って円分方程式 $\Phi_n(x) = 0$ が折り紙によって解けるための必要十分条件は，その次数が素数 2 と 3 のベキであることである．従って

> **定理 5.2.5** $n = 2^a 3^b p_1^{\nu_1} \cdots p_r^{\nu_r}$ を n の素因数分解とする．ただし p_i は 5 以上の素数，$a, b \geq 0$, $\nu_i > 0$ である．このとき，正 n 角形を折り紙で折ることができるための必要十分条件は，すべての i に対し $\nu_i = 1$ かつ $p_i - 1$ が 2 と 3 のベキ $2^s 3^t$ であることである．

ちなみに $n \leq 20$ のとき上の条件をみたさないのは $n = 11$ のみである．

さて，本書では折り紙を使って実際に 3 次方程式を解く技術的な問題には立ち入らない．簡単な方程式，例えばデロスの問題の方程式 $x^3 - 2 = 0$ などは，定理 5.2.1 の証明から簡単に折り方を見つけることができるが，正 7 角形*3 のような図形を折るのは簡単ではない．

しかし角の 3 等分については，阿部恒氏*4 による非常に簡単な折り方があるのでそれを紹介しよう．右図において，原点を通る直線 l と x 軸のなす角の 3 等分をしたい．まず，適当な実数 a に対し，y 軸（原点を通り x 軸に垂直な直線）上に 2 点 $Q(0, a)$, $P(0, 2a)$ をとる．原点 O が直線 $y = a$ 上に，また点 P が直線 l 上に来るような折り方が可能（225 頁参照）である．点 O が移る点を O', 点 P が移る点を P' とする．このとき，点 Q が移る点を Q' とすると，直線 OO', OQ' は求める角の 3 等分線である．

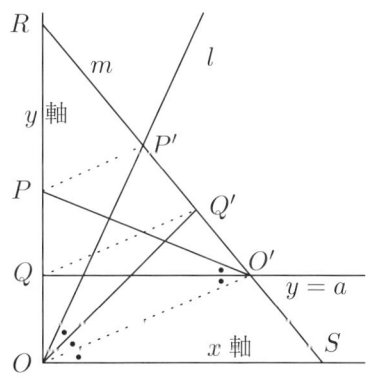

---

*3 例えば，ゲレトシュレーガー著『折紙の数学』，森北出版．にはさまざまな図形の折り方が載っている．
*4 阿部恒著『すごいぞ折り紙』，日本評論社．

証明を与えよう．上のような折り方によって y 軸が移る直線を m，直線 m と x 軸，y 軸の交点をそれぞれ S, R とする．3 つの直線 OO', QQ', PP' はすべて平行である．実際，これらの直線は，共通の折り線に垂直である．また3 角形 $\triangle ROO'$ は 2 等辺 3 角形である．また $|OP| = |O'P'|$ である．従って 3 角形 $\triangle POO'$ と $\triangle P'OO'$ は合同であり，$|OP'| = |O'P|$ が成り立つ．同様に $\triangle QOO'$ と $\triangle Q'OO'$ は合同であり，$\angle OO'Q = \angle O'OQ'$ が成り立つ．$|OQ| = |QP|$ だから，$\triangle O'OP$ は 2 等辺 3 角形で，$\angle OO'Q = \angle PO'Q$ である．また $|OP'| = |O'P| = |OO'|$ だから $\triangle OO'P'$ も 2 等辺 3 角形で，$\angle O'OQ' = \angle Q'OP'$ が成り立つ．最後に直線 QO' と x 軸は平行だから，$\angle QO'O = \angle O'OS$ である．以上を組み合わせると求める結果を得る．

5.3 その他の方法による角の 3 等分

■角付き定規による作図

角付き定規だけによっても，3 次方程式を解くことができることについて簡単に触れておこう．ここで角付き定規とは，1 つの定まった角 α とそれを挟む 2 辺からなる定規である．もちろん普通の定規の役割も果たすものとする．まず，角付き定規によって，定規とコンパスによる作図はすべて可能であることを見ておこう．

まず直線 l 上にない点 P が与えられたとき，P を通り，l と角 α をなす直線 k を引くことができる．さらに点 P を端点として，直線 k と角 α をなす直線を引けば，これが P を通って l に平行な直線であることは明らかである．また，上のような直線 k は反対側にもう 1 本引くことができ，点 P およびこれらの 2 直線と l との交点は P を頂点とする 2 等辺 3 角形となる．これより，P を 1 つの頂点とする菱形が得られ，P から l へ垂線を下ろすこともできる．

また線分 AB に対し，図のように適当に平行 4 辺形 $ABPQ$ を作り，Q を通って PB に平行な直線と直線 AB との交点を C とすれば AB の 2 倍の長さの線分 AC が得られる．またこ

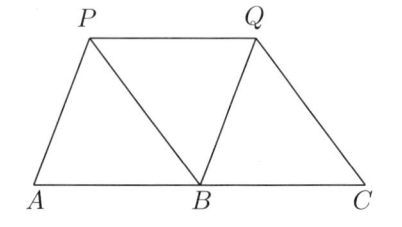

れを繰り返せば AB の自然数倍の線分も得られる.

上の操作を用いると，直線 l 上の点 P を通って l に垂直な直線も求めることができる．実際，l 上に P と異なる点 Q をとり，l 上に P に関し Q の反対側に PQ' の長さが PQ に等しい点 Q' がとれる．このとき，前前段のような Q, Q' の垂直 2 等分線が求めるものである.

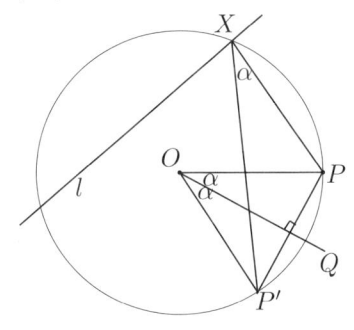

次に円と直線の交点も作図できることをみよう．右図において，O を中心とし，点 P を通る円と，直線 l が与えられている．角付き定規の頂点を O に，また 1 辺を OP に合わせ，直線 OQ を引く．点 P から OQ に垂線を下ろし，その足までの 2 倍の長さの点を P' とする（前段よりこのような点をとることは可能である）．このとき角 $\angle QOP'$ は α に等しく，P' は円周上の点である．従って弦 PP' に対する中心角は 2α であり，円周角は α である．従って，定規の 2 辺が P, P' を通り，頂点が l 上にくるようにすれば，その点 X が円と l との交点である.

以上のことから，220 頁と同様に，公理 I〜IV による作図は角付き定規で行なうことができる．また，円と直線の交点を求めることができるから，系 5.2.3 と同様に，定規とコンパスによる作図も角付き定規で行なうことができる.

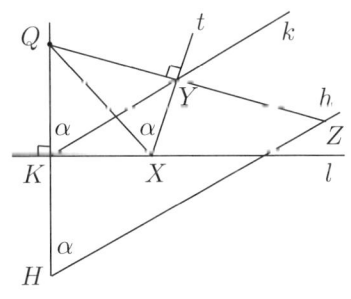

次に折り紙と同じように，与えられた焦点と準線を持つ放物線の接線が引けることを示そう．右の図のように直線 h と点 Q が与えられている．h 上の点 H を，直線 QH と h が角 α となるようにとる．点 Q と H の中点を K とし，K を通って h と平行な直線を k，線分 QH と垂直な直線を l とする．いま角付き定規を，点 Q が定規の 1 辺上に，また頂点が l 上にあるように動かす．頂点が X にあるとすると，角付き定規のもう 1 辺は図の直線 t である．直線 t と k の交点を Y，線分

QY を延長した直線と h の交点を Z とする．$\angle QKY = \angle QXY$ だから，4 点 $QKXY$ は同一円周上にある．従って $\angle QYX$ は直角である．図から明らかなように，線分 QY と YZ は長さが等しい．従って直線 t は点 Q と定直線 h 上の点 Z の垂直 2 等分線である．従って t は，Q を焦点，h を準線とする放物線の接線である．

今，別の点 Q' と直線 h' が与えられ，対応する 2 つの放物線が共通接線を持つとする．このとき 2 つの角付き定規をそれぞれ上のように動かして，対応する 2 直線 t と t' が一致するように調節することができる．このとき得られる直線が共通接線である．従って 2 つの角付き定規によって 3 次方程式を解くことができるのである．

■目盛り付き定規と蝸牛曲線

英語で trisectrix というのは，角の 3 等分曲線を表わす．エティエンヌ パスカル（有名なパスカルの父親）が見つけた蝸牛線を始め，歴史的に多くの trisectrix 曲線が知られている．これらの曲線のグラフが正確に与えられれば，任意の角の 3 等分を求めることができる．角の 3 等分は，217 頁でみたように，与えられた実数 α に対し，方程式 $4x^3 - 3x - \alpha = 0$ を解くことに帰着する．従って，描く手段を問わなければ $y = 4x^3 - 3x$ のグラフを考え，直線 $y = \alpha$ との交点を求めればよいのである．しかしこれでは角を 3 等分する方法が見つかったとはいえないことは明らかである．問題は，どのようにして正確なグラフを描くことができるかである．できれば，簡単な用具を用いてグラフが描けるのが望ましい．ユークリッド幾何で 2 次方程式を解くことができたのは，直線や円のグラフが定規やコンパスのような用具で描くことができたからであることを思い出そう．

ここでは，パスカルの蝸牛曲線がどのような用具で描くことができるのか，あるいは角の 3 等分がどのようにしてできるのかを述べよう．まず目盛り付き定規とコンパスによる角の 3 等分を紹介する．これは，アルキメデスやアポロニウスによって知られていたといわれる．目盛り付き定規というのは，定規の上の 2 点に印が付いているものである．その 2 点間の長さを a とすると，直線上の任意の点から，長さ a の点を定めることができる．特に a の自然数倍

の長さを定めることができるから，日常にある目盛り付き定規と実質的に同じである．ここでは目盛りの大きさは議論に無関係だから，$a=1$ とする．

図のように点 P を中心として半径 1 の円 C を描く（コンパスを用いてこれは可能である）．点 P を端点とし，x 軸との角が t の半直線を l とする．目盛り付き定規を，点 O を通りながら滑らせて，目盛りの一方の点 A は直線 l 上にあり，もう一方の点 B が円 C にあるようにできる．このとき図から明らかなように，$\angle PAB = t/3$ となり，角 t の 3 等分ができる．

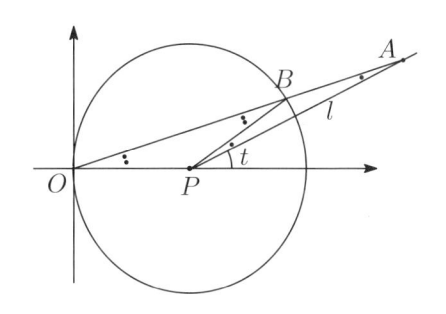

上に述べた操作は，目盛り付き定規が点 O を通りながら，目盛りの一方の点 B が円 C 上を動くとき，点 A の軌跡のなすグラフと，直線 l との交点を求めることに他ならない．そこで，角 $\theta = \angle BOP$ をパラメータにとって，点 A がみたす方程式を考えてみる．線分 BP と x 軸のなす角は 2θ であることに注意する．点 A の座標を (x, y) とすると

$$x = 1 + \cos 2\theta + \cos\theta = \cos\theta(2\cos\theta + 1)$$
$$y = \sin 2\theta + \sin\theta = \sin\theta(2\cos\theta + 1)$$

である．従って，$r = OA = \sqrt{x^2 + y^2}$ とすると，極方程式

$$r = |1 + 2\cos\theta|$$

を得る．これはパスカルの蝸牛曲線に他ならない．つまり，コンパスと目盛り付き定規があれば，パスカルの蝸牛曲線を描くことができ，適当な直線との交点を求めることで角の 3 等分ができるのである．

索引

あ

アーベル群	50
アイゼンシュタインの判定法	86
間	150
アルキメデス順序体	187
アルキメデスの公理	172

い

位数	50, 61
1 次関係式	45
1 次従属	45
1 次独立	45
一般多項式	139
イデアル	71
因数定理	88

う

ウィルソンの定理	135

え

n 乗根	25
n 乗根の群	130
n 変数多項式	115
n 変数多項式環	115
n を法として合同	62
円	171
円周率	218
円積問題	214
円分体	133
円分多項式	131

お

オイラーの関数	80, 131
黄金比	14
折り紙	218
折線	218

か

解	88
外角定理	169
外点	151
解と係数の関係	120
解の公式	140
ガウス平面	22
可解群	67
可換環	42
可逆元	42, 71
角	156
核群	56
拡大次数	95
拡大体	18, 88
角の内部	156
加法群	50
加法公式	22
可約	83
カルダノの公式	28
ガロア拡大	108
ガロア群	108
ガロアの基本定理	111
環	42
関係	149
環準同型	73
完全性公理	173
完備	189
完備化	190

き

奇置換	127
基底	46
基本対称式	117
基本列	16, 189
逆写像	56
既約剰余類	62
既約剰余類の乗法群	63
既約多項式	83
既約方程式	88
共役	54, 99
共役複素数	21
極表示	22
虚数単位	20

く

偶置換	127
クラインの 4 元群	127

群	49
群の公理	49

――― け ―――

結合公理	149
原始 n 乗根	130
原始的	84

――― こ ―――

交代群	127
合同	52
合同公理	157
恒等写像	56
合同変換	174
合同類	160, 180
公約元	75
公理主義	147
公理による作図	207
コーシーの収束判定条件	189
コーシー列	189
互換	124
固定化部分群	112
根	88
コンパス折り	219

――― さ ―――

最小多項式	99
最大公約元	75
差積	120
座標幾何	176

――― し ―――

軸	221
次元	46
4 元数	23
自己同型	65, 105
次数	70, 115
自然数	1
実数	16
実数体	190
実体	212
自明な群	50
射影幾何	194
射影平面	194
写像	55
斜体	23
重根	92
巡回群	61
巡回置換	124

順序公理	150
順序体	175
準線	221
準同型写像	56
準同型定理	73
定規折り	219
商体	43
焦点	221
乗法群	50
剰余環	72
剰余群	55
剰余定理	88
剰余類	54, 62, 72
剰余類の加法群	62

――― す ―――

数学的帰納法	2

――― せ ―――

整域	42
正規部分群	54
整数	6
生成元	45, 61
全実	212
全射	56
線分	150

――― そ ―――

素因数分解	82
双曲幾何	198
像群	56
双対性	196
素元	83
素体	104

――― た ―――

体	37
第 1 準同型定理	57
対称群	51
対称式の基本定理	117
対称多項式	117
代数学の基本定理	32
代数的	98
代数的拡大体	100
代数的数	89, 98
代数的整数	89
代数的に独立	115
第 2 準同型定理	58
体の公理	38

索引

体の同型	105
楕円幾何	198
互いに素	76
多項式	70
多項式環	71
単元	42
単項イデアル	71
単項イデアル環	75
単射	55
単純拡大	97
単純群	128
端点	151

―― ち ――

置換	50, 116
置換の型	125
中間体	96
中心	67
超越数	98
超越的	98
頂点	156
稠密	188
直積	58
直角	162

―― つ ――

通約可能	11

―― て ――

デカルト幾何	173
デザルグの定理	201
デロスの問題	15, 214

―― と ――

同型写像	56, 73
同値関係	5
同値類	5
独立	193
ド・モアブルの公式	23

―― な ――

内点	151

―― は ――

パスカルの定理	182
パッシュの公理	151
反射折り	219
半直線	154
判別式	121

―― ひ ――

非アルキメデス幾何	200
p 群	67
ピタゴラスの定理	14
ピタゴラス閉体	176
微分	92
標数	41, 103

―― ふ ――

フェラーリの解法	28
フェルマーの小定理	65
付加	97
複素数	20
符号数	126
負数	3
不定元	116
部分群	53
部分ベクトル空間	48
不変な部分体	111
分解体	91, 98

―― へ ――

ペアノの公理	1
平行線公理	170
ベクトル空間	43
部屋割り論法	63
辺	156
偏角	22
変換	51

―― ほ ――

法として合同	53
放物線	221
放物線折り	219
補角	162

―― む ――

無限遠直線	196
無限遠点	195
無限小数	191

―― も ――

モデル	173

―― や ――

約元	75

―― ゆ ――

ユークリッド運動群	52

ユークリッド環	74
ユークリッド幾何	16
ユークリッド互除法	12, 81
有限群	50
有限次拡大	95
有限次元	46
有限生成	45
有理演算	18
有理関数体	71
有理数	9

——— よ ———

要素	54

——— ら ———

ライプニッツの公式	92

——— る ———

類別	54

——— れ ———

連続公理	172
連分数	13

著者略歴

西田吾郎（にしだ　ごろう）
1943 年　大阪府生まれ．
京都大学名誉教授，理学博士．
京都大学大学院理学研究科修士課程修了．
京都大学理学部，大学院理学研究科教授，同副学長を歴任．
専攻　位相幾何学
主著　『ホモトピー論』（共立出版　1985），『線形代数学』（京都大学学術出版会　2009）など．

数，方程式とユークリッド幾何
―― ガロア理論から折り紙の数学まで ――

2012 年 6 月 15 日　初版第一刷発行

著　者　西　田　吾　郎
発行者　檜　山　爲次郎
発行所　京都大学学術出版会
　　　　京都市左京区吉田近衛町 69 番地
　　　　京都大学吉田南構内（〒606-8315）
　　　　電　話　075-761-6182
　　　　FAX　075-761-6190
　　　　振　替　01000-8-64677
　　　　http://www.kyoto-up.or.jp/

印刷・製本　㈱クイックス

ISBN978-4-87698-212-7　ⓒ G. Nishida 2012
Printed in Japan

定価はカバーに表示してあります

本書のコピー，スキャン，デジタル化等の無断複製は著作権法上での例外を除き禁じられています．本書を代行業者等の第三者に依頼してスキャンやデジタル化することは，たとえ個人や家庭内での利用でも著作権法違反です．